AF567990

Philip Semmelroth

So bauen Sie ein profitables Unternehmen

Sichern Sie sich Ihr Bonusmaterial!

Weitere nützliche Tools, Videos und Infos zu diesem Buch sowie ein ergänzendes E-Book mit dem Titel **»Das Unternehmer-Mindset«** finden Sie kostenlos zum Download unter:

www.Philip-Semmelroth.com/UmsatzBooster

Wir übernehmen Verantwortung! Ökologisch und sozial!

- Verzicht auf Plastik: kein Einschweißen der Bücher in Folie
- Nachhaltige Produktion: Verwendung von Papier aus nachhaltig bewirtschafteten Wäldern, PEFC-zertifiziert
- Stärkung des Wirtschaftsstandorts Deutschland: Herstellung und Druck in Deutschland

Philip Semmelroth

So bauen Sie ein profitables Unternehmen

Erfolgreicher wirtschaften statt härter arbeiten

Externe Links wurden bis zum Zeitpunkt der Drucklegung des Buches geprüft. Auf etwaige Änderungen zu einem späteren Zeitpunkt hat der Verlag keinen Einfluss. Eine Haftung des Verlags ist daher ausgeschlossen.

Bibliografische Information der Deutschen Nationalbibliothek

Die Deutsche Nationalbibliothek verzeichnet diese Publikation in der Deutschen Nationalbibliografie; detaillierte bibliografische Daten sind im Internet über http://dnb.d-nb.de abrufbar.

ISBN 978-3-96739-091-9

Unter Mitarbeit von Dr. Petra Begemann, Bücher für Wirtschaft + Management | www.petrabegemann.de
Lektorat: Dr. Michael Madel, Ruppichteroth
Umschlaggestaltung: total italic (Thierry Wijnberg), Amsterdam/Berlin | www.totalitalic.com
Titelbild: Cumberland/Shutterstock
Autorenfoto: Dominik Pfau
Satz und Layout: Das Herstellungsbüro, Hamburg | www.buch-herstellungsbuero.de
Druck und Bindung: Salzland Druck, Staßfurt

Wir drucken in Deutschland.

www.gabal-verlag.de
www.gabal-magazin.de
www.facebook.com/Gabalbuecher
www.twitter.com/gabalbuecher
www.instagram.com/gabalbuecher

Inhalt

Vorwort von Martin Limbeck

»In nur drei Tagen lernst du, wie du dein Unternehmen über Nacht skalierst und nächste Woche für mindestens 50 Millionen verkaufst!«

Ich kann es nicht mehr hören und nicht mehr sehen. Ich habe den Eindruck, dass der Markt regelrecht überschwemmt wird mit solchen fadenscheinigen Angeboten. Sagt dir nicht schon dein gesunder Menschenverstand, dass das absoluter Bullshit ist? Wenn du so ein Seminar buchst, kannst du dein Geld auch direkt anzünden. Oder spenden, dann tust du wenigstens noch was Gutes. Doch letztendlich sind solche Angebote nur das Ergebnis dessen, was sich in den Köpfen vieler Menschen abspielt. Soll heißen, solche Produkte gibt es nur, weil es auch einen Markt dafür gibt. Oder, wie meine Oma zu sagen pflegte: »Jeden Morgen steht ein neuer Dummer auf.«

Das ist mit der Grund dafür, warum ich gerade an meinem ersten gesellschaftspolitischen Buch schreibe. Ich habe das Gefühl, vor allem junge Menschen wollen alles mit möglichst wenig Aufwand erreichen oder am liebsten geschenkt bekommen. Dabei sind es die Macher, die unsere Wirtschaft wieder auf Vordermann gebracht haben nach dem Krieg. Und zu einer solchen Leistungsgesellschaft müssen wir wieder werden – sonst können wir bald alle zum Spottpreis an die Chinesen verkaufen.

Warum ich das erzähle? Weil es glücklicherweise Ausnahmen wie Philip Semmelroth gibt. Er teilt wie ich die Leidenschaft für professionellen Vertrieb und denkt in erster Linie unternehmerisch und strategisch. Nachdem wir uns über einen gemeinsamen Kontakt kennengelernt haben, schickte er mir sein erstes Buch, »55 Business-Turbos für KMU«. Als ich es aufschlug, musste ich schon schmunzeln, denn Philip hatte als Widmung hineingeschrieben: »Erfolg ist eine Entscheidung!« Spätestens da war mir klar: Der Typ ist kein Dampfplauderer wie so viele am Markt. Sondern ein Macher, genau wie ich. Ich blätterte also in dem Buch – und es gefiel mir gut. So gut, dass ich es kurz entschlossen in den Koffer steckte, um es im Urlaub richtig zu lesen. Ich bin seit 30 Jahren Unternehmer und auch ich konnte aus dem Titel noch einige gute Denkanstöße mitnehmen.

Inzwischen war Philip schon mehrfach zu Gast in meinem Podcast und weiteren Experten-Panels. Ich schätze den Austausch auf Augenhöhe mit ihm sehr, denn er bringt die Dinge genauso klar, wahr und unverblümt auf den Punkt wie ich. Du merkst bei ihm sofort, dass er ein Mann der Praxis ist, der wie ich das Verkaufen von der Pike auf gelernt hat – und nicht auf YouTube. Alles, was er erzählt, hat er vorher selbst erlebt und ausprobiert und gibt es so an seine Kunden, Zuhörer und Leser weiter.

Aus diesem Grund bin ich davon überzeugt, dass auch sein neues Buch, das du jetzt in den Händen hältst, ein Erfolg werden wird. Und mit Sicherheit wird es viele Unternehmer geben, für die dieser Titel Weckruf und Segen zugleich ist. Wenn du das Buch Kapitel für Kapitel durcharbeitest, erhältst du einen Bauplan für ein profitables Unternehmen und die Antworten auf alle Fragen, die dir als Unternehmer auf den Nägeln brennen. Wie skaliere ich mein Business? Wie mache ich das Unternehmen unabhängig von meiner Person? Wie entwickle ich meinen Vertrieb weiter? Das alles sind Themen, die mir ebenfalls sehr am Herzen liegen. Ich habe noch kein Buch dazu geschrieben, gebe mein Wissen jedoch in meiner Gipfelstürmer-Mastermind weiter, ähnlich zu Philips Unternehmercoachings. Doch in diesem Fall denke ich, dass der Markt groß genug für uns beide ist.

Denn einen Unterschied gibt es zwischen uns, der nicht wegdiskutiert werden kann: Philip kann zwar mehr Steak essen als ich – doch dafür verträgt er keinen Gin. ☺

In diesem Sinne wünsche ich viel Spaß beim Lesen und Umsetzen und Glück auf!

Martin Limbeck
Unternehmer, Bestsellerautor, Vertriebsexperte

Einführung: Profit zuerst! Könnten Sie Ihre Firma morgen profitabel verkaufen?

Jede Firma sollte so aufgestellt werden, dass sie jederzeit profitabel ist.

Wer mich kennt, weiß, dass ich gern schnell auf den Punkt komme. Ich erspare Ihnen und mir daher die üblichen wohlgesetzten Einleitungsworte. In diesem Buch geht es darum, wie Sie dafür sorgen, dass Ihre Firma von Beginn an Profit abwirft – und zwar so viel, dass Ihr Engagement und Ihre Risikofreude als Unternehmer sich für Sie angemessen auszahlen. Denn die traurige Realität ist: Viele Gründer und Eigentümer kleiner und mittlerer Unternehmen arbeiten extrem hart und erzielen dabei ein Einkommen, für das ein angestellter Manager und auch mancher Angestellte gar nicht erst antreten würde. Häufig verzichten sie sogar auf Urlaub und setzen bei den Monatsgehältern mal eine Runde aus, wenn es gerade »schlecht läuft«. Das stelle ich immer wieder fest und das will ich gemeinsam mit Ihnen ändern. Denn es ist nicht normal, dass Sie »wenig« oder »zeitweise nix« verdienen.

Nur wenn es im Alltag ohne Sie läuft, sind Sie wirklich Unternehmer.

Ein gut aufgestelltes Unternehmen wirft stetig Gewinne ab. Es funktioniert wie ein Uhrwerk, in dem alle Komponenten präzise aufeinander abgestimmt sind, mit einem einzigen Ziel: Kunden profitabel zu begeistern. Stellen Sie Ihre Firma deshalb vertriebsfokussiert auf. Das heißt: Rücken Sie den Mehrwert Ihrer Idealkunden in den Fokus Ihres Handelns und sorgen Sie mit System dafür, dass die Produkte und Dienstleistungen, die Sie diesen Menschen verkaufen, lukrative Gewinne garantieren. Reduzieren Sie Transaktionskosten auf ein Minimum. Verschleißen Sie sich nicht im operativen Hamsterrad, befähigen Sie Ihre Mitarbeiter. Denn nur, wenn es ohne Sie läuft, sind Sie wirklich Unternehmer. Andernfalls besitzen Sie einfach nur einen Job. Wenn Sie meinen Bestseller »55 Business-Turbos für KMU« gelesen oder mich als Keynote-Speaker und Vertriebscoach kennengelernt haben, kennen Sie meine Vita. Falls nicht: Ich habe mit 18 Jahren eine Firma gegründet, weil ich selbstbestimmt und finanziell unabhängig leben wollte. Das funktionierte lange Zeit überhaupt nicht, denn ständig rief irgendein Kunde an und bestimmte meinen Tagesablauf. Ich stellte immer mehr Mitarbeiter ein und hatte noch weniger Zeit für mich, weil niemand ohne mich klarkam. Dann entwickelte und perfektionierte ich in zahlreichen Praxistests eine Methode, durch die das Unternehmen siebenstellige Umsätze ohne mich machte. Mein Team arbeitete autark, ich hatte Zeit für andere Businessfragen, die ich spannend fand. Mit 40 verkaufte ich die Firma profitabel und gründete neue Unternehmen. In einem davon helfe ich heute anderen Unternehmern, wirtschaftlich erfolgreicher zu werden. Daneben teile ich mein Know-how in Büchern, Coachings, Vorträgen und Seminaren. Ich verdiene schon lange sehr gutes Geld. Und wenn Sie meine Ideen nicht nur lesen, sondern auch umsetzen (notfalls mit meiner Hilfe), wird auch Ihr Kontostand bald ein Lächeln auf Ihr Gesicht zaubern. Geld macht nicht glücklich. Aber ohne Geld geht es Menschen meistens auch nicht besser.

Trauen Sie nur Experten, die selbst umgesetzt haben, was sie Ihnen raten.

Wenn ich in diesem Buch über Geld spreche, dann nicht, um Sie zu beeindrucken. Denn auch wenn ich in meinem Leben schon einige Taler verdient habe, gibt es Tausende von Menschen, die deutlich mehr Geld haben als ich. Ich nenne Zahlen, um zu unterstreichen, dass funktioniert, was ich Ihnen rate. Denn ich glaube, bevor wir anderen Menschen Empfehlungen geben, sollten wir selbst bewiesen haben, dass wir mit diesen Strategien Erfolg hatten. Das unterscheidet mich von vielen anderen Anbietern, die Ihnen erklären wollen, wie Sie eine Firma professionell zu führen haben, und Ihnen (typischerweise mithilfe intensiven Onlinemarketings) anbieten, Ihr Business »größer zu machen« und es »auf das nächste Level zu heben«. In den meisten Fällen haben diese »Experten« nie eine eigene Firma aufgebaut. Ich dagegen biete Ihnen eine nachweislich funktionierende Methodik an. Dabei müssen Sie nicht alle Umwege gehen, die ich ging, bis ich diese Strategie entwickelt und perfektioniert hatte. Mit anderen Worten: Ich verrate Ihnen die Abkürzung.

Nehmen Sie die Abkürzung zum Erfolg.

Ich werde Sie in diesem Buch nicht mit Anekdoten aus der großen Businesswelt unterhalten. Ich kenne das Morgenritual von Warren Buffett oder Elon Musk nicht. Aber ich weiß, wie Sie aus Ideen tragfähige Geschäftsmodelle bauen oder vorhandene Geschäftsmodelle profitabler gestalten. Und da fast 90 Prozent der Wirtschaft in diesem Land aus kleinen und mittelständischen Unternehmen besteht, die meist nicht von studierten Harvard-Business-Experten gemanagt werden, möchte ich mich als Sparringspartner anbieten, um Ihnen – manchmal bewusst provokativ formuliert – mit ein paar meiner Erfahrungen zu helfen, Ihren bisherigen unternehmerischen Kurs zu hinterfragen und an einigen Stellen zu modifizieren. Vieles von dem, was ich in meinem Leben ausprobiert habe, war am Ende sehr erfolgreich, und diese Dinge möchte ich mit Ihnen teilen. Vieles hat auch nicht funktioniert, sodass ich auch vor Irrwegen warnen kann. Manches, was Sie im Buch lesen werden, wird Ihr bisheriges Denken herausfordern. Doch immer dann, wenn Sie innere Widerstände spüren, überlegen Sie bitte, ob Sie der Idee nicht doch eine Chance geben möchten. Was wäre, wenn es funktioniert? Wer mehr erreichen möchte, muss neue Wege ausprobieren.

Der Gütetest für Ihr Unternehmen: Könnten Sie morgen profitabel verkaufen?

2020, mitten in der Coronakrise, habe ich meine IT-Firma profitabel an einen Investor verkauft. Nicht, weil ich musste, sondern weil ich konnte. Und das gelang vor allem so schnell und reibungslos, weil kein Zweifel dran bestand, dass diese Firma auch ohne mich funktioniert. Presseberichte dazu finden Sie auf meiner Website **www.Philip-Semmelroth.com**. Grundsätzlich gilt: Kein Investor kauft ein Unternehmen, in dem der Eigentümer permanent Feuerwehr spielen muss und das nicht zuverlässig solide Gewinne abwirft – jedenfalls nicht zu einem für den Verkäufer lukrativen Preis. Ihr Unternehmen jederzeit profitabel verkaufen zu können, ist in meinen Augen der ultimative Qualitätstest für Ihre Firma. Denn auch wenn Sie Ihre Firma überhaupt nicht verkaufen wollen, kann dieser Fall jederzeit eintreten, etwa durch schöne oder weniger schöne Lebensereignisse, mit denen wir alle zeitweise konfrontiert sind. Wäre es nicht sehr beruhigend, zu wissen, dass Sie dann einen Unternehmenswert haben, der sich schnell veräußern ließe? Und das, weil Sie bereits alles professionell vorbereitet haben und nicht erst unter Zeitdruck und mit großer Anstrengung Veränderungen auf den Weg bringen müssen, damit ein Verkauf überhaupt möglich wird? In der Realität ist es oft leider noch schlimmer. Knapp die Hälfte aller Firmen kann gar nicht verkauft werden, denn der Gründer hat kein Unternehmen, sondern sich selbst einen Job gebaut. Und auch alle anderen Jobs in diesen Unternehmen funktionieren nur, wenn der Unternehmer tagtäglich im Tagesgeschäft mitmischt. Konsequenterweise werden diese Unternehmen einfach geschlossen, wenn die Inhaber in den Ruhestand gehen. Das ist besonders dann tragisch, wenn das Ruhestandsmodell auf einem Unternehmensverkauf basiert und der Firmeninhaber nach einem arbeitsreichen Leben praktisch ohne Altersvorsorge dasteht. Sollten Sie sich genau darüber Sorgen machen, müssen wir unbedingt miteinander reden. Buchen Sie am besten gleich auf meiner Website **www.Philip-Semmelroth.com/UmsatzBooster** ein Strategie-Gespräch, in dem wir besprechen, wie ich Ihnen helfen kann.

Ihr Unternehmen ist nicht Ihr »Baby«!

Wenn Sie Ihr Unternehmen nicht als Ihren operativen Job verstehen, sondern sich permanent fragen: »Könnte ich meine Firma morgen profitabel verkaufen?«, dann verändert das Ihren Fokus im Unternehmensalltag. Sie werden sich ständig Gedanken darüber machen, wie sich der Wert der Firma steigern lässt. Sie werden darauf achten, dass alles, was Sie tun, unterm Strich profitabel ist. Sie werden sensibler für Transaktionskosten und Opportunitätskosten. (Sollten Sie sich gerade fragen, was ich damit meine, ist dies genau das richtige Buch für Sie!) Sie werden Ihr Unternehmen mit mehr Distanz betrachten – nicht als Ihr »Baby«, das Sie hätscheln und päppeln und über dessen Schwächen Sie großzügig hinwegsehen, sondern als ein Instrument, mit dem Sie Ihre Ziele erreichen. Ein Instrument, das Sie stetig optimieren und das Ihnen im Gegenzug für Ihr hartnäckiges Engagement ein finanziell sorgenfreies Leben garantiert. Vielleicht fragen Sie sich gerade, warum ich meine erste Firma überhaupt verkauft habe, wenn sie so hervorragend ohne mich lief. Viele, die mein Buch »55 Business-Turbos für KMU« gelesen haben und davon begeistert waren, konnten das nicht verstehen und stellten genau diese Frage. Darum antworte ich gleich hier darauf:

1. Ich bin besessen von der Idee, dass wir alles, was wir tun können, effizienter und profitabler machen könnten. Strategien, die mir helfen, Zeit zu sparen, haben auf mich eine hohe Anziehungskraft, und ich bin ständig bemüht, noch mehr in noch weniger Zeit zu erledigen. Dieses Know-how weiterzugeben und andere Unternehmer voranzubringen, ist mir ein echtes Anliegen. Der Erfolg blieb dabei nicht aus. Bald hatte ich in meinem Beratungsunternehmen mehr Anfragen, als ich bedienen konnte. Und bei all dem wird Nachdenken auch noch besser bezahlt als Arbeiten.

2. Durch den Verkauf einer Firma bekommen Sie an einem Tag das ganze Geld, das Sie realistisch betrachtet über die nächsten Jahre verdienen könnten – jedenfalls, wenn Sie wirklich verkaufen und nicht einem Buy-Out-Prozess mit einer Übergangszeit von drei bis fünf Jahren zustimmen. Sie erzielen also einen hohen Profit, ohne dass Sie auch nur noch eine Stunde dafür arbeiten müssen. Und genau so habe ich das gemacht.

3. Jedes Geschäftsmodell unterliegt einer gewissen Evolution, egal, womit man heute Geld verdient. Es ist daher entscheidend, sich immer wieder neu zu erfinden und eine Vielzahl von Aspekten (Markt, Wettbewerb, Nachfrageverhalten) ständig im Auge zu behalten. Das kostet Zeit und macht das Verfolgen beruflicher und privater Ziele in anderen Lebensbereichen schwerer. Ich bin in meiner Firma bei null Euro gestartet und habe am Ende siebenstellige Umsätze gemacht. Auf dem Weg dahin habe ich viel über Personalführung, Marketing, Verkauf, Positionierung, Standards und Prozesse, Profitabilitätssteigerung und vieles andere gelernt. Es ist also nachweislich möglich, als Inhaber und Gründer, der am Anfang alles selbst machte, eine Firma so zu organisieren, dass sie am Ende vollständig ohne Mitwirkung im operativen Bereich profi-

table Ergebnisse erzielt. Doch für eine Umsatzexplosion, also eine weitere deutliche Steigerung von sieben- auf achtstellige Jahresumsätze, bedarf es wieder veränderter Systeme und neuer Denkweisen. Wäre es anders, dann wäre dieser Umsatzsprung vorher schon erreicht worden. Und alles, was bisher funktionierte, erneut infrage zu stellen und zu justieren, hätte mich mehr Zeit gekostet, als ich bereit war zu investieren. Spätestens, als ich für meine erste Keynote von rund 45 Minuten ein Netto-Honorar von 12 600 Euro bekam, wusste ich, dass es kein großes Risiko sein würde, mich meinen anderen unternehmerischen Zielen zu widmen.

Emotionen sind ein schlechter Ratgeber, wenn es um Unternehmen geht. Wie gesagt: Ihr Unternehmen ist nicht Ihr »Baby«. Ihr Unternehmen ist ein Instrument, um Ihre Ziele zu erreichen. Auch wenn Ihr Ziel ist, die Welt zu einem besseren Ort zu machen, wird Ihnen das nur gelingen, wenn Sie Gewinne erzielen. Nicht einmal eine Non-Profit-Organisation überlebt, wenn sie dauerhaft Geld verbrennt. Deshalb lautet das Motto dieses Buches »Profit zuerst!«. Ohne Profit können Sie keine fairen Gehälter zahlen, weder sich selbst noch Ihren Mitarbeitern. Bitte achten Sie auf die Reihenfolge. Als Unternehmer müssen Sie immer erst an sich denken. Nur wenn es Ihnen gut geht, können Sie dauerhaft für andere sorgen. Gibt es im Flugzeug ein Problem mit dem Sauerstoff, gilt die gleiche Regel: erst Maske auf, dann anderen helfen.

Profit zuerst: Zahlen zählen, nicht Emotionen.

Ohne Profit haben Sie keinen Spielraum, Ihr Unternehmen weiterzuentwickeln. Ohne Profit können Sie sich keine Fehler leisten, die passieren werden, wenn Sie Aufgaben und Verantwortung ernsthaft delegieren. Ohne Profit fehlen Ihnen die Mittel, sich professionelle Unterstützung einzukaufen. Geld löst Probleme. Und bei all dem haben wir noch nicht von den schlaflosen Nächten gesprochen, die Ihnen drohen, wenn der Profit ausbleibt. Mir würde deshalb gefallen, wenn Sie Ihr Unternehmen in Gedanken fortan Ihre »Gelddruckmaschine« nennen. Denn um nichts anderes geht es: Sie müssen Geld produzieren und setzen dafür Ressourcen ein – die eigene Zeit, die Zeit Ihrer Mitarbeiter, Material und andere Betriebsmittel. Wenn Ihre Firma kein Geld produziert, sondern stetige Investitionen erfordert, dann haben Sie kein Unternehmen, sondern einen Geldvernichter. Und das müssen Sie ändern!

Manches, was ich Ihnen auf den folgenden Seiten empfehle, mag für Sie zu einfach klingen. Doch kein Business wird besser nur dadurch, dass Sie es komplexer machen. Viele Impulse richten sich gezielt an Unternehmer, doch man muss keine Firma besitzen, um sich die vorgeschlagenen Strategien zu eigen zu machen. Daher eignet sich dieses Buch auch für ambitionierte Mitarbeiter und Führungskräfte, die sich bessere Ergebnisse und in der Folge deutlich mehr Geld in ihrem Leben wünschen. Kein Buch der Welt ist in der Lage, Sie bei Ihrer Entwicklung und Transformation so zu unterstützen, wie das ein intensives persönliches Coaching könnte. Bevor Sie sich aber über eine Zusammenarbeit mit mir Gedanken machen, lassen Sie uns erst einmal schauen, ob Ihnen meine direkte Art, meine Denkweise und meine Ergebnisse gefallen. Dabei habe ich eine gute Nachricht für Sie: Ich bin ein großer Freund von Klartext, Präzision und Authentizität. Egal, ob Sie eins meiner Bücher lesen, einen Vortrag von mir hören, Videos von mir auf YouTube schauen, meine Posts auf LinkedIn studieren oder mich morgens im Hotel beim Frühstück ansprechen, ich bin immer gleich und verstelle mich nicht. So können Sie sich leicht ein Bild davon machen, ob Sie sich vorstellen können, mit mir zu arbeiten. Denn eins ist sicher: Wenn Sie mich zu Beginn unserer Zusammenarbeit nicht mögen, brauchen wir nicht mehr Zeit miteinander zu verbringen. Ich werde Ihnen zuliebe nicht netter oder frecher. Wenn Sie mich nach meiner Meinung fragen, bekommen Sie immer die Antwort, die meinem Denken zum Zeitpunkt Ihrer Frage entspricht. Fragen Sie mich beispielsweise um Rat zu Ihrem Geschäftsmodell, werden Sie immer eine ehrliche Antwort bekommen – auch wenn ich weiß, dass sie Ihnen vermutlich nicht gefallen wird. In Unternehmercoachings erreiche ich die meisten Durchbrüche damit, dass ich meinen Kunden Dinge sage, die sie nicht hören wollen, und sie veranlasse, einiges zu ändern. Die zahlreichen Feedbacks, die mich Wochen oder Monate später erreichen und die bestätigen, dass bestimmte Dinge hervorragend funktioniert haben, beweisen mir, dass dies der beste Weg ist.

Einfache, aber wirksame Strategien – komplexer ist nicht automatisch besser.

Wichtig dabei ist: Ich bin nicht schlauer als Sie. Ich habe nur härter trainiert!

Bevor es losgeht, noch ein Hinweis: Selbstverständlich gibt es auch erfolgreiche Gründerinnen, Eigentümerinnen und Unternehmerinnen, hochkompetente Mitarbeiterinnen und Chefinnen sowie wertvolle Kundinnen und Geschäftspartnerinnen. Doch ich bin überzeugt: Taten verändern die Welt, nicht Worte. Deshalb verzichtet dieses Buch auf umständliche Doppelkonstruktionen und Gendersternchen.

1. Unternehmertum mit Mehrwert: Starten Sie von Tag 1 an mit einer Exitstrategie

Ihre Firma ist nicht Ihr »Baby«. Sie ist das Instrument, mit dem Sie Ihre Ziele erreichen.

Seit 41 Jahren wohne ich in demselben Stadtteil von Leverkusen, anfangs im Elternhaus, seit einigen Jahren im eigenen Haus. Keine 500 Meter entfernt gibt es eine Kirche, die permanent läutet. Das hat mich nie gestört, weil ich mich daran gewöhnt habe. Aus irgendeinem Grund ist mein kleiner Sohn fasziniert von dieser Glocke. Wann immer er diese läuten hört, müssen meine Frau oder ich mit ihm in den Garten gehen, weil er dann auch gern den Kirchturm anschaut. Der kleine Caesar, wie ich meinen Sohn scherzhaft nenne, wenn er seine diktatorischen Ansagen macht, hat uns dabei so sehr im Griff, dass ich sehr sensibel für diese Kirchenglocke geworden bin. Ich höre sie ständig: morgens, mittags, abends. Ich habe manchmal den Eindruck, sie läutet ohne erkennbares System einfach rund um die Uhr. Und das nach 41 Jahren und nur, weil mein Sohn mich dafür sensibilisiert hat. Genau darum geht es mir. Ich möchte Ihnen den Gedanken einpflanzen, dass Sie mit dem, wofür Sie jeden Tag unermüdlich und hart arbeiten, Profit machen müssen. Alles andere ist keine Option. Und sobald Sie diesen Pfad unternehmerischer Tugend zu verlassen drohen, sollte eine Alarmglocke in Ihrem Kopf losgehen. Die Exitstrategie, um die es in diesem Kapitel geht, ist dabei ein wichtiger Baustein. Sie dient dazu, das Alarmsystem zu installieren.

Ein schädlicher Mythos: Die eigene Firma als »Baby«

Ich habe bereits angekündigt, dass ich mit diesem Buch gelegentlich Ihr Mindset infrage stellen werde. Fangen wir gleich damit an. Ein verbreiteter Irrglaube besteht darin, das eigene Unternehmen als sein »Baby« zu betrachten. Auch wenn Sie diesen Begriff selbst so nicht verwenden würden, ahnen Sie vermutlich, was ich meine: eine Haltung zur Firma, die eher von sentimentaler Anhänglichkeit geprägt ist als von nüchterner Rationalität. Eine solche Haltung ist absolut schädlich. Sie führt aus einer Vielzahl von Gründen dazu, dass Unternehmerinnen oder Unternehmer sich für ihr Firmenbaby aufopfern, ohne auch nur annähernd für ihre Mühen entschädigt zu werden. Nicht alle diese Gründe werden auf Sie zutreffen. Doch vielleicht fragen Sie sich bei der Lektüre der folgenden Punkte, ob Sie auch schon in eine dieser Fallen getappt sind.

Falle 1: »Leidenschaft« als Gründungsmotivation

Bei der Entstehung eines Babys ist normalerweise Leidenschaft im Spiel und das ist auch gut so. Gründet sich aber die Entstehung eines Unternehmens primär auf Leidenschaft, so ist das fragwürdig. »Leidenschaft« nehmen Gründer für sich in Anspruch, die ihr Hobby zum Beruf machen. Sie allein reicht jedoch nicht für den Unternehmenserfolg. All Ihre Leidenschaft fürs Grillen wird Ihnen nicht zum Erfolg verhelfen, wenn Sie in Ihrer Heimatstadt ein Steakhouse aufmachen und es dort schon zwei Filialen bekannter Restaurantketten gibt. Erfolgreiche Unternehmen entstehen nicht aus einer persönlichen Passion heraus, sondern weil der Gründer wiederholt beobachtet hat, dass Menschen mit einem Problem kämpfen, für das er eine attraktive Lösung bieten kann. Je attraktiver die Lösung, desto profitabler das Unternehmen (jedenfalls, wenn es durchdacht geführt wird). Fatalerweise gibt es in unserer Gesellschaft reflexartig Applaus, wenn jemand bekennt, er sei seiner Leidenschaft gefolgt und mit »Herzblut« bei der Sache. Dieser Applaus kommt oft von Menschen, die vom Business keine Ahnung haben und vielleicht heimlich selbst davon träumen, sich mit einer Onlinemarketingagentur oder einem Frisiersalon selbstständig zu machen, nur, weil sie selbst gern Landingpages bauen oder schon als Teenager andere frisiert haben. Aber Applaus bezahlt keine Rechnungen und gute Laune können Sie nicht zur Bank bringen.

Falle 2: Nachlässiges Controlling

Ihren Kindern erlauben Sie hoffentlich, zeitweise einfach mal in den Tag hineinzuleben, beim Spielen die Zeit zu vergessen. Sie werden nicht alles messen, was Ihre Kinder tun. Sie kämen niemals auf die Idee, kontinuierlich wichtige Erfolgsparameter im Auge zu behalten und zu prüfen, ob Ihr erzieherisches Engagement sich auch wirklich auszahlt. Sie werden mit Ihrem Kind Fortschritte feiern und ihm bei Rückschlägen Trost spenden. So können Sie aber keine Firma führen. Denn hier gilt es, Misserfolge konsequent zu vermeiden, Performance zu messen und ständig zu verbessern. In einer Firma sollten Sie auch immer darauf achten, dass Sie jede Minute, die Sie investieren, vergütet bekommen. Und zwar in harter Währung, nicht in Küsschen oder anderen Nettigkeiten. Wäre die Firma Ihr Baby, dürfte dies absolut unangemessen erscheinen.

Falle 3: Geduld bei Misserfolgen

Mein Sohn konnte mit zweieinhalb noch nicht wirklich sprechen. Die Ärzte signalisierten, würde sich der Trend fortsetzen, wäre spätestens im Alter von drei Jahren eine Therapie beim Logopäden angeraten. Ich selbst war da sehr entspannt – irgendwann würden sich die Gene schon durchsetzen und ich kann nachweislich gut mit Sprache umgehen. Außerdem war mein Sohn motorisch gesehen seinem Alter weit voraus. Es ist völlig normal, dass bestimmte Entwicklungsschritte unterschiedlich schnell ablaufen. Beim eigenen Baby ist eine solche Haltung empathisch und richtig. Bei der eigenen Firma wäre genau das fahrlässig. Wenn Ihre Firma nicht funktioniert oder viel zu lange braucht, um auf die Beine zu kommen, dann muss sie weg. Und damit meine ich nicht, dass Sie sie bildlich gesprochen zu Pflegeeltern geben. Sondern dass Sie sie töten und Ihre Zeit und Ihre Ressourcen anderweitig einsetzen. Das funktioniert aber nur dann, wenn Sie eine gewisse Distanz zur Firma aufbauen. Elterliche Gefühle sind hier schlichtweg fehl am Platz.

Falle 4: Nicht rigoros genug handeln

Wenn Unternehmen dauerhaft keine Überschüsse erwirtschaften, haben sie häufig strukturelle Probleme. Als Unternehmer müssen Sie sich nüchtern die Frage stellen, ob Sie diese strukturellen Probleme in den Griff kriegen können oder auf verlorenem Posten kämpfen und die weiße Fahne hissen sollten. In diesem Zusammenhang denke ich zum Beispiel an die Gastronomie, die zu den absoluten Verlierern der Pandemie gehörte. Gerade erfolgreiche Restaurants, die neben einer vorzüglichen Küche auch ein besonderes Ambiente boten, konnten mit dem erlaubten Take-away ihr zahlungskräftiges Publikum kaum halten. Locations in Prime-Lage wurden noch dazu von hohen Mieten aufgefressen. Ihre Inhaber brauchten die mit Mühe zur Seite geschafften Ersparnisse auf – bis hin zum Totalverlust. Natürlich lassen sich solche Entwicklungen nicht direkt am Tag 1 absehen und nach vielen Monaten weiß man es besser. Dennoch rate ich dringend dazu, die Finanzströme im eigenen Unternehmen kritisch im Auge zu behalten und bei unerfreulichen Tendenzen hart durchzugreifen. Hoffnung ist keine Strategie. Wenn die Einnahmen wegbrechen, müssen die Kosten sofort gesenkt werden. Das bedeutet in vielen Fällen die Entlassung von Personal. Damit tun sich Konzerne häufig leichter als mittelständisch geführte Unternehmen, doch harte Entscheidungen gehören zum Unternehmertum dazu. Auch hier bin ich kein Theoretiker. Ich habe irgendwann den Bruder meines besten Technikers entlassen, weil es nicht anders ging. Viele würden mir sagen, das ist doch ein großes Risiko, so was macht man doch nicht etc. Doch ich habe es getan, und zwar so fair und transparent, dass ich auch Jahre später noch Kontakt zu dem entlassenen Mitarbeiter habe, weil er mir nie böse war. Im weiteren Sinne bedeutet dies, dass Sie Menschen, die nicht zu Ihnen passen (Kunden, Mitarbeiter, Lieferanten), ohne Rücksicht auf Gefühle und soziale Normen loswerden sollten. Den gedanklichen Transfer, warum das beim »Baby« anders ist, überlasse ich Ihnen.

Falle 5: Sich unermüdlich aufopfern für die Firma

Gute Eltern sind immer für Ihre Kinder da, Tag und Nacht. Entsprechend gibt es den Mythos, dass erfolgreiche Unternehmer permanent beschäftigt seien. Ich denke, genau das ist nicht der Fall. Erfolgreiche Unternehmer sind zwar selten untätig. Ich weiß zum Beispiel, dass Warren Buffet viele Stunden am Tag Zeitung liest und Bill Gates jährlich »Think Weeks« durchführt. An seiner Persönlichkeit zu arbeiten, den eigenen Horizont zu erweitern, sich andere Branchen anzuschauen, um Muster zu erkennen, die man vielleicht auf das eigene Unternehmen übertragen kann – all das sind wichtige Aufgaben. Nur müssen Sie dafür auch Zeit haben. Wer aber den ganzen Tag mit der Firma beschäftigt ist, reagiert nur. Er gestaltet seine Zukunft nicht, sondern wird gestaltet. Ich arbeite mit vielen Unternehmern in unterschiedlichen Branchen im In- und Ausland zusammen. Alle sind gestartet, weil sie ihr eigener Chef sein und sich ihre Zeit frei einteilen wollten. Doch dann sind sie gefangen im operativen Geschäft und arbeiten fast jedes Wochenende durch. Ich weiß genau, wie sich das anfühlt. Lange dachte ich, das wäre der Kompromiss, den ich für ein komfortables Einkommen eingehen müsste. Heute weiß ich: Das stimmt nicht, es ist ein falscher und schädlicher Glaubenssatz. Und deshalb möchte ich Sie dafür sensibilisieren, genau zu prüfen, ob das, was Sie da gerade machen, Ihnen hilft, profitabler zu werden. Oder ob Sie einfach nur beschäftigt sind.

Falle 6: Größer ist besser

Kinder wachsen. Eltern fördern und beobachten ihre Entwicklung und freuen sich, wenn sie größer werden. Doch beim Unternehmen ist »größer« nicht automatisch »besser«. In meiner Rolle als Unternehmensberater habe ich viele Firmen kennengelernt, die sich über Umsatz und Mitarbeiterzahl definierten und dabei leider versäumten, auf Profitabilität zu achten. Viele pfiffige Menschen können als Soloselbstständige deutlich mehr Geld verdienen als in einer Festanstellung. Beschäftigen sie fünf bis zehn Mitarbeiter, stehen ihre Chancen gut, noch besser zu verdienen. Bei weiteren Mitarbeitern, vor allem bei 14 bis 22, steigt zwar ihr Risiko, vielleicht auch die Anerkennung im sozialen Umfeld, häufig aber nicht der Verdienst. Denn plötzlich brauchen diese Unternehmer Führungskräfte und zusätzliche Instanzen, um ihre »Gelddruckmaschine« am Laufen zu halten, ohne dass ihr Profit nennenswert steigt. Daher warne ich vor Wachstum um jeden Preis, womöglich getrieben durch den Wunsch nach Anerkennung. Um Multimillionär zu werden, brauchen Sie keine große Firma. Um Milliardär zu werden, schon. Weil Letzteres mit diesem Buch nicht funktionieren wird, schlage ich vor, dass wir uns auf das konzentrieren, was ich selbst erreicht habe und wobei ich Ihnen nachweislich helfen kann.

Falle 7: Eigene (Lebens-)Ziele verwirklichen

Ein Kind hat eigene Ziele und gute Eltern tun ihr Bestes, diese selbstlos zu unterstützen. Ihre Firma dagegen dient ausschließlich Ihren Zielen. Lassen Sie es nicht zu, dass sie ein Eigenleben entfaltet, das nicht mehr Ihren Interessen dient. Meine eigenen Ziele sind, unabhängig, selbstbestimmt und komfortabel zu leben. Ich wollte daher schon früh ein großes Haus in einer ruhigen Gegend, mit super Verkehrsanbindung und Nähe zum Wald, das bestenfalls bar bezahlt ist und mir immer als Rückzugsort dienen kann, egal, was im Leben passiert. Es war mir gleichgültig, dass ich wegen dieser Pläne im BWL-Studium mit Hinweis auf lukrativere Geldanlagen ausgelacht wurde. Ihre eigenen Ziele sind entscheidend, nicht das, was Ihr Umfeld denkt. Viele Jahre lang konnte ich mir kein besseres Leben vorstellen als das mit meiner IT-Firma. Doch irgendwann kam bei mir der Wunsch auf, standortunabhängig zu arbeiten, noch mehr reisen zu können und dabei weiter gutes Geld zu verdienen – meine Ziele hatten sich verändert. Durch den Verkauf meiner ersten Firma konnte ich auch das umsetzen. Und dank Corona hat die Welt erkannt, dass für viele Aufgaben keine persönlichen Treffen mehr nötig sind. So coache ich heute sehr viele Unternehmer erfolgreich per Videocall, was für den Kunden wie für mich den organisatorischen Aufwand erheblich senkt. Inzwischen kann ich wochenlang im Ausland sein und von dort arbeiten. Das meine ich damit, wenn ich sage: Eine Firma ist nicht das eigene Baby. Sie ist ein Instrument, um seine Ziele zu erreichen. Was sind Ihre Ziele?

Von Ihrem Baby werden Sie sich niemals trennen. Ihre Firma zu verkaufen kann jedoch eines Tages – wie in meinem Fall – eine Option sein. Und selbst wenn Sie das niemals (oder noch nicht) vorhaben, verschafft Ihnen eine gedankliche Exitstrategie die nüchterne Distanz für kluge unternehmerische Entscheidungen und mehr Profit. Rationale Distanz verbessert bei einem Verkauf zugleich Ihre Verhandlungsposition. Denn vielleicht müssen Sie mitansehen, wie Ihr Baby von nun an schlecht behandelt wird. Um es ganz deutlich zu sagen: Es muss Ihnen egal sein, was mit der Firma nach dem Verkauf passiert. Denn nur dann erzielen Sie den bestmöglichen Verkaufspreis, weil sie emotional neutral und rational auf Gewinnmaximierung ausgerichtet sind.

Nüchterne Distanz ist besser als emotionale Fehlentscheidungen.

Mehr Weitblick durch eine Exitstrategie

Eine Ausstiegsstrategie verändert Ihr unternehmerisches Mindset. Sie ist exakt das Gegenteil der häufig als selbstverständlich betrachteten emotionalen Bindung ans eigene Unternehmen. Mit »Exit« meine ich ausdrücklich kein Notfallszenario, um Verluste zu begrenzen, auch wenn die Betriebswirtschaft diese Situation ebenfalls unter »Exitstrategie« subsummiert. Ich meine die klare Zielsetzung, Ihr Unternehmen jederzeit so profitabel zu führen, dass Sie es schon morgen lukrativ verkaufen können – kurz gesagt: Profit zuerst! Kein Investor oder Aktionär hält dauerhaft an einem Unternehmen fest, das Verluste einfährt. Beide erwarten zu Recht, dass sich ihr finanzielles Engagement auszahlt. Und Sie als Unternehmer, der nicht nur sein Geld, sondern auch seine Lebenszeit, seine Arbeitskraft und seine ganze Kreativität investiert, sollten für dieses Engagement erst recht mit Profit belohnt werden. Füttern Sie nicht unter großen Mühen eine Geldvernichtungsmaschine. Fokussieren Sie sich vom ersten Tag an darauf, effizient und profitabel zu arbeiten.

Entwickeln Sie ein modernes Unternehmensverständnis.

Das ist ein anderes Unternehmensverständnis als das Konzept früherer Generationen. Während es früher die Regel war, ein Unternehmen innerhalb der Familie weiterzugeben, um die Existenz nachfolgender Generationen zu sichern und ihnen einen gewissen Wohlstand zu ermöglichen, dominieren heute in Gründerkreisen zwei Strategien: Exit und Skalierung. Firmen werden also gegründet mit dem Ziel, sie lukrativ zu verkaufen oder nach einer gewissen Zeit Umsätze und Gewinne erheblich zu steigern, ohne dass in gleichem Maße Investitionen erforderlich sind. Mit anderen Worten: Es geht um Profit, entweder durch den Verkaufserlös oder durch erhebliche Gewinnsteigerungen im Rahmen eines skalierbaren Geschäftsmodells. Ein Beispiel für ein solches Modell wäre ein Onlineangebot, das – einmal aufgesetzt – unendlich oft verkauft werden kann, ohne zusätzliche Kosten (außer für die Verkaufsabwicklung selbst) zu produzieren. Selbst in traditionellen Branchen dominiert mehr und mehr von Tag 1 an der Spirit von Silicon Valley, sodass exponentiell schnelles Wachstum und die Erreichung nicht etwa des Break-even, sondern des Absprungpunktes von Anfang an zum Leitmotiv wird. Unternehmen werden immer mehr als Instrument verstanden, das seinem Gründer, ähnlich wie ein Fahrrad, Schiff oder Flugzeug, nur den Transport vom Hier und Jetzt in die angestrebte Zukunft ermöglichen soll. Und obwohl ich selbst davon abraten würde, Wachstum um jeden Preis zu forcieren und sich von Banken und Investoren abhängig zu machen, halte ich dieses instrumentelle Unternehmensverständnis für richtig und zielführend.

Was »Profit zuerst« im Unternehmensalltag bedeutet

Mir ist bewusst, dass ich mit dem Motto »Profit zuerst« dem gängigen Feindbild sämtlicher Kapitalismuskritiker in die Hände spiele, die Unternehmerinnen und Unternehmern rücksichtslose Gewinnmaximierung unterstellen. Lassen Sie mich daher ganz praktisch verdeutlichen, was der Fokus auf Profitabilität im Unternehmensalltag bedeutet. Ein Unternehmer, der auf der Basis des Exit-Gedankens eine konsequent profitorientierte Unternehmensstrategie verfolgt:

- vermeidet Ausgaben, die eher seinem Ego dienen als dem Unternehmenszweck (wie dicke Autos, riesige Büros, repräsentative Neubauten, Heerscharen von Assistentinnen);

- baut ein vertriebsfokussiertes Unternehmen auf, in dem jeder, vom Auszubildenden über den Buchhalter bis zum Geschäftsführer, versteht, wie man Kunden begeistert und Abschlüsse sichert;
- setzt eher auf kontinuierlichen Auf- und Ausbau des Unternehmens als auf riskantes Wachstum um jeden Preis;
- legt Wert auf effiziente Abläufe und Prozesse im Unternehmen, die Reibungsverluste minimieren und Aufgaben zuverlässig erfüllen;
- definiert gemeinsam mit seinen Mitarbeitern Standards, die Effizienz sichern und Eigenverantwortung ermöglichen;
- behält sowohl die Transaktionskosten jedes Auftrags (grob gesagt: den organisatorischen Aufwand) als auch die Opportunitätskosten (entgangene Gewinne durch Konzentration auf weniger lukrative Aufträge) im Auge;
- achtet beim Angebotsportfolio auf Profitabilität, vermeidet also zum Beispiel kräftezehrende Individualprojekte und Sonderwünsche, die mehr Aufwand und ohne Erfahrungswerte auch höhere Risiken bedeuten;
- überträgt Mitarbeitern Verantwortung und gibt ihnen Gelegenheit zu wachsen (weil es im Grunde Geldverschwendung ist, gut ausgebildete und gut bezahlte Menschen zu gängeln);
- trennt sich konsequent von Mitarbeitern, die weniger bereit sind zu leisten als ihre Kollegen und sich auf Kosten von Leistungsträgern ausruhen;
- konzentriert sich auf lukrative Kunden und verabschiedet sich konsequent von Kunden, die sich das Unternehmen nicht leisten kann und sollte, weil sie wenig zum Gewinn beitragen oder aufgrund des nötigen Aufwands sogar Geld kosten;
- arbeitet täglich daran, sich im Tagesgeschäft entbehrlich zu machen;
- behält laufend (je nach Kennziffer täglich, wöchentlich, monatlich oder in längeren Zyklen) die Unternehmenszahlen im Auge und verhindert somit, dass das Unternehmen in Schieflage gerät;
- ergreift bei Fehlentwicklungen rechtzeitig Gegenmaßnahmen und sichert auf diese Weise Arbeitsplätze.

Lassen Sie es mich so sagen: Ein Unternehmen, das »mitarbeiterfreundlich« in die Pleite schlittert, nützt auch den Mitarbeitern nichts, während ein profitorientiertes Unternehmen zwar höhere Ansprüche an die dort Arbeitenden stellen mag, Leistung aber auch angemessen honorieren kann und Arbeitsplätze sichert. Wer das nicht möchte, muss sich eben nach einem bequemeren Arbeitsumfeld umsehen. Auch dafür gibt es in dieser Gesellschaft Nischen. Profit bringt nicht nur dem Unternehmer ein angemessenes Einkommen. Profit sichert auch die anderen Gehälter. Und er ist die Grundvoraussetzung für einen lukrativen Unternehmensverkauf. Lassen Sie mich daher auf weitere Vorteile der Exitstrategie eingehen.

Nutzen Sie die Vorteile der Exitstrategie konsequent.

Mehr Selbstdisziplin

Ein Unternehmen ist immer das Spiegelbild des Unternehmers. Ist der Unternehmer ein Chaot, gibt es auch im Unternehmen keine wirkliche Struktur. Tut sich der Unternehmer schwer, Entscheidungen zu treffen, ist ständig Sand im Unternehmensgetriebe und auch Kunden zögern häufig länger, bevor Aufträge erteilt werden. Weiß der Unternehmer nicht, wie er andere zur selbstständigen Erreichung von Ergebnissen befähigt und wirklich delegiert, steuert er aufwendig weitere Hände, statt Entscheidungskompetenz zu delegieren. Bezahlt er seine Rechnungen zu spät, wird er ein solches Verhalten auch bei seinen Kunden feststellen. Wir ziehen immer das in unser Leben, was wir selbst vorleben, und wir bekommen immer das, was wir gerade noch tolerieren. Wer sich entschließt, sein Unternehmen mit einer klaren Exitstrategie zu führen, muss sich von seinen Schwächen verabschieden, ob sie nun in Chaos, Entscheidungsschwäche, übertriebene Kontrolle oder grenzwertiges Geschäftsgebaren münden. Er entscheidet sich, sein Unternehmen Schritt für Schritt in ein durchdachtes Räderwerk umzubauen, in das er irgendwann nur noch im Ausnahmefall eingreifen muss.

Das wiederum erfordert Arbeit am Unternehmen – und am eigenen Mindset. Weil dieses Thema so wichtig ist, gibt es dazu ein eigenes E-Book, das Sie wie alle anderen Tools, die in diesem Buch angeboten werden, auf der Website **www.Philip-Semmelroth.com/UmsatzBooster** herunterladen können.

Die Bereitschaft, sich weiterzuentwickeln

Unternehmertum lernen wir nicht in der Schule. Wir können es uns auch nicht einfach irgendwo abschauen. Unternehmertum ist ein Lebensmodell, das nur wenige so meistern, dass sie dauerhaft und ohne sich aufzureiben gute Überschüsse erwirtschaften. Bestenfalls gehören Sie schon dazu, aber auch dann können Sie vermutlich noch ein bisschen besser werden. Wenn Sie nicht wissen, was Sie dafür ändern müssten, sollte Ihnen das nicht unangenehm sein. Dann müssen Sie einfach nur offen für Hinweise werden. Daran allein scheitern die meisten. Ich bin der Meinung, dass es ein Zeichen absoluter Stärke ist, andere Menschen um Hilfe zu bitten. Doch ein Großteil der Bevölkerung sieht es als Schwäche an und tut lieber so, als habe man selbst alles im Griff. Das ist in einer komplexen Welt wie der heutigen schlicht unmöglich.

Eignung zum Unternehmertum hinterfragen

Realistisch betrachtet sind viele Selbstständige keine erfolgreichen Unternehmer. Vor allem viele Soloselbstständige waren zuvor unzufrieden in ihrem Job, schon als Mitarbeiter wenig erfolgreich und der Kritik müde, oder sie haben ihren Arbeitsplatz verloren. In der Folge starten sie ihr eigenes Unternehmen und schlagen sich auf Biegen und Brechen irgendwie durch. Das führt dazu, dass es Firmen am Markt gibt, die Dienstleistungen zu Preisen anbieten, mit denen etablierte Unternehmen nicht konkurrieren könnten. Kunden, bei denen Geld knapp ist, sind dann leichtsinnig genug, Aufträge an diese scheinbar günstigen Wettbewerber zu vergeben, nur um später häufig festzustellen, dass der Auftrag aufgrund von Abwicklungs- und Qualitätsmängeln teurer wurde als beim etablierten Unternehmen. In der Coronakrise gerieten viele solcher Unternehmen massiv in Schwierigkeiten, weil ihr Geschäftsmodell einfach nicht tragfähig war. Ich mache mir natürlich keine Freunde, wenn ich sage, dass man einige dieser Unternehmen hätte einfach aus dem Markt ausscheiden lassen sollen. Die frei werdenden Arbeitskräfte würden in professionell organisierten Unternehmen vermutlich eine deutlich höhere Wertschöpfung generieren und als Steuerzahler einen höheren Mehrwert für die Gesellschaft erbringen als mit einem maroden Geschäftsmodell, das von der Allgemeinheit subventioniert wird. Nehmen Sie dieses Buch auch als Anhaltspunkt dafür, ob Sie wirklich zum Unternehmertum berufen sind. Wenn Ihnen der Gedanke, vor allem gewinnorientiert zu wirtschaften und dafür auch unangenehme Entscheidungen treffen zu müssen, zutiefst widerstrebt, betrachten Sie das als Warnsignal.

Bauen Sie eine Firma auf, die auch ohne Sie läuft.

Wenn Sie mittelfristig den Verkauf Ihres Unternehmens anstreben oder einfach nur den Wunsch haben, nicht mehr am Wochenende arbeiten zu müssen, zwischendurch mal zwei oder sogar drei Wochen in Urlaub gehen zu können und viele Dinge gar nicht mehr selbst zu erledigen, müssen Sie sich sehr früh Gedanken darüber machen, wie Sie das Unternehmen so aufbauen, dass es ohne Sie funktioniert. Dabei geht es vorwiegend um Standards und Prozesse. Nur, wenn Ihre Mitarbeiter wissen, wie bestimmte Vorgänge gehandhabt werden, können sie selbstständig agieren und haben in Zweifelsfällen auch das Zutrauen, selbst eine Entscheidung zu treffen. Ist der Chef ständig gefragt und muss permanent Ad-hoc-Entscheidungen treffen, ist das ein sicheres Indiz dafür, dass die Firma schlecht organisiert ist.

Der Erfolgsmotor jedes Unternehmens ist der strategische Vertrieb.

Die wichtigste Voraussetzung für kontinuierlichen Profit ist die Schaffung eines funktionierenden Vertriebssystems, das vom Marketing über den Verkauf und die Auftragsabwicklung bis zum Controlling sicherstellt, dass kontinuierlich Einnahmen erzielt werden. Im Idealfall ist dieses System so transparent, dass man genau weiß, was am Ende aufs Konto kommt, wenn man am Anfang bestimmte Dinge im Marketing realisiert. Ich nenne dies einen strategischen Vertriebsprozess. Es ist außerordentlich wichtig, sich damit auseinanderzusetzen. Viele Unternehmen verfolgen keine wirkliche Vertriebsstrategie, die sie stimmig agieren lässt – sie reagieren stattdessen nur. In der Praxis sieht das so aus: Wenn der Inhaber neben all seinen anderen Aufgaben noch Zeit findet, kümmert er sich um Marketing und Vertrieb, und das häufig sogar nur dann, wenn die Auslastung spürbar zurückgeht. Der Vertrieb wird also immer dann hochgefahren, wenn beispielsweise Liquidität fehlt oder zu fehlen droht, um zum Beispiel die nächste Runde Gehälter zu bezahlen. Dann wird auf Biegen und Brechen versucht, schnell noch ein paar Aufträge anzunehmen, um diesen absehbaren Engpass zu vermeiden. Und weil man in derartigen Notsituationen nicht wählerisch sein kann, wächst die Bereitschaft, sich durch die Kunden vorgeben zu lassen, wie und welche Leistungen erbracht werden sollen.

Nur ein Unternehmen, das zuverlässig gute Ergebnisse liefert, lässt sich profitabel verkaufen.

Das meine ich, wenn ich davon spreche, dass es Unternehmen gibt, die den Markt gestalten, und andere, die vom Markt gestaltet werden. Das zweite Modell ist sehr kritisch. Wenn ein Unternehmer der Devise folgt, dass jeder, der bezahlt, auch der richtige Kunde ist, verliert er sich in Individualprojekten, die immer einen gewissen experimentellen Charakter haben. Das birgt erhebliche Risiken und macht eine Skalierung von Angeboten unmöglich, denn die Projekte sind nicht duplizierbar. Solche Projekte können Sie auch nicht zum Festpreis anbieten, weil die Erfahrungswerte fehlen. Dabei sind gerade Festpreise Margen-Booster, die Sie nutzen sollten. Wie das geht, erfahren Sie im Kapitel 6 »Standards und Prozesse«. Nicht zuletzt ist ein professioneller Vertriebsprozess Grundvoraussetzung dafür, dass das Unternehmen an sich zu einem Wert wird, der sich veräußern lässt. Käufer wollen immer sehen, dass es reproduzierbare Ergebnisse gibt, die glaubwürdig auch dann erreichbar sind, wenn der ursprüngliche Inhaber nicht mehr an Bord ist. Was uns zur Frage führt, worauf Investoren achten.

Worauf Investoren achten und wie das Ihren Blick schärft

Wer eine Firma verkaufen will, kann sich im Kern an zwei Investorentypen wenden: Das eine ist der strategische Investor, das andere der Finanzinvestor.

Beim ersten Käufertyp handelt es sich um eine Person (oder Organisation), die sich durch den Zukauf eines Unternehmens Vorteile für das eigene Leistungsportfolio verspricht. Über derartige Akquisitionen können zum Beispiel vorhandene Kapazitäten innerhalb kürzester Zeit spürbar erweitert werden, auch der Zugang in neue Geschäfts- und Marktsegmente wird möglich. Diese Akquisitionen sind häufig auf langfristige Zusammenarbeit angelegt und es liegt in der Natur der Sache, dass der Käufer ein sehr hohes Interesse daran hat, aktiv Einfluss auf die Zukunft des gekauften Unternehmens zu nehmen. Dabei ist es unerheblich, ob er das Unternehmen in seiner Außendarstellung (Rechtsform, Logo, Corporate Design etc.) oder die zugekauften Ressourcen (Know-how, Mitarbeiter, Kunden, Fahrzeuge etc.) in sein Gesamtkonstrukt integriert, ob also der frühere Unternehmensname verschwindet oder nicht. Wer an einen strategischen Investor verkauft, muss sich darüber im Klaren sein, dass mit dem Zufluss an Kapital auch ein Verlust eigener Macht einhergeht. Für einen Exit spielt das keine Rolle, wenn der Verkäufer selbst von Bord geht. Für eine gemeinsame Zukunft als Teil einer größeren Struktur bestehen hier erhebliche Risikofaktoren, die durch die Professionalität des Integrationsprozesses beeinflusst werden.

Strategische Investoren wollen aktiv Einfluss nehmen.

Finanzinvestoren halten sich stärker im Hintergrund.

Findet ein Verkauf an einen Finanzinvestor statt, ist es wahrscheinlicher, dass zunächst einmal alles weiterläuft wie bisher. Durch den Zufluss an Geld soll vor allem schnelleres Wachstum ermöglicht werden. Mit dem Kapital wird in der Regel auch eine Beraterinstanz installiert, sodass zukünftige Entscheidungen nicht mehr vom ursprünglichen Eigentümer allein, sondern gemeinsam getroffen werden. Doch die Ausführung dürfte in vielen Fällen weiterhin dem bereits eingespielten Team überlassen werden. Anders als beim strategischen Investor handelt es sich bei Finanzinvestoren und deren Deals seltener um eine Übernahme, was eine hohe Wahrscheinlichkeit mitbringt, dass der ursprüngliche Eigentümer, sofern er operativ im Unternehmen mitgearbeitet hat, nicht einfach aussteigen kann. Für einen Exit des Inhabers, der (wie in meinem Fall) die Freiheit für neue Projekte ermöglichen soll, ist daher ein strategischer Investor die interessantere Option.

Wie Sie den Wert Ihrer Firma steigern

Wer über den Verkauf seiner Firma nachdenkt, sollte sich auch Gedanken darüber machen, wie sich der Wert der Firma steigern lässt. Das kann ich aus eigener Erfahrung berichten. Der zentrale Erfolgsfaktor ist, ob ein Investor glaubhaft den Eindruck gewinnt, ein Unternehmen wird auch nach dem Ausstieg des bisherigen Eigentümers weiter reibungslos funktionieren und berechenbar Gewinne abwerfen. Eine Firma, in der nichts ohne den Chef läuft, ist deshalb weniger interessant. Wenn Sie den Kaufpreis Ihres Unternehmens steigern möchten, werden Sie von den Kapiteln 4 »Vertrieb mit klarer Strategie« und 6 »Standards und Prozesse« profitieren. In meinem Fall kam mir sehr zugute, dass ich im Jahr vor dem Verkauf nur ganze zwei Tage im Büro war und die Tage, an denen ich für Vorträge, Trainings oder Coachings unterwegs war, lückenlos dokumentiert hatte. So konnte ich nachweisen, dass ich funktionierende Systeme auf der Basis perfektionierter Prozesse nicht nur versprochen, sondern tatsächlich aufgebaut hatte. Dadurch waren die Verkaufsverhandlungen trotz der hohen Summe in nur drei Terminen abgeschlossen. Ich konnte auf einen Schlag vollständig verkaufen, ohne noch einige Jahre an Bord bleiben zu müssen, um den Verlust von Mitarbeitern, Kunden, Know-how und Ähnlichem zu vermeiden. Wie schon gesagt: Niemand zwingt Sie, Ihr Unternehmen zu verkaufen. Doch wenn Sie es strategisch so aufbauen, wie ich es in diesem Buch erkläre, schaffen Sie sich Handlungsoptionen, sodass Sie vieles können und wenig müssen. Das halte ich für reizvoll, denn das Leben verläuft manchmal anders, als wir planen.

Warum ein strategischer Investor mehr zahlt

Ein strategischer Investor wird im Normalfall einen höheren Kaufpreis für Ihr Unternehmen zahlen, vorausgesetzt, er erkennt darin etwas, das ihn maximal dabei unterstützen wird, neue Geschäftsmöglichkeiten zu entwickeln. Er wird also emotionale Bewertungsaspekte in den Kaufpreis mit einfließen lassen und akzeptieren, dass der Return seiner Investitionen nicht präzise planbar ist, weil er dazu auf Hypothesen und Hochrechnungen der aktuellen Erträge angewiesen ist. Außerdem wird er anders als ein Finanzinvestor Ihre Firma sehr schnell aus dem Blickwinkel »Mein Unternehmen« sehen. Diese stärkere Identifikation mit dem zunächst rational betrachteten Kaufobjekt führt dazu, dass das Unternehmen vom austauschbaren Akquisitionsziel zum Wunschziel wird. Und genau das wirkt sich ebenfalls positiv auf den Verkaufspreis aus.

Produkte oder Dienstleistungen: Welches Unternehmen lässt sich leichter verkaufen?

Wenn Sie ein Unternehmen gründen, müssen Sie sich entscheiden, ob Sie sich eher auf Produkte oder auf Dienstleistungen konzentrieren wollen. Beides hat Vor- und Nachteile, im zweiten Kapitel (»Portfolio / Angebote«) werde ich darauf detaillierter eingehen. Grundsätzlich ist der Verkauf eines Unternehmens, das Produkte vertreibt, einfacher. Dort muss es einen standardisierten Verkaufsprozess geben, denn nur so lassen sich hohe Stückzahlen vertreiben. Es ist daher für einen Käufer relativ leicht, Ihr Geschäftsmodell zu bewerten. Fokussiert sich Ihr Unternehmen hingegen auf Dienstleistungen, handelt es sich häufig um Individualprojekte. Jedes Projekt ist etwas anders, bestimmte Aufgaben können nur von bestimmten Mitarbeitern umgesetzt werden, die Abhängigkeit von bestimmten Ressourcen ist sehr hoch und das Fehlerpotenzial ebenfalls. Das birgt Risiken und hat zur Folge, dass ein Dienstleistungsunternehmen deutlich schwerer zu verkaufen ist und ein erhebliches Umsatzvolumen bewegen muss, um für potenzielle Käufer interessant zu sein.

Unternehmensverkauf: Fragen Sie jemanden, der sich wirklich auskennt.

In Summe ist der Verkauf einer Firma häufig der Beweis dafür, dass ein bestimmtes System auch in den Augen eines Investors überzeugt. Beim Verkauf meiner Firma habe ich einen sehr umfangreichen, inhaltlich vertraulichen Vertrag beim Notar unterzeichnet. Deshalb werde ich über Details nicht sprechen. Was ich allerdings erwähnen möchte, ist, dass ich ein Wettbewerbsverbot unterschrieben habe. Niemand aus meinem Umfeld würde davon ausgehen, dass ich noch mal eine IT-Firma starte, und auch mit dem Käufer habe ich über meine zukünftigen Ziele detailliert gesprochen. Dennoch war diese Wettbewerbsklausel nicht verhandelbar. Der Käufer hat eine Sache erkannt: Weil ich es ein Mal geschafft habe, könnte ich es immer wieder schaffen, und das nächste Mal schneller und noch erfolgreicher. Und eines sollten Sie als Unternehmer niemals vergessen, wenn Sie andere um Ratschläge bitten: Fragen Sie nicht irgendwen, der einen pfiffigen Eindruck macht. Fragen Sie jemanden, der die Dinge, die Sie erreichen wollen, schon einmal erreicht hat. Die Qualität der Antworten wird sich erheblich unterscheiden.

Wachstum und Investitionen um jeden Preis?

Wenn Sie erfolgreich ein Unternehmen führen, erkennen Sie das daran, dass Sie regelmäßig Überschüsse produzieren. Es wird immer Bereiche geben, die nicht perfekt sind und in denen bestimmte Ziele noch nicht vollständig erreicht werden. Trotzdem sind Überschüsse ein sehr einfacher Kontrollmechanismus – natürlich nur dann, wenn Sie diese nicht künstlich hochschrauben, indem Sie zum Beispiel auf ein eigenes Gehalt verzichten, das regelmäßig (inklusive Urlaubs- und Weihnachtsgeld, also vierzehnmal) ausgezahlt wird. Dauerhafte Überschüsse sprechen dafür, dass Sie dauerhaft mehr einnehmen als ausgeben. Und das ist schon mal ein sehr erfreuliches Ergebnis.

Weder Umsatz noch Mitarbeiterzahl sagen etwas über Ihren Erfolg aus.

Leider gilt dieses simple Kriterium in der öffentlichen Wahrnehmung hierzulande kaum als Maßstab für Unternehmenserfolg. Stattdessen ernten Unternehmer Applaus und Bewunderung, wenn ihr Unternehmen »wächst«. Meiner Erfahrung nach sind Umsatz und Mitarbeiterzahl keine Indikatoren dafür, ob Ihr Unternehmen besser oder schlechter läuft beziehungsweise wo Sie im Vergleich mit anderen stehen. Es ist leider nicht üblich in Deutschland, nach Gehalt oder Einkommen zu fragen. Dabei wäre es für viele sehr hilfreich, offen mit anderen Unternehmern über ihren

Verdienst zu sprechen. Viele würden so schnell erkennen, dass das, was sie sich selbst zahlen, einfach zu wenig ist. Oder auch, dass mancher Unternehmer, der ein Unternehmen »auf Wachstumskurs« führt und einen aufwendigen Lebensstil pflegt, in Wahrheit von der Hand in den Mund lebt. Natürlich ist ein solcher offener Austausch unwahrscheinlich. Doch wenn Sie ein gutes Verhältnis zu Ihrem Steuerberater haben, fragen Sie ihn doch, wie viele Ihrer Mitunternehmer seiner Einschätzung nach permanent über ihre Verhältnisse leben, weil deren Firma nicht genügend profitabel ist. Auch Umsatz als solcher sagt wenig über Profitabilität aus. Wenn Sie an Ausschreibungen teilnehmen oder Projektunterstützung anbieten, lassen sich in vielen Bereichen sehr schnell hohe Umsätze erzielen. Doch obwohl Sie dann viel Arbeit haben, bleibt am Ende häufig nur eine Marge übrig, für die Sie den Auftrag im Nachhinein lieber abgelehnt hätten, weil der Umsatzzuwachs unverhältnismäßig teuer erkauft wurde oder Ihnen unter Berücksichtigung aller Transaktionskosten sogar Verluste beschert haben könnte.

Bitte achten Sie daher bei jeder Wachstumsfantasie darauf, Wachstum immer nachgelagert zu Profit ins Visier zu nehmen. Ein Laden, der keine Überschüsse erwirtschaftet, muss nicht größer werden. Der muss erst einmal strukturell so aufgebaut werden, dass nachhaltig Profite erzielt werden. Dann kann es unter verschiedenen Umständen sinnvoll sein, das Geschäftsmodell auszuweiten und alles deutlich größer aufzubauen. Aber ein Geschäftsmodell, das nicht tragfähig ist, wird nicht besser dadurch, dass Sie mehr Geld hineinpumpen. Das verzögert nur den Zeitpunkt, zu dem Sie harte Entscheidungen treffen und Veränderungen umsetzen müssen. Geld sollten Sie nicht investieren, um die Tragfähigkeit eines Geschäftsmodells zu testen, sondern um funktionierende Systeme größer zu machen. Zuvor jedoch sollten Sie durch optimale Auslastung der bestehenden Systeme dafür Sorge tragen, dass Ihre Profite steigen. Ich weiß, dass Bücher wie »Blitzscaling«[1] das Gegenteil behaupten. Doch was für Online-Giganten wie Facebook oder LinkedIn gilt, geht meines Erachtens am klassischen Mittelstand vorbei.

Erst Profit, dann Wachstum – nicht umgekehrt!

Häufig ist für Unternehmer auf den ersten Blick nicht erkennbar, dass viele Dinge so, wie sie aktuell gehandhabt werden, nüchtern betrachtet keinen Sinn ergeben. Das gilt beispielsweise für etliche Handwerksbetriebe, die im kaufmännischen Bereich nicht ihre Kernkompetenz haben und außer mit dem Steuerberater mit niemandem über Fragen wie einen kalkulatorischen Unternehmerlohn, Transaktionskosten, Kalkulation im Allgemeinen etc. sprechen. Da viele Steuerberater keine echte »Beratung« anbieten, sondern lediglich Belege so aufbereiten, dass das Finanzamt keine Rückfragen stellt, liegt sehr viel Potenzial brach und performen viele Unternehmen sehr schlecht. Das fällt in wirtschaftlich starken Zeiten weniger auf, bringt in Krisenzeiten (wie etwa in der Coronakrise) Firmen aber blitzschnell in Schwierigkeiten. Deshalb ist es für jeden Unternehmer sehr wichtig, sich detailliert mit Fragen der Profitabilität auseinanderzusetzen. Das ist sozusagen Grundlagenarbeit. Übrigens, wenn Sie auf der Suche nach einem Top-Steuerberater sind: Unter der Website **www.Philip-Semmelroth.com/UmsatzBooster** finden Sie bei den zusätzlichen Ressourcen eine Liste empfehlenswerter Dienstleister.

Das, was Sie tun, muss immer zum Profit beitragen.

Reinvestitionen sind kein Automatismus.

Auch bitte ich Sie, kritisch zu sein, wenn Ihnen irgendeiner erzählt, Sie müssten das Geld, das Ihre Firma produziert, anfangs reinvestieren. Nur so sei ein gewisses Wachstum möglich. Das ist einfach Unsinn. Was wirklich nötig ist: Ihre »Gelddruckmaschine« muss so programmiert sein, dass sie zuverlässig einmal zum Anfang des Monats eine bestimmte Summe ausspuckt, die Sie, ohne dass die Firma in Schwierigkeiten gerät, mit nach Hause nehmen, ausgeben, sparen oder verschenken können. Es darf einfach keine Rolle spielen, was mit diesem Geld passiert. Diese Summe, Ihr »Unternehmergehalt«, sollte meiner Meinung nach mit jedem Mitarbeiter, den Sie einstellen, kontinuierlich steigen. Denn wenn Ihr Risiko steigt, muss auch Ihr Verdienst steigen. Wenn Sie schon lange Unternehmer sind, versetzen Sie sich einmal kurz zurück in die Denkweise eines Angestellten. Sobald Sie von diesem erwarten, dass er wöchentlich nur 30 Minuten mehr arbeitet, wird er sofort nach einer Kompensation fragen. So sind die Regeln. Deshalb bitte ich Sie, auch für sich die Regel zu akzeptieren, dass mehr Engagement auch mehr Geld bedeuten muss.

Dass ich kein Freund davon bin, in der Firma generiertes Geld komplett zu reinvestieren und dafür auf ein angemessenes Unternehmergehalt zu verzichten, bedeutet natürlich nicht, dass ich Investitionen für überflüssig halte. In meiner IT-Firma arbeiteten die Mitarbeiter immer mit dem neuesten Equipment. Es ist offensichtlich, dass Mitarbeiter, die nicht ständig auf irgendwelche EDV-Systeme warten müssen, am Ende produktiver sind. Doch solche Investitionen müssen aus dem Geld bestritten werden, das übrig bleibt, wenn Sie sich Ihr Unternehmergehalt ausgezahlt und darüber hinaus noch einen Profit verbucht haben. Dieser Profit sollte eine separate Position in Ihrer Finanzplanung bilden. Das bedeutet konkret, es reicht nicht aus, dass Sie Ihre Kosten decken, Ihr Gehalt bezahlen und am Ende des Tages keine Schulden machen. Definieren Sie über Ihr Gehalt hinaus einen Profit für die Firma, den Sie ausschütten, und streben Sie darüber hinaus zusätzliche Überschüsse an, die zum Beispiel als Reserve für Notzeiten oder eben für Investitionen zur Verfügung stehen.

Reinvestieren Sie Überschüsse, nicht Ihren Ertrag.

Geld löst Probleme – deshalb brauchen Sie eine strategische Reserve.

Im April 2020, wenige Wochen nach Ausbruch der Coronapandemie, standen viele Firmen bereits mit dem Rücken zur Wand und waren auf staatliche Hilfe angewiesen. Das zeigt, dass ein Großteil der Unternehmen in diesem Land nicht besonders professionell unterwegs ist, denn mit ausreichenden Reserven und einer guten Einnahmen-Kosten-Struktur sollte es möglich sein, einige Monate Umsatzrückgang oder Umsatzausfall durchzustehen. Ich hatte zum Zeitpunkt des Unternehmensverkaufs noch etwas mehr als 500 000 Euro freie Liquidität auf meinem Firmenkonto, weil ich jahrelang der Philosophie gefolgt bin, dass ein Unternehmen Reserven braucht, um in Krisenzeiten handlungsfähig zu bleiben. Diese Idee hatte ich als junger Unternehmer aus dem Buch »Die Microsoft Story« übernommen. Denn dort erfuhr ich, dass Bill Gates zu Beginn seiner Karriere so große Angst hatte, einmal keine Gehälter zahlen zu können, dass es sein Ziel war, ausreichend Reserven zu haben, um jederzeit ein Jahr überstehen zu können, selbst wenn kein einziger neuer Kundenauftrag abgeschlossen würde. Diese Idee hat mich damals gepackt und ich habe ihr nachgeeifert. Im Ergebnis hatte ich immer eine strategische Reserve deutlich über dem Bedarf, den ich für ein Jahr Gehälter gebraucht hätte. Das ließ mich ruhig schlafen, weil ich wusste, damit könnte ich im Notfall selbst hoch qualifizierte und »teure« Mitarbeiter kurzfristig einstellen, sollte mir aus irgendeinem Grund einer der Key-Player nicht mehr zur Verfügung stehen. Ich habe dieses Geld nie gebraucht, möchte aber festhalten, dass Geld immer die beste Versicherung ist. Geld löst Probleme. Wann immer etwas Unvorhergesehenes passiert, verschwindet das Problem meistens, wenn man Geld danach wirft – und sei es nur, dass man die Angelegenheit einfach dem Anwalt seines Vertrauens überlassen und alles Weitere vergessen kann. Einen solchen Anwalt finden Sie ebenfalls auf der Liste empfehlenswerter Dienstleister im Downloadbereich unter **www.Philip-Semmelroth.com/UmsatzBooster**.

Am Ende geht es im Unternehmen also immer darum, Geld zu produzieren. Eine »Gelddruckmaschine«, die sich nur selbst refinanziert, ist Unsinn. Deshalb macht es mich wahnsinnig, wenn mir jemand erzählt, er fiebere dem Break-even entgegen. Lassen Sie mich Klartext sprechen: Bei »plus/minus null« herauszukommen, ist kein Ziel. Das ist der Startpunkt. Bevor Sie loslegen, sind Sie bereits da. Warum wollen Sie jetzt jahrelang Zeit investieren, nur um wieder dahin zu kommen? Planen Sie stattdessen alles so, dass Sie von Tag 1 an Profit erwirtschaften. Mit der Lektüre dieses Buches sind Sie bereits auf einem guten Weg.

Der Break-even-Point ist kein Ziel, sondern ein Start.

Warum der Rat, »am« Unternehmen zu arbeiten, ins Leere läuft

Was schätzen Sie: Wie viele Treffer erhalten Sie, wenn Sie *»Am Unternehmen arbeiten, nicht im Unternehmen«* in die Google-Suchmaske eingeben? Am 9. Juni 2021, als ich diese Seite schrieb, waren es über 200 Millionen. Der zweifellos wichtige Ratschlag ist offensichtlich alles andere als neu. Dennoch kämpfen zahlreiche Unternehmen mit gravierenden und häufig genug vermeidbaren Problemen. Wir haben kein Erkenntnisproblem, sondern ein Umsetzungsproblem. Dafür gibt es einen einfachen Grund. Jede Firma spiegelt die Persönlichkeit des Unternehmers wider. Deshalb müssen Unternehmer, die mehr Erfolg haben wollen, stärker an sich selbst arbeiten als andere.

Der Unternehmer spielt die Schlüsselrolle dabei, dass seine Firma sich positiv entwickelt. Wenn Sie tiefer in dieses Thema einsteigen möchten, laden Sie sich einfach mein kostenloses E-Book zum Thema Unternehmer-Mindset herunter. Sie finden es auf **www.Philip-Semmelroth.com/UmsatzBooster**.

Persönlichkeitsentwicklung ist mit Schmerzen verbunden, mit dem Verschieben von Grenzen, teilweise auch mit Rückschlägen. Alles beginnt damit, sich selbst einzugestehen, dass man nicht unfehlbar ist, offen für neue Perspektiven zu sein und sich Unterstützung zu suchen. Dies setzt die Erkenntnis voraus, dass die Annahme von Hilfe ein Zeichen von Stärke ist. Topathleten engagieren für alles – Gesundheit, Ernährung, Fitness, ihre sportliche Disziplin und nicht zuletzt ihre mentale Fitness (Mindset) – Coaches, weil sie es allein nicht schaffen, und das, obwohl sie in ihrem Bereich zu den Besten der Welt zählen. Wie kann es da sein, dass viele Unternehmer als Einzelkämpfer in die Spitzengruppe vorstoßen wollen? Es genügt nicht, eine gute Geschäftsidee zu haben, ein Gewerbe anzumelden und allein durch die Kraft der eigenen Begeisterung ein paar Kunden zu gewinnen, um dauerhaft profitabel zu wirtschaften.

Perfektionieren Sie Ihre größte Stärke.

Als Unternehmer halte ich es für sinnvoll, im Laufe der Jahre die eigenen Fähigkeiten zu perfektionieren. Dies ist zwingend damit verbunden, bestimmte Bereiche in seinem Leben verkümmern zu lassen. Meine Mama zwang mich einst, Blockflöte zu lernen. Am Martinstag brachte mir das bei der Runde durch unsere Siedlung mehr Süßigkeiten ein, als wenn ich gesungen hätte. Heute interessiert mich der Bereich Musik nicht mehr. Auch zahlreiche andere Dinge, die ich in meinem Leben gelernt habe und durchschnittlich gut beherrsche, liegen brach. Man muss nicht alles machen. Vielmehr bin ich der Überzeugung, dass jeder Mensch die Möglichkeit nutzen sollte, mindestens eine Fähigkeit in seinem Leben so weit zu entwickeln, dass sie zu einem High Income Skill wird. HIS nennt man in den USA Fähigkeiten, mit denen man monatlich zuverlässig 10 000 Dollar und mehr verdienen kann. Wer das erreicht hat, kann die vorhandene Fähigkeit weiter perfektionieren und/oder andere Fähigkeiten mit derselben Zielsetzung aufbauen. Wer monatlich seine ganzen Fähigkeiten am Markt anbietet und dafür nur 3000, 5000 oder vielleicht 7500 Dollar oder Euro bekommt, der hat noch viel Spielraum nach oben. In meinem Fall besteht eine meiner High Income Skills darin, effiziente Unternehmensstrukturen mit klarem Vertriebsfokus aufzubauen und Unternehmen so erfolgreicher und profitabler zu machen. Zusätzlich habe ich in den letzten beiden Jahren meine Fähigkeiten als Keynote-Speaker perfektioniert, sodass es mir gelingt, in kurzer Zeit wichtige Impulse in den Köpfen meiner Zuhörer zu verankern. Worin besteht Ihr High Income Skill? Und welche Aufgaben sollten Sie lieber anderen überlassen?

Wer Kurs halten will, braucht Orientierungspunkte.

Ich empfehle jedem Unternehmer, sich regelmäßig mit anderen in einer ähnlichen Situation zu vergleichen. Das ist in geschlossenen Mastermind-Gruppen einfacher als in öffentlichen Zirkeln, weil in geschlossenen Kreisen offener und ehrlicher diskutiert wird. Alternativ dazu lassen sich grundsätzliche Fragen mit einem branchenerfahrenen Coach reflektieren, der durch die Zusammenarbeit mit anderen Unternehmen in einem ähnlichen Markt und mit ähnlicher Größe in der Lage ist, bestimmte Ergebnisse einzuschätzen. Wer sich nur auf sich selbst konzentriert, verliert irgendwann die Orientierung. Ohne externe Faktoren ist es nahezu unmöglich, auf Kurs zu bleiben. Das habe ich bei der Bundeswehr selbst drastisch erfahren. Im Rahmen eines Orientierungsmarsches, der auf fast 20 Kilometer angelegt war, galt es, eine Strecke von ungefähr 1000 Meter auf einem Truppenübungsplatz geradeaus zu gehen. Weil auf diesem Truppenübungsplatz Panzer den scharfen Schuss trainierten, handelte es sich um eine riesige Fläche Sand, ohne Bäume, ohne Gräser – einfach nur Sand. Da es stockdunkel war, will ich nicht ausschließen, dass dort irgendwo auch Vegetation existierte, doch gesehen haben wir die nicht. An einem Checkpoint bekamen wir also den Auftrag, einen Kilometer in eine bestimmte

Richtung zu laufen. Wir haben das Ziel nie erreicht. Wir waren zwar der festen Überzeugung, dass wir geradeaus gelaufen waren. In Wirklichkeit kamen wir jedoch völlig vom Kurs ab, weil wir keinen Orientierungspunkt hatten, der uns gezeigt hätte, dass wir nicht auf einer geraden Linie marschieren. Irgendwann trafen wir auf einen sehr gut getarnten Leopard-2-Panzer, den wir in der Dunkelheit erst sahen, als wir fast daneben standen. Die Besatzung hatte sich bereits einige Zeit königlich über uns amüsiert, weil sie über Wärmebildkameras beobachten konnte, wie wir planlos über diese leere Fläche irrten. Was ich damit sagen will: Sie brauchen Orientierung, wenn Sie die Richtigkeit Ihres Kurses immer wieder bestimmen wollen. Wenn es nachweislich schon unmöglich ist, 1000 Meter ohne Hilfestellung geradeaus zu gehen, dann ist es absolut unmöglich, allein eine belastbare Hypothese über die Zukunft eines Unternehmens aufzustellen. Aufgrund der vielen Einflussfaktoren ist diese Aufgabe ungleich komplexer als ein simpler Marschbefehl. Sie brauchen kompetente Sparringspartner im Unternehmen oder von außerhalb, die ihre Expertise zur Verfügung stellen und Ihnen helfen, verlässliche Indikatoren (KPIs, also »Key Performance Indicators«) zu definieren, um Abweichungen zeitnah zu identifizieren.

Der Lohn des Unternehmertums: persönliche Freiheit.

In Summe bedeutet das: Das Leben als Unternehmer ist hart, und wenn es ambitioniert angegangen wird, ist es zugleich einer der radikalsten Wege, seine Persönlichkeit zu entwickeln. Es ist ein teilweise frustrierender, mit Risiken und Rückschlägen verbundener Weg. Ein Weg, auf dem man von Kooperationspartnern, Kunden und zeitweise leider auch von Mitarbeitern hintergangen wird. Ein Weg, auf dem man immer mal wieder an seine Grenzen stößt. Als Unternehmer setzen Sie sich mit vielen Fragen und Problemen auseinander, die Sie mit »Nicht-Unternehmern« irgendwann gar nicht mehr besprechen können, weil denen jegliche Erfahrung und jegliches Verständnis fehlt. Doch wenn Sie Ihren Weg konsequent gehen, werden Sie ein Level an Freiheit erreichen, das Sie auf andere Weise niemals erreichen können. Sie arbeiten, was, wie, wo und mit wem Sie möchten. Und was Sie dabei (anders als Geld) niemals genug in Ihr Unternehmen investieren können, sind die eigenen Gedanken.

FAZIT: Unternehmertum

10 Profitbremsen	10 Profitbeschleuniger
– Ein liebevoll verstellter Blick auf Ihr Unternehmen (»Ihr Baby«)	+ Nüchterne Distanz zum Unternehmen (»Ihr Instrument«)
– Das Unternehmen ganz auf Ihre Person und Ihre tägliche Mitarbeit zuschneiden	+ Ein Unternehmen bauen, das am Ende ohne Sie funktioniert
– Ad-hoc-Management ohne funktionierende Routinen	+ Klar definierte Prozesse und Standards
– Wachstum um jeden Preis, noch vor dem Aufbau funktionierender Systeme	+ Ausbau und Skalierung nachweislich funktionierender Systeme
– Vertriebliche Anstrengungen als Notfallprogramm (immer dann, wenn Aufträge gerade gebraucht werden)	+ Eine durchdachte Vertriebsstrategie, die Ressourcen, Auftragsvolumina und Profite planbar macht
– Kein kontinuierlicher Fokus auf Profitabilität	+ Jede Handlung, jede Maßnahme und jeden Auftrag prüfen: Macht dies das Unternehmen profitabler?
– Mehr Umsatz als Erfolgskriterium	+ Transaktionskosten im Blick haben (Mit welchem Aufwand wird mehr Umsatz erkauft?)
– Dem Unternehmen nur dann Geld entnehmen, wenn noch was übrig ist (selbst »von den Resten leben«)	+ Sich ein festes Unternehmergehalt zahlen, Monat für Monat, inklusive Urlaubs- und Weihnachtsgeld
– Der feste Vorsatz, alles allein schaffen zu müssen	+ Die Bereitschaft, sich kompetente Sparringspartner zu suchen
– Festhalten an alten Gewohnheiten und Glaubenssätzen	+ Kontinuierliche persönliche Weiterentwicklung

2. Portfolio/Angebote: Arbeiten Sie profitabler durch ein strategisches Leistungsportfolio

Viele Unternehmer orientieren sich an anderen, statt eigene Ziele zu verfolgen.

Es gibt viele Gründe, Unternehmer zu werden: Leidenschaft für ein Produkt, Familientradition, der Wunsch nach Unabhängigkeit oder das Bedürfnis, eigene Kompetenzen zu vermarkten. Doch egal, was Ihre Motivation war, jede Gründung und auch das spätere Unternehmerleben sind geprägt von Unwägbarkeiten und Unsicherheiten. Der Blick darauf, was die Konkurrenz macht und wie sie es macht, wird oft zum Rettungsanker. Wie andere ihre Kanzlei, ihren Malerbetrieb, ihren Werkzeughandel führen, kann so falsch nicht sein, oder? Doch wenn Sie Pech haben, kettet Sie dieser Rettungsanker an überholte Produktpaletten und wenig lukrative Geschäftsmodelle. Ich möchte Ihnen einen anderen Weg vorschlagen: Führen Sie ein Unternehmen, das Ihren persönlichen Zielen dient. Gehen Sie strategisch vor und entwickeln Sie Ihr Angebot mit klarem Blick auf die Vor- und Nachteile verschiedener Produktkategorien. Fokussieren Sie sich auf Ihre Idealkunden (Best Buyer) und geben Sie diesen ein klares Leistungsversprechen. Standardisieren Sie Dienstleistungen so, dass diese sich lukrativ zu Festpreisen verkaufen, skalieren und zuverlässig planen lassen. Wer nur macht, was alle machen, bekommt auch nur, was alle bekommen. Das können Sie besser machen! Ich zeige Ihnen, wie.

Ziele setzen statt Probleme lösen

Vielleicht kennen Sie die These, jedes Problem sei eine nicht gegründete Firma. Grundsätzlich stimmt das und viele Gründer starten exakt auf diese Weise: Sie entdecken, dass sie ein Problem besser als andere lösen können. Oder sie sehen sich dauerhaft mit einem Problem konfrontiert, wissen aber niemanden, der es für sie beseitigen könnte. Also machen sie sich selbst auf die Suche und entscheiden dann, den gefundenen Lösungsweg mit einer Firma auch anderen Menschen zur Verfügung zu stellen. Ein populäres Beispiel sind die heute allgegenwärtigen Post-it-Klebezettel. Sie entstanden, weil einem Chemieingenieur von 3M bei der Sonntagspredigt die Lesezeichen aus dem Gesangbuch rutschten. Also erinnerte er sich an einen zuvor entwickelten (und als untauglich verworfenen) Klebstoff, der nicht dauerhaft klebte, aber haftende Lesezeichen ermöglichte. Am Ende stand ein Milliardengeschäft.[2]

Warum Amazon als Erstes Bücher verkaufte

Bei Amazon-Gründer Jeff Bezos dagegen lag der Fall anders. Bezos war Anfang der Neunzigerjahre leitender Mitarbeiter eines Hedgefonds. Ihn faszinierte das rasante Wachstum der im World Wide Web übertragenen Daten. »Nichts wächst so schnell«, kommentierte Bezos diese Entwicklung später. »So etwas ist hochgradig ungewöhnlich und das hat mich auf die Frage gebracht: Welches Unternehmenskonzept ist wohl im Kontext eines solchen Wachstums sinnvoll?« Bezos stellte eine Liste von Produkten auf, die sich online verkaufen ließen: Büroartikel, Kleidung, Musik, Computersoftware ... Seine Wahl fiel auf Bücher – nicht, weil er Menschen mit Lesestoff versorgen wollte, die einen weiten Weg zur nächsten Buchhandlung hatten, sondern weil das Produkt »Buch« gut zu verpacken und leicht zu verschicken war, über wenige Großdistributoren in den USA einfach bezogen werden konnte und dabei zu 100 Prozent standardisiert war (jedes Exemplar dieses Buches sieht exakt so aus wie jedes andere Exemplar). Gleichzeitig existierten Bücher in vielen Hunderttausend Varianten, sodass keine stationäre Buchhandlung sie auch nur annähernd alle vorrätig haben konnte.[3] Mit anderen Worten: Bezos war auf der Suche nach Big Business und das bestimmte seine erste Produktwahl. Sein Fokus lag nicht auf einem wahrgenommenen Problem, aus dem sich ein Geschäftsmodell entwickeln ließe. Er ging vielmehr von einer strategischen Zielsetzung aus: Wie lässt sich die neue Technologie besonders einfach und lukrativ für geschäftliche Zwecke nutzen? Das Produkt folgte aus diesem Ziel.

Eigene Ziele setzen statt Businessmodelle kopieren

Diese Denkweise finde ich sehr interessant. Ich bin der Meinung, viele Firmen würden erfolgreicher und profitabler sein, wenn man sie mit kühlem Kopf gründete und sich dabei zuallererst die Frage nach den eigenen Zielen stellte. Leidenschaft reicht nicht und eine Firma ist kein Selbstzweck, sondern ein Instrument, wie ich gleich zu Beginn meines Buches »55 Business-Turbos für KMU« betont habe. Dabei gilt: Ziele sind immer individuell. Ob Sie als Wohltäter in die Geschichte eingehen, Ihre Mitwelt durch imposante Unternehmensgröße beeindrucken, möglichst schnell Geld verdienen oder vor allem örtlich ungebunden leben wollen – all das bestimmt mit, welches Geschäftsmodell für Sie passt. Ich hatte lange Jahre ein IT-Unternehmen und habe damit sehr gut verdient. Doch im Laufe der Jahre änderten sich meine Ziele. Am Anfang ging es darum, mir einen finanziellen Handlungsspielraum zu schaffen, und darauf habe ich alles ausgerichtet. 20 Jahre später stand der Wunsch nach mehr Unabhängigkeit ganz oben auf meiner Liste. Ich wollte meinen Aufenthaltsort flexibel wählen, mehr reisen und mehr Zeit im Ausland verbringen. Folglich suchte ich nach einem Geschäftsmodell, das besser zu mir passte, und fand das Vortrags- und Coaching-Business. Auch hier ergab sich die Produktwahl mit meinen Zielen – auch wenn ich dieses Business natürlich ambitioniert betreibe und meine Kunden mehr als zufrieden sind.

Fragen Sie sich, wie Sie leben wollen. Und dann entscheiden Sie, wie Ihr Business aussehen soll.

Ein anderes Beispiel für eine zielorientierte Gründung gibt das Buch »Die 4-Stunden-Woche«, das weltweit für Furore sorgte. Timothy Ferriss erzählt darin, wie er ein Business (in diesem Fall den Verkauf von Nahrungsergänzungsmitteln) so aufzog, dass es ihm mit nur wenigen Stunden Arbeit pro Woche ein finanziell sorgenfreies und örtlich ungebundenes Leben ermöglichte.[4] Für mich wäre es zwar ein Horror, nur vier Stunden pro Woche zu arbeiten, weil ich liebe, was ich tue. Aber den Grundansatz finde ich richtig und wichtig: Fragen Sie sich, »Wie willst du leben?«, und *dann* entscheiden Sie, wie Ihr Business aussehen soll. Kopieren Sie nicht einfach Geschäftsmodelle anderer, nur weil Sie festgestellt haben, dass diese grundsätzlich funktionieren und Gewinne erwirtschaften. Und noch ein Hinweis: Ignorieren Sie den häufigen Rat, sich mit der Frage nach Ihrem »Warum« zu beschäftigen. Die Recherche lenkt Ihre Gedanken in die Vergangenheit und beantwortet nur, warum Sie gestartet sind. Fokussieren Sie sich lieber auf das Wofür. Denn das hält Sie in Bewegung und lenkt die Aufmerksamkeit auf Ihre Zukunft.

Wie Ihr Business sich entwickelt, wie viel Wachstumspotenzial es hat, ob es skalierbar ist, wie stark Sie als Person im Alltagsgeschäft gefordert sind, wie sich der Kundenkontakt gestaltet, wie kompliziert der Verkaufsprozess ist und viele weitere Fragen hängen direkt mit Ihrer Angebotswahl zusammen – damit, was Sie verkaufen. Ob Sie Produkte anbieten oder Dienstleistungen, verändert die Spielregeln in Ihrem Alltag erheblich. Darüber möchte ich mit Ihnen in diesem Kapitel nachdenken und Ihnen zeigen, wie Sie das Beste beider Welten kombinieren und Dienstleistungen in Produkte verwandeln können.

Produkte verkaufen: Vor- und Nachteile

Ob Sie Rasenmäher verkaufen oder Espressomaschinen, Bücher oder Möbel: Produkte haben keine Launen, Krankheiten oder Familienprobleme. Wenn Sie dagegen Dienstleistungen als Physiotherapeut, Friseur, Personal Trainer oder IT-Techniker anbieten, werden Sie unweigerlich mit solchen Faktoren konfrontiert – bei sich selbst, bei Ihren Mitarbeitern und auch bei Ihren Kunden. Schon dieser simple Vergleich zeigt, dass der Produktverkauf in der Regel einfacher abzuwickeln ist als der Verkauf von Dienstleistungen. Hinzu kommt, dass sich Produkte versenden lassen, die Leistung also erbracht werden kann, ohne dass der Verwender vor Ort sein muss, und das über Ländergrenzen hinweg.

Ein Produkt ist ein Gegenstand, der bestimmte identische Merkmale aufweist und dessen Verkaufsprozess in weiten Teilen automatisierbar (digitalisierbar) ist. Daraus folgt als weiterer Vorteil, dass sich Produkte besser skalieren lassen als Dienstleistungen. Bei Skalierung denken viele Unternehmer an mehr Aufträge und akzeptieren den höheren Ressourcenbedarf. Wachstum wird dabei erkauft durch mehr Mitarbeiter und mehr Investitionen. Wer mehr Physiotherapie oder mehr Haarschnitte anbieten will, muss mehr Mitarbeiter anheuern, vielleicht auch neue Büros oder Sporthallen mieten. Der Einsatz lohnt sich, wenn am Ende mehr Profit übrig bleibt als vor der Ausweitung des Business. Richtig interessant wird es aber, wenn mehr Umsatz ohne nennenswerten Mehreinsatz möglich ist. Diese Form der Skalierung funktioniert leichter bei Produkten. Wenn Sie über einen Onlineshop täglich 1000 Verkäufe realisieren statt 500, muss die Logistik im Hintergrund zwar aufgestockt, aber kaum verdoppelt werden (gut funktionierende Prozesse vorausgesetzt). Noch profitabler wird das Business, wenn Sie ein digitales Produkt anbieten (zum Beispiel eine Software, eine App, einen Onlinekurs). So ein Produkt ist beliebig oft reproduzierbar und der Mehraufwand für den Mehrverkauf beschränkt sich auf Kaufabwicklung und Rechnungsstellung. Skalierung ist also dann besonders profitabel, wenn es gelingt, mit gleicher oder nur gering erhöhter Mitarbeiterzahl erheblich mehr Kunden zu bedienen.

Produkte sind eher skalierbar und digitalisierbar.

Eine Rolle für Ihr Business spielt auch, ob Sie ein »Vertrauensprodukt« oder ein »Wirkprodukt« anbieten. Ein Vertrauensprodukt ist zum Beispiel eine Versicherung, ein Wirkprodukt zum Beispiel eine Kopfschmerztablette. Wirkprodukte haben den Vorteil, den Kunden selbst (qua Wirkung) immer wieder von ihrem Mehrwert zu überzeugen. Damit steigt die Bereitschaft zu Folgekäufen. Das Produkt verkauft sich also auch ohne das gute Zureden eines Verkäufers. Bei einem Vertrauensprodukt dagegen muss der Verkäufer den Kunden überzeugen, dass sein Kauf in Zukunft positive Folgen haben wird, und im Zuge einer regelmäßigen After-

Produkte mit Sofortwirkung verkaufen sich leichter.

Sales-Betreuung seine Bestandskunden auch immer wieder daran erinnern. Versicherungsprodukte erfordern ein solches Vertrauen in zukünftige Vorteile. Häufig werden hier Verträge anlassbezogen abgeschlossen, doch mit der zeitlichen Distanz zum letzten Wasserschaden oder Rechtsstreit wachsen die Zweifel, dass man die betreffende Hausrat- oder Rechtsschutzversicherung tatsächlich braucht. Bei Produkten, deren Wirkung direkt spürbar ist, entfällt dieses Problem.

Produkte muss man nicht selbst produzieren. Kommt es zu einer erhöhten Nachfrage, lässt diese sich auch bedienen, ohne eigenes Personal aufzustocken. Für weitere Produktionskapazitäten kann man auch auf andere Unternehmen zurückgreifen, die basierend auf einer festen Rezeptur oder mittels konkreter Spezifikation zusätzliche Produkte herstellen. Eine Alternative zum eigenen Produktgeschäft ist der Handel mit Fremdprodukten.

Natürlich haben Produkte im Vergleich zu Dienstleistungen auch Nachteile. So müssen Sie beispielsweise akzeptieren, dass der Kapitaleinsatz beim Produktgeschäft höher ist. Um Produkte verkaufen zu können, müssen Sie diese fertig einkaufen oder Teile einkaufen und dann montieren, was ebenfalls Geld kostet. Sie müssen sich außerdem über Fragen wie Lagerfähigkeit, Haltbarkeit, Verpackungsgrößen, Transportmöglichkeiten, Umtauschfähigkeit, Verbrauchsgeschwindigkeit und Substitutionsprodukte Gedanken machen, möglicherweise auch über Garantien und landesspezifische Besonderheiten (wie Elektrospannung oder Hygienevorschriften). Schauen Sie sich außerdem an, wie viele Produkte jedes Jahr auf den Markt kommen und kurze Zeit später wieder verschwinden, ist eine Produktentwicklung nicht ohne Risiko. Die Entwicklungskosten erhöhen zudem den Kapitalbedarf. Und im Erfolgsfall können Produkte kopiert werden, wenn ihre Bestandteile leicht zu identifizieren sind.

Produkte bedeuten einen höheren Kapitaleinsatz und ein höheres Risiko.

Gerade weil es so schwer ist, ein wirklich erfolgreiches Produkt am Markt zu platzieren, gilt es, sehr früh Prototypen verfügbar zu machen, mit denen erste Umsätze erzielt werden und die Feedback aus dem Kreis der potenziellen Käufer generieren. Häufig ergibt sich daraus die Notwendigkeit der Weiterentwicklung von Produkten, die grundsätzlich auf Interesse stoßen. Das steigert nicht nur die Umsatzchancen, sondern auch den Kapitalbedarf, was vor allem Gründer oft vor Schwierigkeiten stellt. Da ich lange in den USA gelebt habe und dort immer wieder Zeit verbringe, kann ich Vergleiche zwischen der Grundhaltung dort und hierzulande ziehen. Wir Deutschen streben häufig nach Perfektion. Wir wollen uns nicht blamieren, keine unnötigen Risiken eingehen und testen und optimieren lieber noch weiter, bevor wir dem Markt etwas präsentieren. Die Amerikaner dagegen gehen davon aus, dass alles, was sie tun, großartig ist, schnell auf den Markt geworfen werden muss und dann im Zuge der Kundenrückmeldungen immer noch verbessert werden kann. Denken Sie zum Beispiel an Windows XP. Das System lief erst rund, nachdem Microsoft das Service Pack 3 verfügbar gemacht hatte. Windows 8 floppte total. In beiden Fällen hat der US-Konzern dennoch mehr Geld verdient, als es hierzulande der Fall gewesen wäre. Wir streben nach Fehlerlosigkeit und gehen das Risiko ein, dass bestimmte Produkte gar nicht mehr gefragt sind, wenn sie endlich auf den Markt kommen. Typisch amerikanisch ist dagegen die Haltung des LinkedIn-Gründers Reid Hoffman, der sagte: »Wenn dir die erste Version deines Produktes nicht peinlich ist, hast du es zu spät an den Start gebracht.«

Lieber erst starten und dann verbessern als perfektionieren und zu spät starten.

Eine weitere Herausforderung besteht darin, dass Produkte vergleichbar sind. Um nicht durch günstigere Anbieter verdrängt zu werden, müssen sie kontinuierlich weiterentwickelt werden. Dabei ist es aber unklug, sich im Laufe der Zeit zu weit von seinem Originalprodukt zu entfernen. Diesen Fehler machte Coca-Cola, als sie mit »The New Coke« das seit Generationen beliebte Produkt generalüberholen wollten und damit treue Kunden vor den Kopf stießen. Um sowohl neue als auch bisherige Kunden von sich zu überzeugen, kann es sinnvoll sein, ein zusätzliches Produkt zu entwickeln, was den Gesamtaufwand natürlich erhöht. All das verdeutlicht: Obwohl Produkte erhebliche Vorteile bieten, ist vor allem der Start in diesem Bereich schwer. Das mag einer der Gründe sein, warum der Anteil der Unternehmen, die Dienstleistungen verkaufen, erkennbar überwiegt.

Produkte sind vergleichbar und müssen ständig weiterentwickelt werden.

Dienstleistungen verkaufen: Vor- und Nachteile

Dienstleistungen haben den Vorteil, dass sie sich sehr schnell am Markt platzieren lassen. Ausgehend von vorhandenen Kenntnissen und Fähigkeiten, lassen sich existierende Probleme gegen Gebühr beseitigen. Vorinvestitionen sind teilweise auch hier nötig, etwa um Werkzeuge, Transportmittel oder Büroinfrastruktur bereitzustellen. Doch häufig kann man gerade am Anfang auf ohnehin verfügbare Mittel zurückgreifen, sodass ein Dienstleistungsunternehmen sehr kostengünstig gestartet werden kann. Ich habe meine erste Firma tatsächlich im Kinderzimmer gegründet und von dort recht schnell 361 000 Euro Umsatz gemacht. Verschulden musste ich mich dafür nicht, denn IT-Dienstleistungen konnte ich ohne große Investitionen anbieten.

Dienstleistungen lassen sich flexibler vermarkten als Produkte.

Dienstleistungen sind weniger leicht vergleichbar als Produkte. Das wird jeder Mann bestätigen, der sich schon einmal gewundert hat, warum sein Haarschnitt um die 20 Euro kostet, während für den Friseurbesuch seiner Frau mindestens das Vierfache fällig ist. Auch können wir Männer uns im Prinzip von jedem Haare schneiden lassen, während Frauen ausnahmslos davon überzeugt sind, dass ihr Friseur als Einziger wirklich versteht, wie ihre Haare geschnitten werden müssen. Mit entsprechendem Marketing, strategischem Reputationsaufbau und mit der Schaffung individueller Kundenerlebnisse lassen sich Dienstleistungen also in einem attraktiven Preissegment platzieren. Alleinstellungsmerkmale erhöhen den Profit und das gilt für objektive Merkmale genauso wie für nur subjektiv wahrgenommene. Wer sich gut vermarktet und zuverlässig Qualität abliefert, kann mit einem Dienstleistungsunternehmen sehr gut verdienen, und zwar auch in Bereichen mit starkem Wettbewerb. Sie müssen halt zur Nummer 1 im Kopf der Zielgruppe werden (siehe Kapitel 3 »Marketing«). Dabei gilt: Reputation wird bezahlt. Können vorausgesetzt.

Es ist also deutlich einfacher, ein Unternehmen rund um den Verkauf von Dienstleistungen aufzubauen, als ins Produktgeschäft einzusteigen. Allerdings ist das Umsatzpotenzial bei Produkten unverhältnismäßig größer. Das hat verschiedene Gründe. Dienstleistungen müssen im Normalfall immer wieder neu verkauft werden. Jeder einzelne Auftrag wird individuell abgestimmt und im Normalfall erst nach Erbringung bezahlt, während Sie bei Produkten mit Anzahlungen arbeiten können. Das ist beim Friseurbesuch noch simpel, bei der Modernisierung der IT-Infrastruktur jedoch schon komplexer (auch wenn manche Frauen dies vielleicht bezweifeln würden). Produkte lassen sich leichter und auf der Basis von Bezugsvereinbarungen teilweise automatisiert verkaufen. Auch lässt sich im Normalfall die Zahl der verkauften Produkte vergleichsweise einfach steigern, während die Skalierbarkeit bei Dienstleistungen schwieriger ist. Der gefragte Starfriseur kann sich nicht klonen. Wenn ein Dienstleistungsgeschäft wachsen will, braucht es mehr Menschen, die die Dienstleistung erbringen und in der Lage sind, die vom Kunden erwartete Qualität sicherzustellen. Zwar kann ein bestimmtes Ergebnis losgelöst von der ausführenden Person erreicht werden. Dies verhindert, dass Kunden nur vom Chef oder von einem bestimmten Mitarbeiter betreut werden wollen. Voraussetzung sind allerdings funktionierende Standards und Prozesse, die alle Mitarbeiter verinnerlicht haben und zuverlässig umsetzen. Gelingt dies, wachsen auch die Chancen, Ihr Unternehmen eines Tages lukrativ zu verkaufen. Ist die Erbringung der Dienstleistung dagegen sehr stark an einzelne Personen im Unternehmen und insbesondere an Sie als Eigentümer geknüpft, wird dies deutlich schwerer.

Personengebundene Leistungen sind nicht leicht skalierbar.

Weil Dienstleistungen sich vergleichsweise leicht anbieten lassen, laufen viele Unternehmer Gefahr, das eigene Leistungsportfolio immer weiter aufzufächern, um sich so bisher ungenutztes Umsatzpotenzial zu sichern. Nur wenigen gelingt es, sich von vornherein auf die Aufgaben zu fokussieren, die sie im Vergleich zu allen anderen selbst besser lösen können und die damit die Möglichkeit der regionalen oder überregionalen Marktführerschaft mit entsprechend profitablen Preisen eröffnen. Während Produkte im Kern fix sind, haben Unternehmen bei Dienstleistungen zudem einen gewissen Hand-

Tappen Sie nicht in die Individualisierungsfalle.

lungsspielraum. Dieser Handlungsspielraum kann hilfreich sein, wird aber häufig auch zur Falle, denn Unternehmer laufen Gefahr, jedem Kunden eine absolut individuelle Lösung anzubieten, um sich den Auftrag zu sichern. Dies erschwert die Abwicklung und kann dazu führen, dass der Unternehmer zwar permanent sehr beschäftigt ist, aber nicht wirklich angemessen verdient. Darüber hinaus ist Individualisierung eine permanente Fehlerquelle, denn Dinge, die Sie zum ersten Mal machen, sind grundsätzlich fehleranfälliger als Dinge, die Sie regelmäßig tun.

Je mehr Standards, desto weniger Fehler, desto eher skalierbar, desto mehr Profit.

Ich warne deshalb davor, alles, was grundsätzlich denkbar wäre, anzubieten. »Individualisierung« mag ein tolles Werbeargument sein, führt aber geradewegs in ein zermürbendes Hamsterrad. Und die Pannen, die möglicherweise dabei passieren, gefährden nicht nur Ihren Ruf, sie müssen auch in kostenintensiven Serviceeinsätzen beseitigt werden. Im Extremfall kann dies zu Transaktionskosten führen, die vermeintlich lukrative Aufträge in Verlustgeschäfte verwandeln. Wenn Sie dagegen bestimmte Probleme für bestimmte Zielgruppen regelmäßig lösen, werden Sie durch Ihre Erfahrungswerte Fehler vermeiden. Stützen Sie sich dabei auf klare Standards und Prozesse, können Sie zudem attraktive Margen kalkulieren. Auch rückt die Skalierung Ihres Geschäfts in greifbare Nähe, sofern es Ihnen gelingt, Ihre Mitarbeiter auf diese Standards und Prozesse zu verpflichten. Dies gilt ausdrücklich auch für Verkäufer, die nicht länger isolierte Dienstleistungen und individuell zugeschnittene Auftragsinhalte verkaufen, sondern bestimmte vorgefertigte »Pakete«. Damit ist das Schlüsselwort gefallen. Wäre es nicht großartig, wenn Sie die Vorteile des Produktgeschäftes und die Vorteile des Dienstleistungsgeschäftes miteinander kombinieren könnten? Wie das gelingt, erfahren Sie im nächsten Abschnitt, gefolgt von einem Best-Practice-Beispiel.

Das Beste zweier Welten: Dienstleistungen in Produkte verwandeln

Wenn Sie als Dienstleister mit weniger Aufwand und Reibungsverlusten mehr verdienen wollen, sollten Sie Dienstleistungen in Produkte verwandeln. Im Kern bedeutet das: Sie standardisieren Leistungen und bieten feste Leistungspakete an, statt mit jedem Kunden über zahllose Details zu verhandeln. Um Pakete zu entwickeln, die am Markt erfolgreich sind, überlegen Sie im ersten Schritt, welches Leistungsversprechen Sie dem Kunden anbieten. Denken Sie hierbei bitte nicht in Aktivitäten, sondern in Ergebnissen: Was hat Ihr Kunde davon, was erreicht er, wenn er dieses Paket kauft? Das ist es, was ihn interessiert. Er möchte weder an der Umsetzung mitwirken, noch interessiert er sich für die einzelnen Bestandteile. Wenn Sie ein Paket »Schutz vor IT-Ausfallzeiten« erwerben, wollen Sie normalerweise nicht wissen, welche Programme dazu im Einzelnen installiert werden müssen. Sie wollen nur, dass es funktioniert.

Ihre Best Buyer machen Sie erfolgreich.

Im zweiten Schritt prüfen Sie, wer Ihre besten Kunden (Best Buyer) sind und welche Leistungen diese regelmäßig von Ihnen beziehen. Dabei bewährt sich das bekannte Pareto-Prinzip: Mit welchen 20 Prozent Ihrer Kunden erzielen Sie 80 Prozent Ihres Gewinns? Anschließend gilt es zu überlegen, wie Sie bislang individuell erbrachte Leistungen mit ihren jeweils individuellen Bestandteilen in ein festes (standardisiertes) Angebot umwandeln können. Dieser Transformationsprozess ist schwer, für Sie wie für Ihre Kunden. Standards adressieren die Masse, Individuallösungen zielen auf Einzelpersonen. Dies lässt Einzellösungen für Kunden zunächst attraktiver erscheinen und vielfach werden diese auch besser bezahlt. Doch wenn es Ihnen gelingt, standardisierte Pakete zu entwickeln, die vielen Kunden ein attraktives Leistungsversprechen bieten, werden Sie erheblich mehr Geld verdienen.

Was kaum nachgefragt wird, bieten Sie nicht an.

Wenn Sie kritisch prüfen, was Ihre Top-Kunden bei Ihnen kaufen, werden Sie starke Überschneidungen feststellen. Möglicherweise ist 80 Prozent dessen, was Best Buyer bei Ihnen abrufen, völlig identisch. Darüber hinaus werden Sie herausfinden, dass all diese Kunden gelegentlich weitere Leistungen abrufen, von denen sich aber nur wenige wiederholen. Es empfiehlt sich daher aus meiner Sicht, zwei oder drei Pakete anzubieten. Paket 1 deckt die 80 Prozent ab, die jeder braucht. »On top« bieten Sie dann als Optionen Paket 2 und Paket 3 an, die Einzelleistungen bündeln, die nur ein Teil Ihrer Kunden bucht, wofür aber durchaus regelmäßig Nachfrage besteht. Leistungen, die kaum jemand nachfragt, ignorieren Sie einfach. *(Lesen Sie diesen Satz noch mal langsam. Ich meine das wirklich ernst!)*

Einige Kompromisse müssen Sie machen. Und da Sie diesen Entwicklungsprozess ohne Kunden durchlaufen, werden viele Käufer gar nicht mitbekommen, dass bestimmte selten erbrachte Leistungen aus Ihrem Angebotskatalog herausgefallen sind. Wenn einzelne Kunden dennoch darauf bestehen, können Sie ihnen immer noch eine (entsprechend hoch vergütete) Einzellösung anbieten. Oft gibt es sogar Leistungen, die Sie für Ihre Kunden erbringen, weil sie in Ihren Augen sinnvoll, wenn auch nicht zwingend notwendig sind und von Kunden gar nicht wahrgenommen werden. Diese können Sie als Erstes streichen. Denn was niemand wahrnimmt und somit nicht aktiv nachfragt, will auch keiner bezahlen.

Ich habe mit meinem Unternehmen diesen Standardisierungsprozess durchgeführt und ich kann Ihnen sagen, der Wechsel wird hart. Es gab Kunden, die wollten die Veränderung nicht mitmachen. Die wird es immer geben. Bei Bestandskunden brauchen Sie klare Ansagen, dann werden sich manche arrangieren. Trotzdem werden Sie einen Teil verlieren. Bei Neukunden sollten Sie durch gezieltes Marketing sicherstellen, dass Sie nur noch die richtigen Kunden anziehen. Kommunizieren Sie klar, was die Kunden bei Ihnen bekommen und was nicht. Es gibt genug Kunden für Sie. Sie verbringen erfahrungsgemäß nur zu viel Zeit mit den falschen. Das reduziert Ihre Gewinne und raubt Ihnen die Zeit, lukrative Bestandskunden zu entwickeln und die richtigen Neukunden zu akquirieren. Doch in den ersten Wochen nach der Umstellung auf Pakete wird das Telefon seltener klingeln. Die Kunden, die sich gegen eine Standardisierung sperren, sind auch diejenigen, die am häufigsten anrufen, weil sie viele individuelle Pro-

Es gibt genug Kunden für Sie. Verbringen Sie nicht zu viel Zeit mit den falschen Kunden.

bleme haben, mit deren Lösung jedes Mal ein großer Teil der Firma beschäftigt ist. Wenn Sie sich von diesen Kunden trennen, wird es plötzlich ruhig. Und weil das häufige Klingeln des Telefons oder das kontinuierliche Eingehen von E-Mails in vielen Firmen als Indiz missverstanden wird, dass das Unternehmen läuft, werden Ihre Mitarbeiter nervös werden – so wie meine nervös geworden sind. Doch ich verspreche Ihnen: In ruhigen Zeiten können Sie deutlich mehr Geld verdienen, weil Sie nicht ständig irgendwelche Eskalationen lösen müssen, die aus einem falschen Serviceverständnis und aufwendig zu erfüllenden Einzelforderungen resultieren.

Alles wird leichter mit Paketen: planen, kalkulieren, skalieren, delegieren, entscheiden.

Die Verwandlung von Dienstleistungen in Produkte mag aufwendig sein, aber sie wirkt sich in vielerlei Hinsicht positiv aus. Sie können besser planen, Preise zuverlässiger kalkulieren und Mitarbeitern leichter Verantwortung übertragen, weil es klare Regeln gibt. Sie sehen glasklar, mit welchen Kunden Sie zusammenarbeiten möchten und mit welchen nicht. Sie treffen leichter Entscheidungen. Sie wissen, welche Marketingbotschaften Sie aussenden wollen. Sie können Dienstleistungen skalieren, weil diese auf klaren Standards und Prozessen beruhen und daher unabhängig von Einzelpersonen durch entsprechend geschulte Mitarbeiter ausgeführt werden können. Sie binden Kunden, die Klarheit, Berechenbarkeit und Zuverlässigkeit schätzen, und werden die ganzen Chaoten los, die viel Zeit kosten und wenig Geld bringen. Nicht zuletzt werden Ihre Verkaufsgespräche erheblich einfacher.

Kunden, die keine Grenzen kennen, stellen Ansprüche, die Ihren Profit gefährden.

Wenn Sie im Verkaufsgespräch eine individuelle Bedarfsermittlung machen, wird Ihnen der Kunde umfassend schildern, was die von ihm angestrebte Lösung leisten soll. Und weil es für ihn erkennbar keine Grenzen gibt, wird er Ihnen alles erzählen, was in seiner Welt relevant ist. Natürlich erwartet er von Ihnen dann auch, dass Sie exakt das möglich machen. Das klingt so umständlich wie überzogen, ist aber die Realität. Jeden Tag sitzen Verkäufer mit Kunden zusammen und lassen sich individuelle Anforderungen erklären, die individuell kalkuliert und individuell umgesetzt werden müssen. Das macht die Planung zeitintensiver, die Kalkulation schwerer (besonders bei Festpreisen). Es erhöht nicht zuletzt das Risiko für den Kunden und auch für Sie als Ausführenden, weil sich allenfalls ein Teil der geplanten Leistungen in anderen Aufträgen wiederholt.

Manche Anbieter führen im Grunde ständig Pilotprojekte durch. Die Verkaufsgespräche dazu sind deutlich komplizierter, weil über unzählige Details gesprochen wird, die alle notiert werden müssen und bei der Ausführung dann doch teilweise vergessen werden. All das ist so komplex, dass Kunden am Ende des Verkaufsgesprächs häufig keine Entscheidung treffen, weil sie durch den hohen Detailierungsgrad verunsichert sind. Also wollen sie das Ganze »noch mal überschlafen« oder bitten freundlich um ein Angebot, was nichts anderes bedeutet als »Schreib mir das alles noch mal auf«. Häufig suchen Kunden dann weitere Gespräche, und sei es nur, um sich wohler (= sicherer) zu fühlen, weil sie in jedem Verkaufsgespräch selbst dazulernen. Sie als erster oder zweiter Anbieter gehen dann leer aus. Weil Sie aber ständig Gespräche führen und schon rein statistisch auch öfter der zweite oder dritte Anbieter sind, verdienen Sie einigermaßen. Dafür sind Sie aber ständig beschäftigt und gestresst. All das lässt sich vermeiden.

Pakete machen den Verkauf einfacher und Standards sind der Hebel für mehr Gewinn.

Wenn Sie feste Pakete haben und im Verkaufsgespräch auch nur diese anbieten, muss ein Verkäufer nur Paket 1 plus die ein oder zwei Optionen (Paket 2 und 3) erklären, die zuvor definiert wurden. Der Verkäufer hat keine andere Aufgabe, als eine Entscheidung im Hinblick auf eine zuvor definierte Produktpalette herbeizuführen. Er kann sich darauf konzentrieren, mit dem Kunden abzuwägen, ob Paket 1 für ihn genügt oder ob er eine der Zusatzoptionen benötigt. Das macht Verkaufsgespräche erheblich einfacher. Natürlich werden Kritiker an dieser Stelle warnen, dass Sie dadurch Kunden verlieren, weil Kunden häufig eine Individualisierung einfordern würden. Doch auch mit Paketen lässt sich »individualisieren«. Wenn Sie zum Beispiel ein neues Auto bestellen, erreichen Sie durch die Addition verschiedener Pakete einen gewissen Individualisierungsgrad, bewegen sich aber immer in einem klar definierten Standard. Und weil das im Verkaufsgespräch unmissverständlich klargemacht wird, akzeptieren Sie das. Dasselbe gilt beim Optiker, der Ihnen Ihre Brillengläser in der »Platin«-, »Gold«- oder »Standard«-Version anbietet und auch nicht jede Brille von Grund auf individuell konstruiert. Dieses Beispiel illustriert außerdem, wie Sie mit geschickter Paketauswahl Profite steigern können, indem Sie die Neigung vieler Kunden nutzen, niemals »das Billigste« für sich zu wählen, sondern mindestens zur mittelteuren Variante zu tendieren.

Der Schlüssel zum wirtschaftlichen Erfolg liegt in der Fokussierung.

Verkauf lebt von Klarheit. Und Individualität ist nicht klar. Standards dagegen sind der Hebel für mehr Gewinn. Daher lohnt es sich, beim eigenen Angebot Kompromisse einzugehen. Natürlich werden Sie dabei einzelne Kunden verlieren. Gehen diese nicht freiwillig, trennen Sie sich selbst von Ihnen, so wie wir das in meiner Firma 2015 und 2016 gemacht haben, als wir uns auf Standardisierung konzentriert haben. Der Schlüssel zum wirtschaftlichen Erfolg liegt bei Dienstleistungen in der Fokussierung. Bestimmte Dinge sollten Sie nicht anbieten, weil diese sich nicht skalieren lassen oder wirtschaftlich unsinnig sind. Für die Skalierbarkeit von Dienstleistungen müssen drei Kriterien erfüllt sein. Erstens, es muss möglich sein, die Ausführung Mitarbeitern beizubringen. Zweitens, die Dienstleistung oder deren Ergebnis muss für Ihre Kunden einen wirklichen Wert besitzen. Drittens, die Dienstleistung sollte von einer tragfähigen Anzahl Kunden benötigt werden und nicht überall erhältlich sein.

Nutzen Sie Abo-Pakete als Umsatzturbo.

Für Leistungen, die einzelne Kunden immer wieder in Anspruch nehmen, lassen sich zudem Abo-Pakete schnüren. In diesem Zusammenhang haben wir zum Beispiel Wartungskonzepte entwickelt, bei denen Kunden eine pauschale Leistung für 1500 Euro monatlich einkauften, und das bei einer vertraglich fixierten Laufzeit von 60 Monaten. Das steigerte die Planbarkeit und förderte die Kundenloyalität. Zugleich vervielfachte sich der erzielte Umsatz von 1500 Euro auf 90 000 Euro (60 x 1500), ohne dass der vertriebliche Aufwand (ein Verkaufsgespräch) größer war. Bei einem Firmenverkauf wirken sich solche Verträge zudem positiv auf den Kaufpreis aus. Im Normalbetrieb geben sie Planungssicherheit und stärken Ihre Liquidität.

Abo-Modelle sind nicht nur interessant, weil sie Kunden langfristig binden und laufend Umsatz garantieren. Solche Modelle sorgen auch dafür, dass Sie auch bei stabilen Preisen stetig mehr Geld verdienen. Dieser Punkt ist mir sehr wichtig, denn viele Unternehmen machen den Fehler, sich einseitig auf Neukunden zu konzentrieren. Auch in Vertriebstrainings geht es fast ausschließlich um die Akquise von Neukunden und fast nie um die Entwicklung von Bestandskunden. Dabei ist es viel lukrativer, Folgegeschäfte zu machen. Bestandskunden muss man nicht erst von der eigenen Leistung überzeugen. Man muss ihnen nicht viel erklären, weil sie wissen, wie die Zusammenarbeit läuft. Das Ausfallrisiko ist minimal, der Zugang zum Entscheider meist problemlos. Besonders interessant werden Bestandskunden dann, wenn sie identische Leistungen auf der Basis eines Vertrages regelmäßig beziehen. Damit entfallen Abwicklungskosten zum Beispiel für die Erstellung von Angeboten, die Präsentation der Leistungen, die Auslieferung und die Abrechnung. Das bedeutet, dass Ihre Marge auch bei konstanten Verkaufspreisen steigt, weil Sie weniger Transaktionskosten haben. Gerade das Thema »Transaktionskosten und deren Minimierung« ist für jedes Unternehmen von unschätzbarem Wert (siehe dazu den Business-Turbo 9 in meinem Buch »55 Business-Turbos für KMU«).

Je mehr Bestandskundengeschäft, desto weniger Transaktionskosten.

Neben Abo-Modellen bietet sich für die fortlaufende Zusammenarbeit mit Bestandskunden die strategische Entwicklung eines Leistungsportfolios mit Up-Sell- und Cross-Sell-Möglichkeiten an. Ob Produkte oder Dienstleistungen: Denken Sie nicht in Einzelangeboten, sondern in Systemen. Apple hat dies virtuos vorgemacht. Der Eintritt in das Apple-Ökosystem erfolgt häufig durch den Kauf eines Gerätes. Hier stehen iPod, iPad, MacBook, iPhone, Apple TV und sonstige Angebote zur Verfügung. Mit all diesen Geräten können Sie dann Apple Music, Apple Speicherplatz in der Cloud, Apple Filminhalte, Apple Store Apps und so weiter nutzen. Gleichgültig, was Sie nutzen und zu welchem Preis, das Geld landet immer im zentralen Geldspeicher von Apple. Ähnlich könnten auch Sie für Ihr Geschäftsmodell Produkte

Kreieren Sie ein System von Angeboten, das Kunden dauerhaft bindet.

und Dienstleistungen entwickeln, die Kunden immer stärker an Ihr Unternehmen binden.

Ein Beispiel aus meinem Kundenkreis ist ein Softwarehersteller, der eine Branchenlösung anbietet, die modular aufgebaut ist. Kunden können je nach Bedarf verschiedene Zusatzfunktionen gegen eine monatliche Lizenzgebühr freischalten lassen und so den individuellen Bedarf besser abdecken, den Nutzen der Lösung für sich steigern. Zugleich verdient der Hersteller mehr Geld und bleibt mit dieser Strategie für viele Kunden interessant, weil die, die weniger brauchen, nicht pauschal alles erwerben und alles anteilig (mit)bezahlen müssen. Wenn Sie auf Anhieb keine Idee haben, was Ihre Kunden sich zusätzlich wünschen könnten, fragen Sie sie einfach. Oder nutzen Sie eine Kampagne, um das Kundeninteresse zu identifizieren. Sie können zum Beispiel Produkte und Dienstleistungen im Internet anbieten, die Sie aktuell gar nicht liefern können, und über Leerverkäufe die Resonanz des Marktes testen. Getätigte Käufe stornieren Sie einfach mit dem Verweis darauf, dass aufgrund von Engpässen in der Produktion aktuell nicht absehbar ist, wann Produkte oder Dienstleistungen tatsächlich verfügbar sind. Solche Tests kann man anonym und auch ohne konkrete Kaufabwicklung über eine verbindliche Registrierung durchführen. Suchen Sie nicht nach der perfekten Lösung, ohne den Markt bei dieser Suche einzubinden.

Best-Practice-Beispiel Büroservice: Ganz einfach mehr Profit!

Im Rahmen der Unternehmercoachings, die ich ständig durchführe, betreue ich größere Firmen, aber auch Selbstständige. An einem Beispiel einer Solounternehmerin, die externen Büroservice anbietet, möchte ich Ihnen zeigen, welche Vorteile es bringt, das eigene Geschäftsmodell zu transformieren, und was Sie dabei beachten sollten. Es begann mit einem Strategiegespräch. Ich stellte die üblichen Fragen zum Geschäftsmodell, zur Firmenstruktur, zu aktuellen Ergebnissen und zu den bereits von der Unternehmerin identifizierten Engpässen. Ich entschied mich, den Auftrag anzunehmen, weil ich die Herausforderung, ein Personal Assistant Business zu optimieren, herausfordernd fand. Wir analysierten gemeinsam das Leistungsportfolio, die Umsätze pro Kategorie, die Kundenstruktur, die Akquisekanäle, die Marketingmaßnahmen und vieles mehr.

Lieber etwas Geld mit viel Aufwand oder mehr Geld mit planbarem Einsatz?

Zu Beginn unserer Zusammenarbeit gab es 27 Angebote, die Kunden in Anspruch nehmen konnten. Es gab keinen standardisierten Verkaufsprozess, kein Controlling der Marketing- und Akquisemaßnahmen, keine Verträge. Selbst langjährige Kunden hätten jederzeit gehen können. Es gab keine Checklisten, keinen On-Boarding- oder Off-Boarding-Prozess, keine Regelungen, wann Kunden Leistungen bezahlen mussten und wie mit der Vorfinanzierung umzugehen war, wenn zum Beispiel Flüge, Hotels oder Individualreisen organisiert wurden. Es gab auch keine Best-Buyer-Strategie und auch keine definierte Vorgehensweise, um neue Kunden über Empfehlungen zu gewinnen. Der Unternehmerin war nicht bewusst, wie wichtig sie für verschiedene Kunden war, welche Verhandlungsmacht daraus resultierte und wie sie diese nutzen konnte. Darüber hinaus gab es keine festen Regeln für die telefonische Erreichbarkeit. Während ein Großteil der Kunden die Unternehmerin während der üblichen Geschäftszeiten telefonisch oder per WhatsApp kontaktierte, gab es auch Kunden, die sogar nachts versuchten, sie zu erreichen, weil sie international unterwegs waren und beispielsweise Alternativrouten für stornierte Flüge organisiert werden sollten. Das Unternehmen machte Geld, die Unternehmerin war sehr beschäftigt. Doch durch unsere Zusammenarbeit machte sie bald deutlich mehr Geld, und das vertraglich abgesichert, mit deutlich weniger Kunden und Aufwand. Dazu war eine Reihe von Maßnahmen erforderlich. An dieser Stelle fokussiere ich mich auf die Optimierung des Leistungsportfolios.

Drei Pakete statt 27 Einzelleistungen

Von 27 Dienstleistungen, die jeder Kunde buchen konnte, reduzierten wir das Leistungsportfolio auf ganze drei. Das waren die drei, die nahezu alle Kunden in Anspruch nahmen und die auch für die von uns definierten Best Buyer (Idealkunden) wichtig waren. Darum herum gab es Einzelanforderungen, die ganz selten nachgefragt wurden. Dafür bildeten wir einfach eine Auftragspauschale, die auf der einen Seite abschreckende Wirkung hatte, auf der anderen Seite aber signalisierte: »Ist auch buchbar, kostet aber, weil individuell.« Eine solche Angebotsreduktion ist für die meisten Unternehmer eine mentale Herausforderung, weil sie es gewohnt sind, in »Mehr« (mehr Geschäft, mehr Kunden, mehr Umsatz) zu denken und nicht in »Weniger«. Für eine erfolgreiche Transformation von Dienstleistungen in Produkte sind solche Schnitte notwendig, und glauben Sie mir, sie zahlen sich aus.

Standardpakete und Premiumpakete

Für die drei Leistungen, die wir definierten, bildeten wir jeweils zwei Pakete: das »Standard«- und das »Premium Plus«-Paket. Für diese Pakete erstellten wir konkrete Leistungsbeschreibungen, um Kunden die Wahl des für sie richtigen Pakets zu erleichtern. Beide Pakete waren nur noch mit einer vertraglich vereinbarten Laufzeit buchbar, und zwar zuzüglich einer Set-up-Pauschale, durch die notwendige Vorarbeiten abgedeckt wurden. Bei der Festsetzung dieser Pauschale arbeiteten wir mit Erfahrungswerten für den Arbeitsaufwand, beim Kunden alle Voraussetzungen für einen externen Büroservice zu schaffen. Pauschalen machen Kunden eine Entscheidung leichter als beispielsweise eine Abrechnung nach Stunden. Außerdem reduzieren Pauschalen den Dokumentationsaufwand bei allen Tätigkeiten, weil der Fokus der Kunden dann auf dem guten Ergebnis liegt und weniger darauf, wie und wann dafür gearbeitet wurde.

Premiumservice nur noch im Abo und zu angemessenen Preisen

Ergänzend zu den Paketen, die bestimmte Leistungen bündelten, haben wir noch »Kommunikationspakete« entwickelt, die Auswirkungen auf die Erreichbarkeit hatten. Auf Wunsch der Unternehmerin, die wirklich für ihr Business brennt, war es für weltweit reisende Topmanager auch weiterhin möglich, sie nach 18 Uhr zu erreichen. Voraussetzung dafür war die Buchung eines entsprechenden Kommunikationspakets, das unabhängig von seiner Nutzung und vertraglich abgesichert dauerhaft zu bezahlen war. Wer sich für diese Premiumleistung entschieden hatte, konnte die Unternehmerin als Personal Assistant auch weiterhin per WhatsApp nach 18 Uhr in Anspruch nehmen. Kunden, die nur Interesse an der Standarderreichbarkeit hatten, stand während der üblichen Geschäftszeiten das Telefon als Kommunikationskanal zur Verfügung, zusätzlich natürlich die E-Mail.

Pakete bringen mehr qualifizierte Anfragen

Im Zuge der Standardisierung bestimmter Dienstleistungen, der Fokussierung des Leistungsportfolios auf bestimmte Kernleistungen, der Definition des Idealkunden und so weiter wurde es immer einfacher, schon beim Erstkontakt zu erkennen, ob es unternehmerisch sinnvoll war, bestimmte Anfragen zu bearbeiten. Wenn Sie mit Standards und Prozessen Ihre Dienstleistungen in Produkte verwandeln, laufen Sie nicht länger Gefahr, sich für jeden einzelnen Kunden zu verbiegen. Vielmehr schneiden Sie Ihre Dienstleistungen so zu, dass diese zu Ihren idealen Kunden passen. Sie schaffen völlige Transparenz darüber, welche Leistungen Sie anbieten und welche nicht, und machen es daher für sich wie für Ihre Kunden einfacher, zu entscheiden, ob eine Zusammenarbeit sinnvoll ist. Diese Klarheit sollten Sie dann auch in Ihrem Marketing einsetzen. Häufig macht dies eine Überarbeitung der Webseite sowie Ihrer Social-Media-Auftritte erforderlich, was Arbeit bedeutet und oft von der Angst begleitet wird, erst einmal gar keine Aufträge mehr zu bekommen. Doch es führt erfahrungsgemäß dazu, dass Sie qualifiziertere Anfragen bekommen, einfachere Verkaufsgespräche führen, schnellere Abschlüsse erreichen, besser mit Kunden zusammenarbeiten und die Volatilität Ihres Business erheblich reduzieren.

Pakete schaffen Klarheit und steigern Profite

Im Fall der Unternehmerin ging mit der Reduktion des Leistungsportfolios das Aufkündigen der Zusammenarbeit mit einigen Kunden einher, weil diese nicht mehr zur neuen Strategie passten. Zwei Monate war die Dame etwas nervös, weil sie monatlich weniger Geld einnahm, als dies vorher der Fall war. Dann unterschrieb einer der Idealkunden einen Vertrag mit einem Jahresvolumen von 60 000 Euro und ein Bestandskunde empfahl das Unternehmen an eine Firma weiter, die einen Vertrag in Höhe von 48 000 Euro Jahresvolumen unterschrieb. Damit steigerte sie ihren Profit auf einen Schlag deutlich, bei gleichzeitiger Stressreduktion durch den Wegfall zahlreicher wenig lukrativer Einzelaufträge.

Mehrwert schaffen

In dem Moment, wo Sie aus individuellen Dienstleistungen klar definierte Produkte machen und diese durch Zubuchung bestimmter Sonderleistungen ergänzen, die Sie ebenfalls in Produkte (Pakete) packen, schaffen Sie erheblichen Mehrwert. Sie wissen exakt, was Sie tun werden, wie lange das dauern wird, welche Ressourcen Sie dafür brauchen, was Ihr Kunde eventuell vorbereiten muss und worüber Sie ihn informieren sollten. Wenn Sie Ihre Festpreise am Markt etabliert haben und gleichzeitig immer routinierter und besser werden, wächst Ihr Profit. Noch dazu sind Sie von Wettbewerbern, denen Ihr Erfahrungsvorsprung fehlt, nicht so leicht kopierbar. Hinzu kommt: Für Dienstleistungen, die Sie in Produkte verwandelt haben, können Sie Anzahlungen berechnen. Dienstleistungen werden in der Regel dann fakturiert, wenn sie vollständig erbracht sind, bei Produkten ist das anders. Doch der Unterschied ist nicht, dass man Produkte anfassen kann und geplante Dienstleistungen nicht. Der Unterschied ist, dass die Leistungseigenschaften von Produkten exakt definiert und immer gleich sind. Genau das erreichen Sie über den oben skizzierten

Weg auch mit Dienstleistungen – indem Sie keine Tätigkeiten, sondern Ergebnisse verkaufen.

Wenn Ihnen meine Ideen gefallen, Ihnen die Anwendbarkeit auf Ihr Business aber noch nicht vollständig klar ist, lade ich Sie ein, über die Webseite **www.Philip-Semmelroth.com/UmsatzBooster** ein Strategiegespräch mit mir zu buchen!

FAZIT: Portfolio / Angebote

10 Profitbremsen	10 Profitbeschleuniger
– Anbieten, was andere anbieten	+ Anbieten, was eigenen Zielen dient
– Perfektionismus in der Produktentwicklung	+ Schnell starten und Produkte mit Kundenfeedback verbessern
– Kapitaleinsatz und Risiko neuer Produkte unterschätzen	+ Skalierbare, effizient vertriebene Produkte
– Preisdruck durch leicht vergleichbare Produkte	+ Stetige Weiterentwicklung bewährter Produkte
– Dienstleistungsgeschäft ohne ambitioniertes Eigenmarketing	+ Als Dienstleister durch objektive und subjektiv wahrgenommene Merkmale zur Nummer 1 werden
– Dienstleistungen ganz auf die eigene Person (oder wenige Mitarbeiter) zuschneiden	+ Skalierbarkeit von Dienstleistungen durch klare Standards und erlernbare Prozesse
– Vollständige Individualisierung von Angeboten	+ Feste Dienstleistungspakete (Dienstleistungen in Produkte umwandeln)
– Alles möglich machen, auch selten nachgefragte Leistungen	+ Fokussierung auf regelmäßig nachgefragte Leistungen (Extrawünsche, eventuell gegen Aufpreis)
– Keine Kundenanalyse: Wer sind die Best Buyer?	+ Fokussierung auf die Best Buyer (hohes Umsatzpotenzial, geringe Transaktionskosten)
– Ausschließlich Einzelverkäufe	+ Entwicklung von Abo-Modellen und Produktsystemen

3. Marketing: Werden Sie zur Nummer 1 für Ihre Zielgruppe

Wer Sie nicht kennt, kauft beim Wettbewerb.

Ich hatte vor einiger Zeit einen großen Wasserschaden im Keller. Warum ich Ihnen das erzähle: In dem Moment, als ich sah, wie das Wasser aus dem Rohr in den Keller schoss, wusste ich bereits, dass ich jetzt sofort den Arno anrufen muss. Arno ist der Mann, der bei uns alles rund um das Thema Heizung, Wasser und Sanitär erledigt und der immer meine allererste Adresse ist, wenn es in diesem Bereich etwas zu tun gibt. Genau darum geht es im Marketing – um Strategien, die dafür sorgen, dass Sie der »Arno« im Kopf Ihres Kunden werden, egal, was Sie anbieten. Worum es also nicht geht, sind besonders originelle, aber letztlich rätselhafte Werbeslogans oder lustige Videos, die sich viral verbreiten, Ihnen aber keine Kunden bescheren. Ihr Marketing soll keine Schönheitspreise gewinnen, sondern möglichst viele Kundenanfragen generieren, und zwar von solchen Kunden, die Ihnen lukrative Margen garantieren. Denn je wirkungsvoller Ihr Marketing ist, desto eher können Sie sich Ihre Kunden aussuchen – und desto profitabler wird Ihr Unternehmen werden.

Jenseits grauer Theorie: Was bedeutet »Marketing«?

Dieses Kapitel dient nicht dazu, den Marketingtheorien, die Sie in BWL-Büchern nachlesen können, eine weitere hinzuzufügen. Hier geht es darum, worauf es beim Marketing in der Praxis ankommt, wie gutes Marketing Ihr Unternehmen profitabler macht und wie Marketing sinnvoll mit anderen Aufgaben im Unternehmen, insbesondere mit dem Verkauf, zu verzahnen ist. Denn nur im perfekten Zusammenwirken verschiedener Stellschrauben ergibt sich am Ende ein gut funktionierendes Räderwerk, sprich: ein hochprofitables Unternehmen. Abbildung 1 skizziert die Arbeitsteilung verschiedener Unternehmensbereiche.

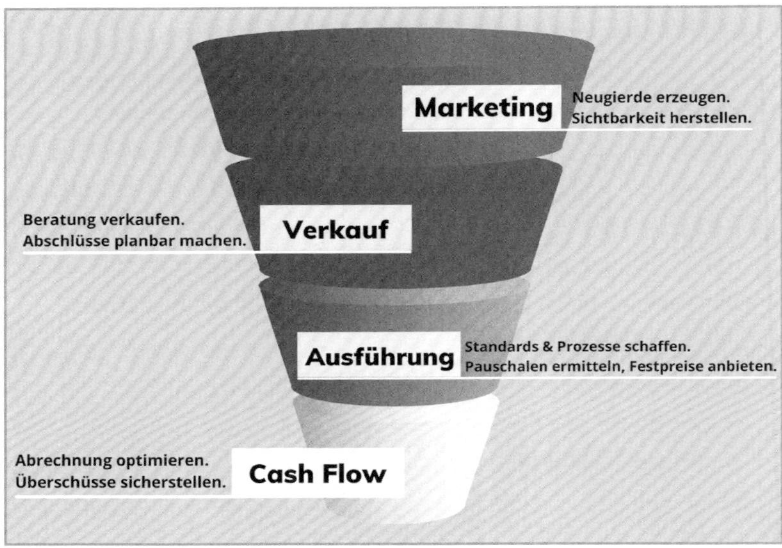

Abb. 1: Aufgaben verschiedener Unternehmensbereiche
© Philip Semmelroth

Kernaufgabe des Marketings ist, Ihr Angebot sichtbar zu machen. Wer nicht weiß, was Sie anbieten, kann auch nichts bei Ihnen kaufen. Marketing soll also Bedarf wecken, Verkauf diesen profitabel decken. Gutes Marketing lockt die richtigen Kunden an und hält die falschen von einer Kontaktaufnahme ab (siehe den Abschnitt »Die richtigen Kunden«). Es sorgt dafür, dass Sie im Kopf Ihrer Zielkunden auftauchen, sobald diese einen Bedarf haben, den Sie decken können. Idealerweise macht es Sie zur Nummer 1 im Kopf des Kunden. Dabei kommt es im Wettbewerb heute nicht nur darauf an, Ihre Produkte und Dienstleistungen wirkungsvoll in Szene zu setzen, sondern auch, Ihre Person als kompetenten und vertrauenswürdigen Partner zu präsentieren. Welche Möglichkeiten Sie dazu in Zeiten von Social Media haben, erläutere ich weiter unten.

Marketing macht Sie und Ihr Angebot sichtbar.

Kurz zum Zusammenspiel der übrigen Bereiche: Aufgabe des Verkaufs ist, dem Kunden im Einklang mit Ihren Marketingbotschaften ein konkretes Angebot zu machen, das seine Probleme löst und Ihnen Profit beschert, sowie Interessenten wegzuschicken, die nicht zum Unternehmen passen. Professionelle Verkäufer handeln wie Türsteher exklusiver Clubs. Es reicht nicht aus, dass jemand den Eintritt bezahlen könnte. Wenn er nicht passt, darf er nicht Kunde werden. Die ausführenden Abteilungen – zum Beispiel in der IT die Techniker, in einem Hotel das Servicepersonal – erbringen anschließend die verkaufte Leistung in hoher Qualität und möglichst ohne Reibungsverluste. Das wird durch Standards und Prozesse gesichert. Pauschalen und Festpreise machen Sie für Kunden berechenbar und garantieren, dass Sie profitabel wirtschaften (vorausgesetzt natürlich, Sie haben richtig gerechnet). Das wiederum sichert Ihren Cash Flow, der für jeden Unternehmer durch entsprechende Abrechnungsroutinen jederzeit transparent sein sollte. Alle Bereiche zahlen auf Ihren Unternehmenserfolg ein und wirken schlussendlich zusammen: Gutes Marketing generiert Verkäufe, guter Verkauf löst Marketingversprechen ein, gute Ausführung erfüllt die Leistungsversprechen im Verkauf und alle drei Bereiche zusammen bewirken Kundenzufriedenheit (idealerweise sogar Kundenbegeisterung). Das wiederum eröffnet die Chance, Verträge mit Kunden über viele Monate abzuschließen, was wiederkehrende Ein-

Gut verzahnte Unternehmensbereiche garantieren Profit.

nahmen sicherstellt. Außerdem sind exzellente Arbeitsergebnisse die beste Basis, um aktiv nach Weiterempfehlungen zu fragen und positive Kundenstimmen in Marketingbotschaften umzusetzen. Alles zusammen erzeugt solide Profite, die Ihnen Entscheidungsspielraum verschaffen und Ihre Handlungsmöglichkeiten vergrößern, sei es, dass Sie sich von ungeliebten (zum Beispiel wenig lukrativen) Kunden trennen, Geld in weitere Marketingmaßnahmen investieren oder sich die Zeit für Prozessoptimierungen nehmen können. Das alles sorgt dafür, dass Ihre »Gelddruckmaschine« stetig besser läuft. In dieser Verknappung mag sich das banal anhören. Die Umsetzung ist jedoch alles andere als banal – sonst würden viele Unternehmer nicht permanent Feuerwehr spielen, statt Ihr Unternehmen kontrolliert zu steuern.

Selbst das iPhone braucht Marketing.

Zurück zum Marketing. Marketing ist sozusagen das zentrale Einfallstor Ihres Unternehmens. Es ist daher kontraproduktiv, diesen Aufgabenbereich nebenbei mitlaufen zu lassen, nicht professionell zu besetzen oder nur zeitweise aktiv zu sein – auch wenn es in vielen kleinen Unternehmen exakt so gemacht wird. Wer Marketing strategisch angeht, steigert die Qualität seines Kundenportfolios, reduziert Frust und Stress, weil er weniger mit Menschen arbeiten muss, denen er nicht wirklich helfen kann, und trägt perspektivisch dazu bei, höhere Preise zu erzielen, weil etablierte Unternehmensmarken Sicherheit versprechen und so zum präferierten Anbieter werden. Das beantwortet auch die Frage, wann Sie Marketing machen sollten. Die Antwort lautet: *immer*. Es gibt beispielsweise kaum jemanden auf diesem Planeten, der nicht weiß, was ein iPhone ist. Den allermeisten dürfte sogar bewusst sein, dass jedes Jahr im September ein neues kommt. Trotzdem investiert Apple jedes Jahr viele Hundert Millionen in Marketing, weil man es eben nicht dem Zufall oder dem Eigenantrieb der Konsumenten überlassen kann, die neuen Produkte und Dienstleistungen zu bestellen. Wenn das schon bei aktiv nachgefragten Produkten wie dem iPhone erforderlich ist, dürfte es Ihnen kaum gelingen, ohne Marketing Kunden in größerer Zahl zu generieren.

Der ideale Zeitpunkt für Marketing ist deshalb exakt dann, wenn die meisten kleinen und mittelständischen Unternehmer komplett darauf verzichten: wenn die Auftragsbücher voll sind. Dann können

Sie durch Marketing Ihren Kundenstamm veredeln und Ihr Unternehmen nach vorn bringen. Ein Beispiel: Während der Coronapandemie wurden Steuerberater mit Anfragen zur Beantragung von Fördergeldern überschwemmt. Ich habe mir sagen lassen, die Formulare waren so kompliziert, dass man auch mit 20 Jahren unternehmerischer Erfahrung auf externe Hilfe angewiesen war. Während die Steuerberater in der Flut von Anfragen deutschlandweit absoffen, habe ich nirgendwo Marketingaktivitäten festgestellt. Das liegt nicht daran, dass es für bestimmte Berufsgruppen in Deutschland strikte Auflagen gibt, denn es gibt immer Wege, sichtbar zu werden. Es liegt vielmehr daran, dass in vielen Unternehmen Marketing nicht strategisch gedacht wird. Dabei könnte ein Steuerberater in Zeiten voller Auftragsbücher durch geschicktes Marketing (zum Beispiel ein Video zum Coronahilfen-Formular und daran anknüpfende Social-Media-Aktivitäten) eine Vielzahl neuer Mandanten auf sich aufmerksam machen. Aus dem Pool der Anfragen könnte er sich anschließend die für ihn spannendsten Mandate heraussuchen. Auf diese Weise würde er die Qualität seines Kundenportfolios anheben, weil er sich beispielsweise endlich von all den kleinen Unternehmern trennen könnte, die ihre Belege niemals sortiert, vollständig und rechtzeitig einreichen und für die ständig Fristverlängerungen beantragt werden müssen, um dem Druck des Finanzamts auszuweichen.

Der ideale Marketingzeitpunkt: volle Auftragsbücher.

Hier kommt das Thema Positionierung ins Spiel. Ich halte wenig davon, seine Positionierung am Reißbrett zu planen und dann stur daran festzuhalten. Dass Spezialisten besser bezahlt werden als Generalisten, ist allgemein bekannt. Doch wer neu in einem Geschäftsfeld startet, dürfte es schwer haben, sich von Tag 1 an glaubwürdig als Spezialist zu vermarkten. In der Praxis werden Sie zu Beginn und auch später mit einiger unternehmerischer Erfahrung Ihre Positionierung immer wieder justieren und weiterentwickeln. Das hängt auch damit zusammen, dass Sie nicht allein auf dem Spielfeld stehen, sondern auf andere Akteure reagieren, auf Mitbewerber, auf neue Kundenwünsche oder veränderte gesetzliche Rahmenbedingungen. Außerdem sammeln Sie permanent Erfahrungen, etwa, mit welchen Kunden Sie am besten zusammenarbeiten oder welche Angebote und

Produkte sich besonders gut verkaufen. In meinem Buch »55 Business-Turbos« habe ich den Weg zur perfekten Positionierung, verbunden mit der Entscheidung »Marktdominanz« oder »einer von vielen«, detailliert beschrieben.[5] Im Falle des Steuerberaters ist die eben beschriebene Nachfragesituation zum Beispiel der ideale Zeitpunkt, um die eigene Positionierung zu schärfen. So könnte der Berater sich bei der Mandantenauswahl unter Berücksichtigung des Marktumfeldes künftig auf bestimmte Branchen, bestimmte Unternehmensformen oder bestimmte Beratungsleistungen fokussieren und auf diese Weise eine lukrative Nische besetzen.

Positionierung konkret: antesten, auswählen, spezialisieren – und Profite erhöhen.

Hinzu kommt: Wenn Sie ein Unternehmen gründen, sind Sie in der Regel auf Hypothesen angewiesen und wissen nicht genau, welche Produkte und Dienstleistungen der Markt tatsächlich haben will. Selbst Großunternehmen, die viele Millionen für Marktforschung ausgeben können, sind gegen Flops nicht gefeit. Deshalb ist es empfehlenswert, möglichst viele Versuchsballons zu starten, verschiedene Angebote zu testen und Erfahrungen zu sammeln. Als Generalist haben Sie das Problem, dass Sie ständig im Wettbewerb um den günstigsten Preis stehen und Schwierigkeiten haben, Weiterempfehlungen zu generieren, weil niemand gerne einen »Bauchladen« weiterempfiehlt. Sie werden lange brauchen, eine relativ homogene Bestandskundenbasis aufzubauen, weil Kunden sich in ihren individuellen Anfragen doch immer unterscheiden. Sie werden häufig Projekte durchführen, die zwar Ähnlichkeit mit anderen Projekten haben, dann aber doch Überraschungen bergen. Das erschwert Prognosen, die Voraussetzung für Festpreiskalkulationen und standardisierte Prozesse sind. Als Generalist haben Sie allerdings die Chance, sehr schnell eine gewisse Größe zu erreichen. Sie lernen viel und finden leichter Mitarbeiter, weil diese nicht über vertieftes Spezialwissen verfügen müssen. Nach dieser anfänglichen Lernkurve empfehle ich aber eine spitzere Positionierung und eine Fokussierung auf bestimmte (besonders erfolgreiche) Kernangebote. Durch diese Spezialisierung wird es für Sie einfacher:

- professionelles Marketing zu machen,
- höhere Preise durchzusetzen, weil Sie weniger vergleichbar sind,

- Weiterempfehlungen zu generieren,
- Festpreise anzubieten und
- mehr Profit zu erzielen, weil Sie im Laufe der Jahre erhebliches Erfahrungspotenzial aufgebaut haben, aus dem sich nicht nur Planungssicherheit, sondern auch Wettbewerbsvorteile ableiten lassen.

Wie entwickeln Sie wirksame Marketingbotschaften?

Marketing hat mit Magie nur den Anfangsbuchstaben gemeinsam – es kann keine Wunder vollbringen. Die Wirksamkeit Ihres Marketings entscheidet sich daran, ob Sie in der Lage sind, auf den Punkt zu formulieren, was der Mehrwert ist, den Ihre bevorzugte Zielgruppe gewinnt, wenn sie mit Ihnen zusammenarbeitet. Fast jeder kennt den Spruch, ein Kunde kaufe nicht die Bohrmaschine, sondern das Loch in der Wand. Trotzdem wimmelt die Welt von Websites oder Anzeigen, die »Qualität«, »Kompetenz« und »Zuverlässigkeit« anpreisen. Das alles sind Selbstverständlichkeiten, die jeder Anbieter für sich reklamiert und die das eigentliche Anliegen eines Kunden nicht treffen. Alternativ dazu stoßen Sie auf viele mehr oder weniger kreative Sprüche, die wenig darüber aussagen, was ein Anbieter tatsächlich leistet und was er anderen voraushat. Schauen Sie sich das Auftreten Ihrer Mitbewerber im Netz an – beispielsweise, indem Sie bei LinkedIn ein Branchenstichwort eingeben. Wie viele Unternehmer sprechen Sie mit Ihrer Kurzbeschreibung wirklich an, weil Sie ein relevantes Problem für Sie lösen?

Marketing muss wirksam sein – nicht zwanghaft originell.

Nehmen wir meine frühere Branche als Beispiel: Ein Kunde, der für seine IT einen Servicepartner sucht, hat im Kern nur ein Ziel – er möchte vor Ausfallzeiten geschützt sein und seinen eigentlichen Job ungestört erledigen. Das ist in Ihrem Unternehmen vermutlich nicht anders. Dass ein Kunde dafür zeitweise Wartungen beauftragen, neue Peripheriegeräte kaufen, vorhandene Anlagen aktualisieren oder austauschen muss, nimmt er notgedrungen in Kauf. Darin allein liegt jedoch kein Ziel. Sein Ziel ist, in Ruhe arbeiten zu können, und zwar möglichst jederzeit. Deshalb suchen Kunden nach einem IT-Partner, der Störungen und Ausfallzeiten bestenfalls komplett, zumindest weitestgehend reduzieren kann. Einer der zentralen Slogans meiner IT-Firma lautete daher »Wir schützen Ihre IT vor Ausfallzeiten«. Das war schnörkellos und simpel, aber wirksam. Keiner braucht »IT-Service«, alle wollen Schutz vor Störungen und vor ungewollten Kosten. Damit stellen sich folgende Fragen: Welches Problem lösen Sie für Ihre Kunden? Was können Sie besser als andere? Und wie deutlich haben Sie das in Ihrer Außendarstellung formuliert? Ihre Marketingbotschaften entwickeln Sie vor diesem Hintergrund am besten, indem Sie in die Schuhe Ihres Kunden schlüpfen und die Welt aus seiner Perspektive betrachten. Das ist keine neue Erkenntnis, nur leider wird sie in der Praxis selten umgesetzt. Im schlimmsten Fall überlassen Unternehmer es irgendeiner Agentur, etwas zu texten, was sich »gut anhört«, am Kundeninteresse jedoch vorbeigeht.

Erzählen Sie nur, was Ihre Kunden interessiert.

Wenn Sie selbst sich gründlich Gedanken über die Bedürfnisse Ihrer Kunden machen, werden Ihre Abschlussquoten massiv steigen und damit auch Ihr Profit. Ich empfehle dazu drei Schritte:

Schritt 1: Verstehen, was Ihr Kunde wirklich will

Was kauft Ihr Kunde im Kern bei Ihnen ein? Welches Problem lösen Sie für ihn, welches Bedürfnis erfüllen Sie? Bildlich gesprochen, was ist Ihr »Loch in der Wand« oder Ihr »Schutz vor Ausfallzeiten«? Warum etwa gehen Menschen zum Friseur? Sie wollen gut aussehen und bestenfalls dafür sogar Anerkennung bekommen. Was der Friseur dazu alles tun muss, ist den Kunden im Prinzip egal. Auf einem Werbeplakat, das ich auf einer meiner vielen Autofahrten sah, war das perfekt formuliert: »Wir sind gar nicht so teuer, wie Sie hinterher aussehen.« Um Ihre Kunden wirklich zu verstehen, müssen Sie hinter die Kulissen blicken, denn vielfach können oder wollen Kunden ihre eigentlichen Kaufgründe nicht benennen.

Schritt 2: Ermitteln Sie Ihre Stärken, die Kunden einen Mehrwert bieten

Überlegen Sie genau, was Neukunden dazu veranlasst, sich für Sie zu entscheiden und woanders nicht länger Bestandskunde zu sein. Dazu können Sie Ihre aktuell besten Bestandskunden fragen, was sie besonders an Ihnen schätzen. Außerdem können Sie sich bei Neukunden der letzten Monate erkundigen, was diese davon überzeugt hat, dass Sie ein guter Partner sind. Und schließlich sollten Sie auch Bestandskunden, die abwandern, fragen, was die Gründe dafür sind, die Zusammenarbeit zu beenden. Wenn Sie diese Informationen kritisch auswerten, haben Sie einen sehr guten Eindruck davon, wo Sie richtig gut sind und wo nicht. Wenn Unternehmen zum Beispiel den IT-Dienstleister wechselten und meine Firma beauftragten, hatte das folgende Gründe: zu langsame Reaktionszeiten, unklare Kommunikation, verursachte Schäden, schlechtes Preis-Leistungs-Verhältnis, mangelnde Kompetenz bei bestimmten neuen Anforderungen. In Summe: Chaos. Wir haben daher unsere Kommunikation und unsere Prozesse konsequent so aufgebaut, dass vom ersten Moment an klar war: Hier ist das anders – strukturiert, transparent, mit klaren Abläufen und eindeutigen Zuständigkeiten. Kunden erlebten bei uns vom Erstkontakt an den hundertprozentigen Kontrast zu Chaos. Und nichts überzeugt Kunden mehr, als wenn man ihnen exakt das Gegenteil dessen anbietet, was sie leid sind. Bei uns kauften Kunden also »kein Chaos mehr«. Was kaufen Sie bei Ihnen?

Ihr Ziel: die Poleposition.

Es klingt simpel, ein paar Bestandskunden anzurufen und zu befragen. Doch erst, wenn Sie das auch wirklich tun, ist die Aufgabe erledigt. Außerdem sollten Sie Mitarbeiter in diese Aufgabe einbeziehen, weil jeder von ihnen andere Schnittstellen (Touchpoints) mit den Kunden hat und andere Impulse einbringen kann. Nehmen Sie sich viel Zeit für Erhebung und Auswertung. Das ist nicht mal eben an einem Freitagnachmittag zu erledigen. Schließlich bauen Sie hier das strategische Fundament für Ihr Unternehmen, um die Poleposition in Ihrem Markt und im Kopf Ihrer Zielgruppe dauerhaft zu besetzen. Erstellen Sie parallel eine Liste Ihrer Stärken. Vielleicht haben Sie eine solche Aufstellung schon im Zuge bisheriger Marketingaktionen gemacht, oder auch bei der Entwicklung eines Firmenleitbildes. Wenn nicht, sammeln Sie gemeinsam mit Ihren Mitarbeitern die Pluspunkte Ihres Unternehmens aus interner Sicht. Halten Sie diese interne »Stärkenliste« und die Liste der Kundenbedürfnisse aus Schritt 1 nebeneinander: Welche Ihrer Stärken bieten Kunden einen wirklichen Mehrwert? Mitarbeiter mögen sich über kostenloses Obst freuen. Sie selbst mögen stolz auf permanente Weiterbildung oder Auszeichnungen für Nachhaltigkeit sein. Doch am Ende des Tages zählt für Ihre Kunden möglicherweise etwas ganz anderes. Welche Ihrer Stärken sind für den Entscheidungsprozess auf Kundenseite wirklich relevant?

Schritt 3: Kundenrelevante Stärken in Marketingbotschaften übersetzen

Die Liste der Mehrwerte, die Sie zunächst allgemein erstellt und dann aus Kundensicht gefiltert haben, splitten Sie nun in messbare und nicht messbare (quantitative und qualitative) Faktoren. Alles, was messbar ist, lässt sich mit folgenden Formulierungen zu Marketingbotschaften formen: »Wir steigern …«, »Wir reduzieren …«, »Wir optimieren …« Nicht messbare Mehrwerte wären etwa »Zusammenarbeit auf Augenhöhe«, »Vertrauen und Verschwiegenheit«, »Respekt und offene Kommunikation«. Am besten verpacken Sie Ihre gesamte Liste kundenrelevanter Mehrwerte oder Stärken in werbende Formulierungen. Das hilft Ihnen, ein besseres Gefühl dafür zu entwickeln, ob Sie hier wirklich zündende Botschaften haben, die Sie nutzen können, um Menschen für sich zu gewinnen. Aus dieser Aufstellung kundenrelevanter Botschaften lassen sich dann Thesen, Inhalte und Texte für Ihre Social-Media-Plattformen, Webseiten und Kundenrundschreiben ableiten. Achten Sie also darauf, dass alle Punkte, die Sie in Ihrem Außenauftritt ansprechen, auch tatsächlich Kundenrelevanz haben. So ausgerüstet, können Sie externe Dienstleister, die Sie gegebenenfalls im Marketing unterstützen sollen, präzise briefen. Zu diesem Thema habe ich einen Videokurs für Sie erstellt. Diesen können Sie ebenfalls unter **www.Philip-Semmelroth.com/UmsatzBooster** gratis beziehen (Stichwort: »ETT-Videokurs«).

Das Spielfeld vergrößern: Der »Stadion Pitch«

Auf den Punkt präzise formulieren zu können, was Sie Kunden bieten, wird im Marketing als »Pitch« bezeichnet, oder auch als »Elevator Pitch«, weil die Fahrstuhlzeit vom Erdgeschoss bis in den dritten oder vierten Stock ausreichen muss, um das Kundeninteresse zu wecken. Dazu können Sie sich in vielen Büchern schlau machen oder einfach Ihre stärksten Argumente aus der eben beschriebenen 3-Schritt-Methode heranziehen. Weil ich Ihnen jedoch mehr bieten will als den Standard, möchte ich Sie mit einer weiteren Methode, dem »Stadion Pitch«, vertraut machen. Stellen Sie sich dazu vor, Sie bekommen die Gelegenheit, in einem mit 40 000 bis 60 000 Menschen vollbesetzen Stadion drei Minuten Ihr Unternehmen und Ihr Angebot vorzustellen. Wie schaffen Sie es, dass möglichst viele Menschen Interesse an einer Zusammenarbeit mit Ihnen entwickeln?

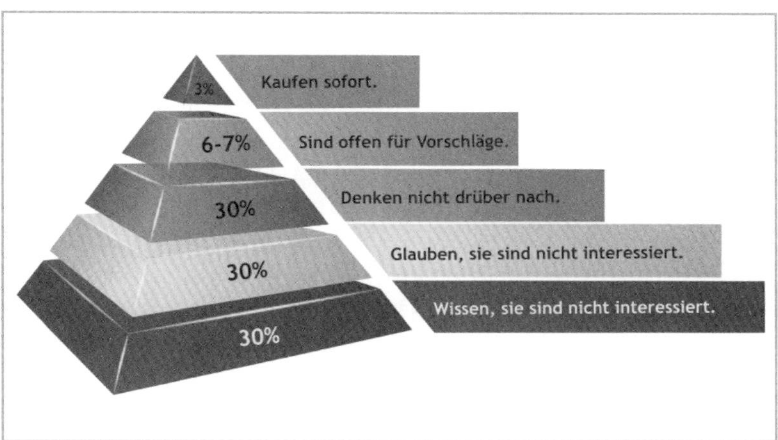

Abb. 2: Durchschnittliches Kundeninteresse (nach Chet Holmes: The Ultimate Sales Machine. Penguin [Portfolio] 2008, S. 64)

Auch wenn Ihr »Elevator Pitch« überzeugt, wird nur eine kleine Gruppe von Menschen sofort Interesse haben, mit Ihnen ins Geschäft zu kommen. Sie formulieren ein konkretes Angebot, das ein reales Kundenbedürfnis bedient (etwa »Wir schützen Ihre IT vor Ausfallzeiten«), und ein Teil der Anwesenden wird dies unmittelbar als relevant für sich einstufen (im IT-Beispiel alle, die gerade schwer genervt von Ihrem aktuellen IT-Service sind). In Abbildung 2 sind das 3 Prozent. Eine etwas größere Gruppe (6 bis 7 Prozent) wäre grundsätzlich offen für Ihr Angebot, hat aber keinen akuten Bedarf (zum Beispiel, weil alles gerade einigermaßen läuft oder der Schmerz noch nicht groß genug ist, um einen Wechsel zu wagen). Und für ein knappes Drittel (30 Prozent) kommt eine Zusammenarbeit grundsätzlich nicht infrage (zum Beispiel, weil sie mit dem aktuellen IT-Service zufrieden ist oder Sie nicht sympathisch findet). Es liegt auf der Hand, dass es wirtschaftlich besonders interessant ist, die beiden relativ großen Gruppen jener zu überzeugen, die entweder noch nicht über ein Angebot wie Ihres nachgedacht haben oder unschlüssig sind – immerhin rund 60 Prozent! Dagegen wäre es Unsinn, sich an der Gruppe der Ablehner abzuarbeiten (mehr dazu im Abschnitt »Die richtigen Kunden«).

Vages Interesse in Kaufbereitschaft verwandeln.

Liefern Sie zusätzliche Kaufgründe.

Noch unentschlossene, aber grundsätzlich offene Kunden erreichen Sie, indem Sie ihnen durch entsprechende Informationen zusätzliche Kaufgründe liefern. Sie stellen also nicht einfach Ihr Angebot vor, zu dem ein Kunde dann Ja oder Nein sagen kann. Sondern Sie präsentieren sich und Ihre Expertise und bieten eine Vielzahl von Anknüpfungspunkten für potenzielle Kunden. Sie liefern ihnen Kaufgründe, an die sie vorher selbst noch nicht gedacht haben. Im Beispiel des IT-Services könnte ich kurz schildern, was guten von schlechtem IT-Service unterscheidet und welche Vorteile es bietet, mit jemandem zusammenzuarbeiten, der Unternehmer proaktiv vor Ausfallzeiten schützt. Ich könnte von meinen Erfahrungen berichten, mit welchen Schwierigkeiten gerade kleine und mittlere Unternehmen zu kämpfen haben und wie sich diese vermeiden lassen. Auf diese Weise gewönne ich mehr Kunden als beim klassischen Pitch – einfach, weil ich ein Bewusstsein dafür schaffe, warum meine Dienstleistung relevant ist. Gleichzeitig würde ich als Experte wahrgenommen und nicht primär als Verkäufer. Wenn Sie hierzu weitere Anregungen wünschen, nutzen Sie meinen Videokurs zum »Stadion

Pitch«, den ich Buchkäufern auf der Website **www.Philip-Semmelroth.com/UmsatzBooster** kostenlos zur Verfügung stelle.

Diese Strategie der Kundenüberzeugung ist Teil eines Verkaufskonzepts unter der Überschrift »Educate – Tailor – Take Control (ETT)«. In Phase 1 (»Educate«) geht es darum, anders als beim klassischen Verkauf den Kunden durch wertvolle Informationen von der eigenen Expertise zu überzeugen, seine Sicht auf das Thema zu erweitern und ihm so Kaufgründe zu liefern, die ihm bis dahin nicht bewusst waren. Sie sprechen also eher über Marktdaten und andere Argumente aus seriösen Quellen als über Produktdaten. Wenn Sie das richtig anstellen, kommt der Kunde ganz von selbst auf Sie zu, schildert seine Situation und fragt: »Wie würde das für mich aussehen?« In Phase 2 (»Tailor«) präsentieren Sie ihm dann wie jeder gute Verkäufer ein maßgeschneidertes Angebot, um in Phase 3 (»Take Control«) das Gespräch auf einen Verkaufsabschluss zu lenken.

Die ETT-Strategie: Educate, Tailor, Take Control.

Marketing bedeutet also nicht nur, eine präzise Antwort auf eindeutige Kundenbedürfnisse zu formulieren. Neben dieser direkten Strategie sollten Sie auch die indirekte Strategie des »Stadion Pitch« beherrschen und durch glaubwürdige Präsentation Ihrer Expertise – etwa in den sozialen Medien, wo Sie ebenfalls Gruppen in Stadiongröße erreichen können – Kunden auf sich aufmerksam machen. Das funktioniert in jedem Geschäftsbereich. Wenn Sie beispielsweise Thai-Massage anbieten, befinden Sie sich in einem dicht besetzten Markt und es ist nicht unwahrscheinlich, dass ein Kunde seinen Dienstleister am Ende danach auswählt, wo er am leichtesten einen Parkplatz findet. Wenn Sie allerdings dafür sorgen, dass auf die Suchanfrage »Thai-Massage« im Internet neben den Adressen der anderen Anbieter eine von Ihnen bereitgestellte Landingpage erscheint, die Menschen mit der Information begrüßt: »Welche 5 dramatischen Fehler Menschen bei der Wahl von Thai-Massagen immer wieder machen«, werden Sie als Autorität wahrgenommen und erhöhen Ihre Verkaufschancen dramatisch, weil vermutlich jeder Ihre Website erst mal anklickt.

Ein guter »Stadion Pitch« ist ein Umsatz-Turbo.

Die richtigen Kunden: Wen erreichen, wen abschrecken?

Überlassen Sie es nicht dem Zufall, welche Kunden sich bei Ihnen für eine Zusammenarbeit bewerben. Denn abhängig davon, wie Sie die Botschaften formulieren, die Menschen über Sie und Ihr Unternehmen im Internet und an anderer Stelle finden, können Sie steuern, wer sich mental bereits als Kunde in Ihrem Unternehmen sieht und wer schon vor der Kontaktaufnahme abgeschreckt wird. So zielt mein eigener, eher offensiver Auftritt im Netz, der Erfolgsstreben und Profitabilität in den Mittelpunkt stellt, auf eine ambitionierte, vorwiegend mittelständische Zielgruppe von Unternehmern und Vertrieblern. Es ist kein Zufall, dass Behörden oder soziale Einrichtungen eher nicht bei mir anfragen, ebenso wenig wie Menschen, die lieber über die Härte im Business klagen, als Eigenverantwortung für Ihren Erfolg zu übernehmen.

Überlassen Sie manche Kunden lieber der Konkurrenz.

Der Gedanke, Kunden abzuschrecken, mag ungewohnt für Sie sein. Doch gerade in der Fokussierung auf die richtigen Käufer steckt das Potenzial, die Profitabilität Ihres Unternehmens nachhaltig zu steigern. Wenn Sie bislang geglaubt haben, jeder Kunde sei ein guter Kunde, wenn er am Ende nur seine Rechnung zahlt, lohnt sich für Sie eine Durchforstung Ihres Kundenstamms unter Berücksichtigung der Transaktions- und Opportunitätskosten. In meinem Buch »55 Business-Turbos« gehe ich darauf detaillierter ein. Kunden verursachen Akquisekosten, Angebotserstellungs- und Nachfasskosten, Transaktionskosten, Opportunitätskosten, Zahlungsabwicklungskosten, Verwaltungs- und Betreuungskosten. Bevor Sie all das Geld investieren, prüfen Sie kritisch, ob das im jeweiligen Fall sinnvoll ist. Vor allem von Kunden, die immer nur vom Chef betreut werden wollen, sollten Sie Abstand nehmen. Solche Kunden sind wie ein Gummiband an Ihrem Gürtel: Sobald Sie aus dem Tagesgeschäft aussteigen wollen, ziehen diese Kunden Sie zurück. Um sich vor den falschen Kunden zu schützen, müssen Sie außerdem schon im Marketing darauf achten, keine falschen Botschaften in den Markt zu schicken. Denn es kostet Sie viel Geld, wenn im Extremfall jeden Tag 50 Leute anrufen, die Sie gar nicht betreuen wollen. Mancher Unternehmer wird jetzt denken: »Aber das kostet doch nichts. Die rufen doch mich an.« Sollten Sie sich gerade dabei erwischen, lesen Sie bitte dieses Buch zu Ende und dann die »55 Business-Turbos«.

Überlegen Sie sich deshalb genau, wer eigentlich Ihre »Best Buyer« (Ihre Wunschkunden) sind. Mit welchen Kunden, in welchen Branchen und mit welchen Parametern (Unternehmensgröße, Mitarbeiterzahl, Entfernung, Geschäftsmodell, Nachfragemuster, Häufigkeit, Preissensibilität, einfache Bestellung versus Ausschreibung ...) arbeiten Sie am liebsten und erzielen solide Profite? Was haben diese Kunden gemeinsam und wo erreichen Sie sie am besten? Grundsätzlich können Sie davon ausgehen, dass Sie heute alle online finden, aber vermutlich nicht alle auf den gleichen Plattformen. Daher ist die Recherche hier etwas aufwendiger, doch mit bestimmten Mechanismen (Cookies, Tracking Pixel) lassen sich sehr verlässliche Aussagen treffen. Wenn Sie wissen, wo sich Ihre Traumkunden aufhalten und wie Sie sie erreichen, können Sie sich auf das konzentrieren, worum es im Marketing vor allem geht: Demonstrieren Sie nachvollziehbar den Mehrwert Ihrer Produkte und Dienstleistungen. Benennen Sie glasklar, welche Probleme Sie wie lösen und welcher Nutzen sich daraus für den Kunden ergibt. Je eindeutiger Sie kommunizieren, desto eher führt dies zu den gewünschten Reaktionen.

Wer sind Ihre »Best Buyer«?

Beweise vernichten Zweifel.

Als die New Yorker Bevölkerung 1884 an der Stabilität der kürzlich eröffneten Brooklyn Bridge zweifelte, ließen die Behörden auf Vorschlag des Zirkusdirektors P.T. Barnum 21 Elefanten, sieben Kamele und zehn Dromedare darüber spazieren.[6] Das war überzeugender als jedes statische Gutachten. Seien Sie im Marketing also nicht subtil oder krampfhaft witzig – seien Sie glasklar und eindrücklich. Idealerweise bekommen Sie auf diese Weise so viele qualifizierte Anfragen von Wunschkunden, dass Sie sich aus diesem Pool die passendsten heraussuchen können und Kunden sich tatsächlich bei Ihnen »bewerben« müssen. Das Ziel sollte sein, Ihr Unternehmen als einen exklusiven Club am Markt erscheinen zu lassen, etwa wie das berühmte Münchener P1, bei dem die Schlange der Wartenden vor der

Tür zum Markenzeichen wurde. Gelingt Ihnen das, hat das natürlich auch Auswirkungen auf Ihre Preisgestaltung und damit auf Ihren Profit.

Ein Blick in soziale Medien wie LinkedIn zeigt, dass sich mit dem Thema »Wunschkunden« heute viele beschäftigen, die sich mit Marketing, Verkauf oder Unternehmertum auseinandersetzen. Coaches wollen Strategien verkaufen, die das eigene Business gezielt auf Wunschkunden ausrichten. Onlinemarketing-Firmen versprechen, mittels ausgeklügelter Kampagnen dafür zu sorgen, dass nahezu automatisch alle weggefiltert werden, die nicht zum Verkäufer passen. Der habe es dann nur noch mit Kunden zu tun, die großes Interesse an seinem Angebot haben, einfach im Umgang seien, Rechnungen immer bezahlten, sodass Verkaufsgespräche quasi wie von selbst liefen. Das klingt verlockend. Doch die Realität ist, dass viele Unternehmer ihre Wunschkunden nicht wirklich kennen. Aus Angst, Umsatzchancen zu verpassen, wird der Wunschkunde pauschaler definiert, als sinnvoll ist. Wie »eng« eine wirkungsvolle Wunschkundendefinition tatsächlich sein sollte, möchte ich Ihnen an einem Beispiel demonstrieren.

Kennen Sie Ihre Wunschkunden wirklich?

Vage Wunschbilder bringen Sie nicht weiter

Ich zeige unter anderem Kunden, wie sie durch professionellere Verkaufsgespräche mehr Abschlüsse machen. Nun könnte ich meinen Wunschkunden so definieren, dass jeder, der sich mit Vertrieb und Verkaufsgesprächen beschäftigt, für mich interessant ist. In 90 Prozent der KMUs in Deutschland ist Vertrieb allerdings primär Sache des Inhabers, der diese wichtige Aufgabe neben seinem übrigen Tagesgeschäft erledigt. Ein individuelles Vertriebscoaching oder eine entsprechende Strategieberatung wären hier durchaus sinnvoll und würden dem Unternehmen spürbar mehr Geld einbringen. Allerdings sind diese Personen häufig gar nicht auf der Suche nach Vertriebsimpulsen, einfach, weil Verkaufen bei ihnen eher eine Ad-hoc-Reaktion auf mangelnde Auslastung ist als eine strategische Entscheidung. Am ehesten sind diese Kunden offen für Vertriebstrainings im größeren Rahmen oder Vortragsveranstaltungen, bei denen allgemein über Vertrieb gesprochen wird und anwendbare Tipps vermittelt werden. Beides ist günstiger als ein persönliches Inhouse-Training, wenn auch nicht so wirkungsvoll. Auch ein Unternehmen mit einem kleinen Vertriebsteam (zum Beispiel Inhaber plus Kollege, dazu wenige Mitarbeiter im Vertriebsinnendienst) ist kein optimaler Kunde für Vertriebstrainings, denn obwohl wenige Menschen richtig gut verkaufen können, werden sie hier eher auf fachliche Lehrgänge geschickt. Daraus folgt: Ein guter Kunde für Vertriebstrainings ist ein Unternehmen mit deutlich mehr als zehn Mitarbeitern, hat fest besetzte Positionen im Innen- und Außendienst und bewegt sich in einer Branche, die stark auf aktiven Verkauf angewiesen ist. Beispiele dafür sind Versicherungsdienstleister oder Immobilienmakler. Meine Wunschkunden- oder »Best Buyer«-Definition für Unternehmercoachings und Keynotes basiert in ähnlicher Weise auf unternehmerischen Erfahrungswerten. Sie unterscheidet sich und ist dabei so präzise, dass ich diese Zielgruppe passgenau und ohne hohe Streuverluste adressieren bzw. Onlinemarketers entsprechend beauftragen kann. Sollte Ihr Wunschkunde also bisher eher verschwommen sein, suchen Sie am besten das Gespräch mit einem professionellen Sparringspartner mit unternehmerischer und vertrieblicher Erfahrung, der Sie bei Ihrer Analyse unterstützt.

Onlinemarketing: richtig eingesetzt enorm hilfreich – aber keine Zauberei.

Das Thema Onlinemarketing kann an dieser Stelle nicht vertiefend behandelt werden, dafür gibt es einschlägige Bücher und Informationsangebote im Netz. Ich beschränke mich im Abschnitt »Wie nutzen Sie soziale Medien effizient?« auf den wichtigen Bereich Content-Marketing und Personal Branding bei LinkedIn, YouTube und Co. Darüber hinaus nur so viel: Die Möglichkeiten, die sich heute durch gezieltes Tracking und Datenauswertung im Netz ergeben, sind den Zielgruppendefinitionen alter Marketingbücher, die auf grobe demografische und soziografische Merkmale wie Alter, Geschlecht, Wohnsituation und so weiter abheben, meilenweit voraus. Eine kluge Datenanalyse hilft Ihnen, innerhalb kürzester Zeit die perfekten Botschaften für Ihre Kunden zu definieren, weil Sie sehr viel präziser und sehr viel schneller verfolgen können, wie viele Menschen Sie mit Ihren Botschaften erreicht haben, wie diese darauf reagiert und interagiert haben und vieles mehr. Es ist beispielsweise sehr viel einfacher, Claims zu testen, als in den alten »analogen« Zeiten. Der Titel eines meiner Lieblingsbücher, des Mega-Bestsellers »Die 4-Stunden-Woche« von Timothy Ferriss, kam durch eine Onlineabstimmung zustande. Mit einem anderen Titel hätte es sich womöglich nicht halb so gut verkauft. Doch auch wenn sie manchmal so auftreten: Onlinemarketing-Spezialisten sind keine Hexenmeister, die all Ihre Vertriebsprobleme mit ein paar Klicks und Algorithmen zum Verschwinden bringen. Auch für gute Onlinekampagnen braucht es Ihren strategischen Blick auf Ihr Business. Ich empfehle Ihnen daher dringend, sich aktiv mit den Möglichkeiten des Onlinemarketings auseinanderzusetzen, Ihre Kampagnen inhaltlich selbst zu gestalten und nur die technische Umsetzung zu delegieren. Darüber hinaus empfehle ich, die heute verfügbaren Messmethoden kontinuierlich anzuwenden, um stets darüber im Bilde zu sein, wie häufig und wie lange sich welche Kunden zum Beispiel mit Ihrer Webseite und Ihren anderen digitalen Inhalten auseinandergesetzt haben. Inzwischen ist es technisch möglich, Ihren Kunden so präzise zu durchleuchten wie einen Knochenbruch mit einem Röntgengerät. Er lässt sich dann sogar markieren (zum Beispiel mit dem Facebook Pixel), um ihn auf seiner Reise durch das Internet dauerhaft zu verfolgen. So können Sie mit wenig Aufwand dafür sorgen, dass Sie ständig in seiner Wahrnehmung präsent bleiben und in dem Moment, wo seine Kaufbereitschaft das Maximum erreicht, seine erste Wahl sind.

Lösen Sie keine Probleme für Menschen, die ihre Probleme nicht gelöst haben wollen.

Definieren Sie Ihre Wunschkunden möglichst präzise und stimmen Sie Ihre Marketingaktionen ebenso präzise darauf ab. Konzentrieren Sie sich auf diejenigen, die Interesse an Ihrem Angebot haben oder zumindest offen dafür sind. Arbeiten Sie sich nicht an Kunden ab, die Ihr Angebot ablehnen, sosehr sie vielleicht davon profitieren würden. Sie sind Unternehmer und kein Missionar. Lösen Sie keine Probleme für Menschen, die diese Probleme nicht gelöst haben wollen. Setzen Sie Ihre Energie dort ein, wo Sie den meisten Ertrag bringt. Dazu gehört auch, Bestandskunden nicht aus dem Blick zu verlieren. Viele Unternehmer denken reflexartig an Neukundenakquise, wenn sie ihren Umsatz erhöhen wollen, und übersehen das Umsatzpotenzial, das in ihrem Bestandskundenportfolio schlummert. Bestandskunden zeichnen sich dadurch aus, dass sie ähnliche Wünsche und Einsatzmöglichkeiten für Ihr bestehendes Angebot haben und dass es Ihnen offenbar erfolgreich gelungen ist, diese Anforderungen dauerhaft zu erfüllen. Fragen Sie einzelne dieser Kunden nach ihren Wünschen: Welche zusätzlichen Leistungen wären für sie von Interesse? Welche Modifikation Ihres Angebots würde Zusatzverkäufe anstoßen? Solche Kundenbefragungen oder intensive Einzelgespräch sind deshalb vielversprechend, weil Sie mit den so entstehenden Produkten nicht wieder den kompletten Markt bearbeiten müssen, in der Hoffnung, dass jemand bei Ihnen kauft. Sie können vielmehr davon ausgehen, dass etwas, das etliche Bestandskunden sich wünschen, auch für die Übrigen in dieser homogenen Gruppe von Interesse ist. Und anders als bei Neukunden müssen Sie nicht erst mühsam Aufmerksamkeit und Vertrauen gewinnen, um Umsatzpotenziale zu erschließen, oder Strategien lernen, wie Sie mit Entscheidern ins Gespräch kommen.

Wie nutzen Sie soziale Medien effizient?

Wer Sie nicht kennt, kauft beim Wettbewerb. Und da die meisten Menschen heute viel Zeit in den sozialen Medien verbringen, sollten Sie Ihre Kunden auch dort abholen. Dazu brauchen Sie kontinuierlich »Content« – Botschaften und Inhalte in Form von Texten, Bildern, Videos, Podcasts, Onlineseminaren und so weiter. Die Grundidee dabei ist, potenzielle Kunden zunächst über Ihre Existenz in Kenntnis zu setzen, im Laufe der Zeit als Experte wahrgenommen zu werden und auf dieser Basis schließlich erfolgreiche Angebote zur Zusammenarbeit zu platzieren. Durch kontinuierliches Bearbeiten Ihres Marktes sorgen Sie dafür, dass Ihr Kunde in dem Augenblick, in dem er ein Problem hat, das Sie lösen können, in seinem Kopf automatisch die Verknüpfung zu Ihnen herstellt.

Erfolgsrezept 1: Mehrfachverwertung von Inhalten

Das Produzieren von Content ist sehr zeitaufwendig. Wie schwer sich viele damit tun, höre ich immer wieder von Menschen, die mir bei LinkedIn folgen – wozu ich Sie ausdrücklich einlade. Dort können Sie mich auch gerne kontaktieren, wenn Sie individuelle Fragen haben. Kontakte, die meine Posts regelmäßig lesen, fragen immer wieder, wer diese für mich schreibt. Offenbar kann sich kaum jemand vorstellen, dass ich das alles selbst mache. Viele tun sich schon schwer, ein- oder zweimal die Woche etwas zu posten. Ich mache das fast jeden Tag und das liegt nicht daran, dass ich sonst nichts zu tun hätte. Das Erfolgsrezept lautet, Content geschickt mehrfach zu verwenden und so Reichweite aufzubauen, ohne ständig Sonderschichten für die Erstellung von Material schieben zu müssen. Ich habe dazu eine Grafik erstellt, die Sie unter **www.Philip-Semmelroth.com/UmsatzBooster** herunterladen können.

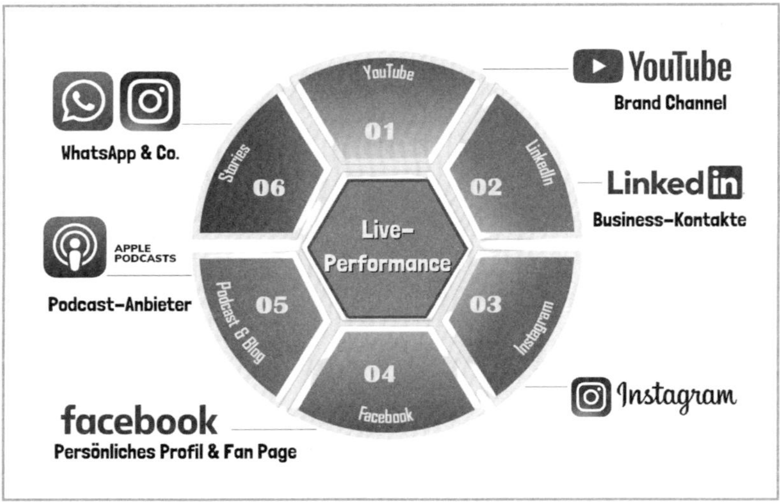

Abb. 3: Social-Media-Kanäle geschickt kombinieren
© Philip Semmelroth

Erfolgsrezept 2: Öffentlich auftreten und daraus Content für soziale Medien ableiten

In der Mitte von Abbildung 3 steht Live-Performance. Das kann beispielsweise ein Vortrag sein, ein Seminar (on- oder offline), eine Diskussion auf Clubhouse, eine offene Q&A-Runde via Zoom oder auch ein Interview mit einem Journalisten (Print- oder Onlinemagazin oder in einem Sender). Nutzen und schaffen Sie Möglichkeiten, in größerer Runde auf sich und Ihre Expertise aufmerksam zu machen. Wenn Sie mit einem Kunden über Ihr Angebot sprechen, erreichen Sie genau eine Person. Wenn Sie dagegen einen Fachvortrag zu Ihrem Know-how anbieten und diesen bei der örtlichen IHK, bei der lokalen Wirtschaftsförderung, bei einem Service Club (Lions, Rotarier) oder auf einer Messe halten, erreichen Sie zehn- oder gar hundertmal mehr Interessierte. Das ist der deutlich größere Hebel, um Kunden zu gewinnen, und eine ideale Möglichkeit, ohne großes Budget Sichtbarkeit herzustellen. Nach wie vor sind »analoge« Formate der Selbstpräsentation wichtig, zumal sie sich geschickt mit Social-Media-Marketing verzahnen lassen. Das möchte ich Ihnen branchenneutral an meinem bekannten Hobby, dem Grillen, erläutern.

Eine eigene Aktion liefert Stoff für viele Posts.

Mal angenommen, ich treffe mich mit jemandem das erste Mal zum Grillen und wir bereiten auf meinen sieben Grills Gemüse, Kartoffeln, Schrimps sowie Steaks zu, und zum Nachtisch Ananas, Erdbeeren und Marshmallows (in dem Fall bitte das Brausepulver und das Vanilleeis nicht vergessen). Dabei müssen die einzelnen Grills unterschiedlich eingestellt werden, weil die Speisen unterschiedliche Temperaturen erfordern und unterschiedliche Garzeiten haben. Das erfordert eine gewisse Systematik, wenn alles rechtzeitig fertig sein soll, und ähnelt in der Grundkonstellation dem klassischen Projektmanagement. Da es ungewöhnlich ist, dass jemand so viele Grills hat und diese alle gleichzeitig verwendet, wird mein Gesprächspartner mir vermutlich viele Fragen stellen. Nun könnte ich ihm sagen, dass ich seine Fragen gerne beantworte, aber nur unter der Voraussetzung, dass er unser Gespräch mit seinem Handy filmt. Dann könne er sich das zu Hause noch mal in Ruhe anschauen, um zu überlegen, welche Elemente er selbst beim nächsten Grillen mit Freunden umsetzen will. Auch bitte ich ihn, mir das Video am Ende zur Verfügung zu stellen. Mit diesem Video kann ich jetzt alle Plattformen bespielen:

- Bei *LinkedIn* nehme ich Standfotos oder einen Videoausschnitt als Eyecatcher für einen Artikel darüber, wie professionelles Projektmanagement geht, vor allem, wenn Einzelaufgaben zeitlich und inhaltlich unterschiedliche Anforderungen haben.

- Bei *YouTube* lade ich das ganze Video hoch und erwähne im Beschreibungstext kurz, dass ich mit diesem Video zeigen möchte, wie sich berufliche Kompetenzen auch im Privatleben nutzbringend anwenden lassen.
- Bei *Facebook* poste ich einen kleinen Ausschnitt aus dem Video und erwähne, dass ich mit einem sehr guten Freund oder Geschäftspartner gegrillt habe. Dann stelle ich mein Gegenüber ausführlicher vor. Das zeigt meiner Community, mit was für wichtigen Menschen ich meine Zeit verbringe, und wird den einen oder anderen veranlassen, sich selbst auch einmal um ein gemeinsames Grillen zu bemühen. Wenn mein Text zum Video gut geschrieben ist, wird mancher Facebook-Kontakt den Post mit seinen Kontakten teilen, und manche, die mich bisher nicht kennen, werden nachschauen, wer dieser Philip Semmelroth ist.
- Bei *Instagram* poste ich eine Story[7], in der die ganzen Grills und das exklusive Essen zu sehen sind. Der damit demonstrierte Lifestyle könnte Menschen dazu animieren, sich zu fragen: »Was hat der Semmelroth gemacht, um so leben zu können?« Einige würden vielleicht noch einen Schritt weiter gehen und mich fragen, ob ich ihnen helfen kann, so etwas auch zu erreichen.
- Weitere Elemente aus diesem Material veröffentliche ich im *WhatsApp*-Status, einer Funktion, in der Fotos, kurze Videos und Audios wie bei einer Instagram-Story 24 Stunden lang sichtbar sind.
- Ein *Podcast* wäre durch Trennung des Videos von der Audiospur schon fast fertig, im Idealfall fehlen nur noch eine Intro- und Outro-Passage, die ich im Schnittprogramm dazupacke.

Steuern Sie, was andere über Sie sagen.

Ersetzen Sie »Grillen« gern durch Vortrag, Messeauftritt, Preisverleihung, Konferenzteilnahme, Produktlaunch, Firmenjubiläum, Tauchkurs, Dubai-Aufenthalt, Sommerfest im Betrieb und so weiter. Ich hoffe, das Grundprinzip ist deutlich geworden: Es geht darum, Content zu generieren – nicht, indem Sie mehr Zeit investieren, sondern indem Sie das Marketingpotenzial von Dingen erkennen, die Sie ohnehin tun und die Sie parallel in verschiedenen sozialen Medien verwerten. Auf diese Weise poppen Sie in der Wahrnehmung Ihrer Zielgruppe immer wieder hoch. Mit der Zeit bauen Sie sich damit ein bestimmtes Image auf – Sie werden als Person zur Marke. »Personal Branding« ist heute ein großes Thema, über das man ein ganzes Buch schreiben könnte. Lassen Sie es mich an dieser Stelle pragmatisch mit den Worten von Ex-Amazon-Chef Jeff Bezos zusammenfassen. »Brand ist das, was Menschen über Sie sagen, wenn Sie nicht im Raum sind.« Steuern Sie diesen Dialog.

Vertrauen durch Transparenz

Gutes Marketing schafft Vertrauen, ob on- oder offline. Dabei ist es von Vorteil, offen zu kommunizieren, was Sie tun, um Kunden erfolgreicher zu machen. Ich veröffentliche bei LinkedIn teilweise sehr detailliert, was ich für Unternehmer getan habe, die mich als Unternehmercoach gebucht haben. Skeptiker halten das für dumm, weil meine Kontakte so kostenlos Zugang zu wertvollen Strategien haben. Ich verfolge hier eine andere Denkweise, die ich in Amerika kennengelernt habe: Bauen Sie eine Gruppe von Followern auf, die sich an verschiedenen Stellen gelegentlich positiv über Sie äußern. Auch wenn die meisten davon einer Do-it-yourself-Mentalität folgen und nichts bei Ihnen kaufen, ist diese Zustimmung wertvoll, um die Menschen als Kunden zu gewinnen, die das »Done for you«-Konzept favorisieren und sich zuverlässig schnelle Erfolge wünschen. Auch dieses Buch funktioniert nicht anders: Ich präsentiere Ihnen die Strategien, die mich nachweislich erfolgreich gemacht haben. Und Sie haben die Wahl, ob Sie eigenständig damit arbeiten oder mich als Unterstützer beauftragen wollen.

Es geht nicht darum, perfekt zu starten. Es geht darum, zu starten und im Prozess besser zu werden.

Die Herangehensweise löst ein weiteres Problem, das manche Unternehmer veranlasst, ihre Social-Media-Aktivitäten komplett an Dritte zu delegieren: »Mir fehlen die Ideen.« Wenn Sie sich auf Bereiche konzentrieren, in denen Ihre Expertise liegt, kann niemand darüber besser Auskunft geben als Sie selbst. Ich bin besser geworden, weil ich mich ausschließlich um die Themen Unternehmertum, Führung, Marketing, Verkauf kümmere. Von allem anderen verstehe ich nichts. Das bedeutet, wenn Sie in der

Blechbiegeindustrie tätig sind, werden Ihre Posts besser sein, als ich das machen könnte. Also starten Sie einfach. Es geht nicht darum, perfekt zu sein. Es geht darum, zu starten und im Prozess besser zu werden. Dabei hilft Ihnen auch, wenn Sie schauen, welche Art Posts von Menschen, denen Sie folgen, Ihnen gefallen und was Sie sich davon selbst zutrauen würden. Bedenken Sie: Social-Media-Marketing ist heute keine nette Spielerei oder reine Ego-Show – es ist eine »Einkommen Produzierende Aktivität (EPA)«, die mittelbar und unmittelbar zu Ihrem Profit beiträgt. Wenn Sie dafür »keine Zeit« haben, setzen Sie vermutlich die falschen Prioritäten. Um das zu verhindern, stellen Sie sich am besten zwei Fragen:

1. Hat das, was ich gerade tue, einen finanziellen Mehrwert?
2. Könnte jemand anders das in vergleichbarer Qualität billiger (zu einem geringeren Stundensatz als mein Unternehmergehalt) erledigen?

In Sachen Social Media können Sie Organisatorisches und Technisches (zum Beispiel das Posten oder den Videoschnitt) delegieren. Doch das Erstellen von Content sollten Sie nicht in fremde Hände geben. Auf diese Weise stellen Sie Sichtbarkeit, Reichweite und eine gute Reputation sicher.

Halten Sie Verlierer auf Distanz, vertiefen Sie Kontakte zu Gewinnern.

Noch ein Tipp: Wenn aufgrund Ihres Social Media Marketings einzelne Personen an Sie herantreten und einen Dialog mit Ihnen beginnen, überlegen Sie sorgfältig, auf welche Kontaktangebote Sie tiefer einsteigen. Hüten Sie sich davor, fruchtlose Diskussionen mit Kritikern oder Skeptikern zu führen. Das schwächt Ihre Verhandlungsposition und untergräbt Ihre Glaubwürdigkeit. Jemanden zum Wollen zu bringen, kostet Sie zu viel Zeit. Ihre Aufgabe ist es, Gewinnern dabei zu helfen, mehr zu gewinnen. Es kann nicht darum gehen, Verlierer zu Gewinnern zu machen. Das wäre zwar ein netter Charakterzug, ist aber deutlich mehr Arbeit, als Menschen, die schon allein sehr gut unterwegs sind, beim Durchstarten zu helfen. Zudem ist es immer eine Bereicherung, mit Menschen zu arbeiten, die Erfolgswillen, das richtige Mindset und ein erhebliches Energiepotenzial mitbringen. Deshalb freue ich mich auch immer auf Strategiegespräche oder Coachingsessions mit meinen Unternehmerkunden.

Wenn Sie Leads über das Internet generieren, können Sie diese mit verschiedenen Marketingmaßnahmen bearbeiten. Doch bevor Sie Leads generieren, sollten Sie wie oben besprochen Ihr Angebot und die dazu passenden Kunden genau definieren. Erst dann lohnt es sich, Leads auch zu bearbeiten. Sie können sich außerdem auf Verkaufsgespräche deutlich besser vorbereiten, weil Ihnen bei potenziellen Neukunden Entscheidungsmuster, Denkweise und Interessen schon bekannt sind. Die Kosten für die Generierung von Leads sind in den letzten Jahren erheblich gestiegen. Das gilt aufgrund der gestiegenen Nachfrage beispielsweise für Werbung bei Facebook. Viele meinen daher, die Leadgewinnung über das Internet sei inzwischen zu teuer geworden. Entscheidend ist jedoch nicht, was Sie ein Lead kostet, sondern welchen Umsatz er Ihnen beschert. Seien Sie sich vor allem über Ihren Kundenwert im Klaren. Wenn Sie ein Einmal-Produkt mit neun Euro Marge verkaufen, ist es nicht sinnvoll, zehn Euro für die Gewinnung eines Leads zu investieren. Liegt die Marge Ihres Angebots im Durchschnitt aber bei 2500 Euro pro Kunde, können Sie durchaus auch 900 Euro für einen solchen Lead ausgeben. Damit sind wir wieder im Bereich Verkauf und seinem Zusammenspiel mit dem Marketing.

Lohnt sich die Generierung von Leads?

Marketing und Sales als Teamplayer

In manchen Großunternehmen bilden Marketing und Sales zwei Lager, die kaum miteinander kommunizieren. In vielen kleineren Unternehmen werden die Bereiche dagegen vermischt und liegen oft sogar in einer Hand. Beides halte ich für falsch. Zentrale Aufgabe im Marketing ist, das eigene Angebot fest im Kopf des Kunden zu verankern. Bildlich gesprochen setzt Marketing einen Kunden an den Tisch des Verkäufers, und zwar in dem Moment, in dem der Kunde bereit ist, seine Investition zu tätigen. Daraus folgt, dass Marketing und Vertrieb zwingend verzahnt miteinander arbeiten sollten. Silodenken ist genauso verfehlt wie die aktuelle These »Marketing is the new Sales«, Verkäufer seien überflüssig. Kurz gesagt: Marketing ist dafür da, Bedarf zu wecken. Verkauf ist dafür da, Bedarf profitabel zu decken.

Problematisch wird es, wenn Marketing und Verkauf ständig vermischt werden, denn das verringert die Schlagkraft und letztlich auch die Profitabilität Ihres Unternehmens. Das gilt zum Beispiel, wenn im Marketing bereits über Preise und Konditionen gesprochen wird, ohne zuvor geklärt zu haben, wie überhaupt (Wunsch-)Kunden und ihre Bedürfnisse zu definieren sind. Das trifft auch zu, wenn ein Verkäufer sich zur Klärung einer konkreten Frage mit dem Kunden zusammensetzt und statt sich auf den Abschluss zu konzentrieren, Geschichten über das gesamte Leistungsportfolio der Firma erzählt, in der vagen Hoffnung, dadurch zusätzlichen Umsatz zu generieren. Das verunsichert die meisten Kunden so sehr, dass sie sich mit einem meist nicht eingelösten »Ich melde mich« verabschieden. Wenn ein Kunde »noch mal drüber schlafen muss«, hat der Verkäufer seinen Job meist nicht ordentlich gemacht. Seine Aufgabe ist ausschließlich die konkrete Bedarfsermittlung und die Präsentation einer dazu passenden Lösung, die den Kunden zum Kauf veranlasst. Allgemeine, vorbereitende Informationen, die das Interesse des möglichen Kunden wecken, sind vorab im Marketing anzusiedeln, Zusatzangebote und Folgeverkäufe dagegen im After-Sales-Bereich.

Unklare Arbeitsteilung schadet dem Unternehmen.

Das Erfolgsrezept: sich abstimmen, ohne sich ins Handwerk zu pfuschen.

Ich bin Oberleutnant der Reserve, habe einige Zeit bei der Bundeswehr gedient und im Zuge meiner Offiziersausbildung zahlreiche Taktikschulungen besucht. Die Panzerhaubitze – ein Artilleriegeschütz – kann fast 40 Kilometer weit schießen. Trotzdem trifft sie nur, wenn im Zielbereich ein Artilleriebeobachter steht, der via Funk Koordinaten und sonstige Informationen übermittelt, weil nur zusammen der gelenkte Feuerkampf möglich ist. Genau so sollten Sie die Zusammenarbeit von Marketing und Vertrieb verstehen. Es geht nur zusammen. Die Schlagkraft eines Unternehmens ist deutlich höher, wenn bereichsübergreifend zusammengearbeitet wird und jeder Bereich sich zugleich auf seine Aufgaben und seine Stärken konzentriert. Sie brauchen Kräfte, die den Markt beobachten und festlegen, von wem Sie gesehen werden möchten und wo Sie besser in Deckung bleiben. Sie brauchen Kräfte, die Interessenten durch professionelle Verkaufsstrategien zu Kunden machen. Und Sie brauchen Kräfte, die in Aussicht gestellte Leistungsversprechen erfüllen – am besten so, dass Kundenerwartungen übertroffen werden. So werden Erstkäufer zu Bestandskunden und Bestandskunden bleiben Ihnen treu. Gleichzeitig sollten alle Bereiche bereit sein, regelmäßig Erfahrungswerte auszutauschen und so die jeweiligen Arbeitsinhalte noch besser aufeinander abzustimmen. Das klingt relativ simpel. Dennoch lohnt es sich, diese Arbeitsteilung regelmäßig mit Ihrem Team zu besprechen, denn in der Praxis stelle ich immer wieder fest, dass manche Mitarbeiter im Arbeitsalltag gern mal in andere Rollen schlüpfen.

FAZIT: Marketing

10 Profitbremsen	10 Profitbeschleuniger
– Marketing als Reparaturprogramm, wenn die eigene Auslastung sinkt	+ Marketing als strategische Daueraufgabe
– Positionierung am Reißbrett, an der stur festgehalten wird	+ Entwicklung und Justierung der Positionierung aufgrund von Erfahrungswerten und der Berücksichtigung des Marktumfeldes
– Als Generalist (»Bauchladen«) starten und Generalist bleiben	+ Als Generalist Erfahrungen sammeln und dann eine lukrative Spezialisierung entwickeln
– Unklare, krampfhaft originelle Marketingbotschaften	+ Eindeutige Lösungsangebote für die anvisierten Kunden
– Vage Zielgruppendefinitionen	+ Präzise Bestimmung der eigenen Wunschkunden (»Best Buyer«)
– Maxime: Jeder zahlende Kunde ist ein guter Kunde	+ Gezielte Abschreckung wenig lukrativer Kunden durch die richtigen Marketingbotschaften
– Keine durchdachte Selbstpräsentation (kein »Pitch«)	+ Gut vorbereiteter Pitch, der das eigentliche (versteckte) Kerninteresse des Kunden adressiert
– Beschränkung auf Käufer, die ohnehin interessiert sind	+ »Stadion Pitch« als Strategie, grundsätzlich offene Interessenten in Käufer zu verwandeln
– Soziale Medien vernachlässigen	+ Soziale Medien effizient bespielen – für mehr Sichtbarkeit, zum Personal Branding und zur Auftragsanbahnung
– Unklare Rollenaufteilung im Unternehmen (zum Beispiel Preisdiskussionen im Marketing und Marketingbotschaften im Verkauf)	+ Marketing und Sales (und weitere Bereiche) als Teamplayer, die sich zugleich auf ihre eigentlichen Aufgaben konzentrieren

4. Vertrieb mit klarer Strategie: Steigern Sie Ihren Profit, indem Sie nie mehr umsonst arbeiten

Hoffnung ist keine Strategie.

Eine Bank wirbt mit einem Aufsteller vor der Filiale für ein Anlageprodukt. Eine Kundin betritt den Schalterraum und will Näheres wissen. Antwort der Angestellten: »Das macht der Herr Sowieso. Der ist zu Tisch. Da müssen Sie anrufen und einen Termin machen.«

Ein Kunde will eine Klimaanlage in seiner Wohnung installieren lassen. Der Handwerker, der die Örtlichkeiten besichtigt, sieht sich nicht in der Lage, eine grobe Preisabschätzung zu nennen. Er werde »demnächst« ein Angebot schicken. Das muss der Kunde mehrfach anmahnen.

Ein Webdesigner wird angefragt für die Gestaltung einer neuen Unternehmenswebsite. Es folgen ein Telefonat mit der »vorsondierenden« Chefassistentin, eins mit dem Chef, das zweimal verschoben wird, und ein drittes Gespräch mit dem zuständigen Mitarbeiter. Am Ende teilt die Firma mit, sie wolle doch erst mal alles beim Alten lassen. Der Designer hat unbezahlt einen ganzen Arbeitstag investiert.

Vertriebsalltag in Deutschland: Marketingaktionen, die ins Leere laufen, fehlende Kalkulationen zu Standardprodukten, unbezahlter Aufwand für Kundengespräche, denen kein Auftrag folgt. Was in allen drei Fällen fehlt, ist ein strategisch durchdachter Vertriebsprozess vom Erstkontakt bis zur Rechnungsstellung. Jeder Unternehmer sollte sich die Frage stellen: Wer macht was wann und in welcher Weise, um unsere Angebote profitabel an unsere Wunschkunden zu verkaufen?

Vom Standardvertrieb zum Lösungsverkauf

In den vielen kleinen und mittleren Firmen gibt es keinen aktiven Vertrieb, sondern Bestellannahme-Assistenten. Fremde rufen zufällig an, und wenn man ihnen irgendetwas verkaufen kann, hat die Firma Geld. Schafft man das nicht, hat sie keins. Und je weniger man es schafft, desto mehr Kompromisse muss der Unternehmer machen – bei der Wahl seiner Kunden, bei der Preisgestaltung oder auch bei strategischen Entscheidungen, die Investitionen erfordern. Denn erst einmal wollen die laufenden Kosten gedeckt sein.

Vertrieb ohne Strategie heißt: Sie verlieren jeden Monat Geld.

Ich überzeichne bewusst, um das Kernproblem zu verdeutlichen: Solange Ihr Vertriebsprozess nicht reibungslos und wie am Schnürchen läuft und solange nicht jeder Mitarbeiter im Kundenkontakt und im Backoffice zu jeder Zeit genau weiß, was konkret zu tun ist, verschenken Sie Monat für Monat Geld. Eingespielte und auf Profitabilität ausgerichtete Prozesse sorgen für Berechenbarkeit, für eine gleichmäßige Auslastung, für realistische Preiskalkulationen und vieles mehr. Je mehr Sand in Ihrem Unternehmensgetriebe ist, je mehr Rückfragen von Mitarbeitern und Kunden Sie beantworten und je mehr Ad-hoc-Entscheidungen Sie treffen müssen, desto stressiger und desto weniger profitabel wird Ihr Geschäft. Deshalb lege ich Ihnen ausdrücklich das Kapitel 6 »Standards und Prozesse« ans Herz, in dem ich ausführlich auf dieses Thema eingehe.

Und um es gleich zu sagen: Auch ich war nicht von Anfang an so schlau, den Vertriebsprozess in meinem Unternehmen perfekt zu organisieren. Der Aufbau eines durchdachten Ablaufs hat mich viele Jahre gekostet, in denen ich aus Fehlern lernte und aus Sackgassen herausfinden musste. Die Vertriebsstrategie, die ich Ihnen im Folgenden vorstelle, ist das Produkt zweier Jahrzehnte praktischer Erfahrung. Nicht alles wird sich eins zu eins auf Ihre Situation übertragen lassen, aber die »Denke«, die ich Ihnen vermitteln möchte, wird Ihnen den Transfer ermöglichen. Sollten Sie Hilfestellung wünschen, kontaktieren Sie mich unter **www.Philip-Semmelroth.com/UmsatzBooster**.

Im Grundsatz ist die Aufgabe des Vertriebs in allen Unternehmen identisch. Es gibt eine Kundenanfrage, auf die reagiert werden muss – mit einer Bedarfsklärung und der Präsentation des eigenen Angebots, einer anschließenden Vereinbarung (Auftrag / Kaufvertrag), auf die die Leistungserbringung und schließlich die Rechnungsstellung erfolgt (unter Berücksichtigung von eventuellen Voraus- oder Abschlagszahlungen). Abbildung 4 gibt Ihnen einen groben Überblick, wie wir in meinem IT-Unternehmen diesen Pro-

Wie Sie beratungsintensive Leistungen profitabler verkaufen.

Abb. 4: Strategischer Vertriebsprozess © Philip Semmelroth

zess gestaltet haben. Noch bevor wir in die Details einsteigen, wird Ihnen klar sein, dass dies keine Vertriebsstrategie für Massenprodukte ist, deren Verkauf keinerlei Beratung erfordert und die in hohen Stückzahlen stationär oder über das Internet verkauft werden können. Hier zählt für den Kunden am Ende nur der Preis, und die Herausforderung für den Unternehmer liegt in einer möglichst einfachen und kostengünstigen Abwicklung des Verkaufsprozesses, der so weit wie möglich automatisiert oder digitalisiert werden sollte (dazu später mehr).

Ich bin der festen Überzeugung, dass mittelfristig viele Unternehmen nur dann überleben werden, wenn sie sich vom Verkäufer von Produkten und Dienstleistungen zu einem vom Kunden geschätzten strategischen Partner und Berater entwickeln. Der Kunde muss im direkten Kontakt zum Unternehmen oder seinen Repräsentanten einen konkreten Mehrwert erleben, den er bei der Bestellung im Netz oder bei einem gewöhnlichen Kauf direkt beim Unternehmen nicht bekommt. Ein Beispiel dafür ist der Autokauf. Ich bestelle mir alle zwei Jahre ein neues Auto, weil ich immer die neueste Technik haben möchte. Bei Auslaufen des Leasingvertrages ruft ich im Autohaus an und erkundige mich, ob es irgendwelche relevanten Neuerungen gibt. Beim letzten Mal, einem Modellwechsel vom A6 auf den Q7, ließ ich mir im Vorfeld zusätzlich einen Probewagen bringen, den ich ein paar Tage testete. Dann schaute ich mir die möglichen Konfigurationen auf der Website an, machte mir Notizen und bestellte das Auto. Der Verkäufer erstellte nur noch die notwendigen Unterlagen und berechnete die Leasingkonditionen. Tatsächlich bin ich in dem Autohaus, mit dem ich seit vielen Jahren zusammenarbeite, noch nie persönlich gewesen. In diesem Prozess stellt die Verkaufsunterstützung des Händlers keinen wirklichen Wert dar. Sie darf also nicht dazu führen, dass der Wagen teurer wird, sonst ordere ich das Auto irgendwann einfach im Netz und der Händler vor Ort ist nur noch der Organisator von Probefahrten. Für den Händler ist das perspektivisch ein Problem: Wenn er es nicht schafft, Verkaufsgespräche zu einer eigenständigen Dienstleistung (einer Beratungsleistung) zu entwickeln, wird er sie kurz oder lang mit seiner Marge subventionieren müssen. Denn er verkauft ein absolut transparentes,

Bieten Ihre Verkaufsgespräche einen echten Mehrwert?

realistisch betrachtet sogar europaweit vergleichbares Produkt und seine Verkäufer arbeiten vermutlich nicht gratis.

Im IT-Bereich gibt es heute kaum noch Vorbehalte gegen den Einsatz cloudbasierter IT-Lösungen. Eigene Server, die in der Vergangenheit in Unternehmen eingesetzt wurden, um den Mailverkehr zu steuern, die Kalender zu verwalten und die Synchronisation mit PCs, Laptops und mobilen Geräten sicherzustellen, waren vor allem im Mittelstand die ersten Systeme, die durch Cloudlösungen abgelöst wurden. Server waren für die Unternehmen mit beträchtlichen und nicht komplett vorhersehbaren Kosten verbunden, für leistungsstarke Hardware, Softwarelizenzen und Aktualisierungen, Notstromversorgung, professionelle Datensicherung, Wartung und Reparaturen. Als Unternehmen wie Microsoft plötzlich die gleichen Funktionen zu einem Festpreis pro Anwender pro Monat über Cloudtechnologie anboten, entschlossen sich viele Anwender, ihre Server aufzugeben und diese Funktionen zukünftig über die Cloud zu beziehen. Es folgte die Auslagerung weiterer Dienste und der Trend ist immer noch in vollem Gange. Für mich war damals klar, dass es mittelfristig nicht mehr möglich sein wird, als IT-Unternehmen durch den Verkauf und Betrieb von Servern Geld zu verdienen. Ähnlich wie beim Autokauf würden Kunden irgendwann mit wenigen Mausklicks Preise vergleichen. Anbieter würden dann austauschbarer sein als je zuvor. Auch in meiner Branche lag das Geschäftsmodell der Zukunft im Beratungsmarkt, denn Sie werden mir vermutlich zustimmen, dass sich Ihre Unternehmens-IT auch im Cloudzeitalter nicht vollkommen selbstständig betreiben lässt und dass es immer noch genügend Probleme gibt, die Sie gern vermeiden oder schnell lösen wollen.

Wer leicht austauschbar ist, verliert.

Die mächtige Konkurrenz: das Internet.

Resultat meiner Überlegungen war das neue, beratungsorientierte Vertriebsmodell in Abbildung 4. Ich nenne es »Lösungsverkauf«. Es unterscheidet sich vom traditionellen Verkauf dadurch, dass – vereinfacht gesagt – nicht mehr nur die gewünschten Produkte und Dienstleistungen verkauft werden, sondern dass der Anbieter die Situation des Kunden umfassend analysiert und ihm auf dieser Basis ein Angebot mit Mehrwert macht, für das der Kunde zu zahlen bereit ist. Die Problematik, vor der Autohändler oder IT-Dienstleister stehen – dass mit simplen Produktverkäufen über kurz oder lang kaum mehr Geld zu verdienen ist, weil diese einer hohen Markttransparenz und damit enormem Preisdruck unterliegen –, diese Problematik ist im Business heute allgegenwärtig. Denken Sie an Urlaubsreisen, Oberbekleidung oder auch an Finanzprodukte wie Versicherungen oder Geldanlagen, die Kunden heute problemlos ohne die Unternehmen, die sie traditionell verkauften, im Netz ordern können. Ein weiteres Beispiel sind Apotheken, die ebenfalls mit der Konkurrenz im Internet zu kämpfen haben und überdies mit dem gnadenlosen stationären Wettbewerb, denn hierzulande gibt es in den Städten gefühlt an jeder Straßenecke eine Apotheke. Auch Apotheker können sich als Lösungsverkäufer positionieren und auf diese Weise mehr Profit erwirtschaften.

Der Apotheker als Lösungsverkäufer

Zeitweise faste ich. Dabei geht es mir nicht so sehr ums Abnehmen, da ich mein Gewicht ganz gut im Griff habe, sondern um das Verlassen meiner Komfortzone und das damit verbundene Training von Selbstbewusstsein, Ausdauer und Disziplin. Während viele Menschen glauben, dass Fasten einfach nur bedeutet, tagelang nichts mehr zu essen, ist gesundes Fasten etwas komplizierter. Eine Fastenkur beginnt normalerweise mit dem Abführen. Alles, was Sie dazu brauchen, sind zwei Löffel Glaubersalz, das Sie in der Apotheke für ungefähr 1,89 Euro kaufen können. Die meisten Apotheker verkaufen einem auch genau das, mit einem Gewinn im niedrigen Cent-Bereich. Dabei müsste ein erfahrener Mitarbeiter wissen, dass jemand, der Glaubersalz kauft, mit hoher Wahrscheinlichkeit fasten möchte. Klären ließe sich das mit einer einzigen Frage: »Wollen Sie fasten?« Anstatt sich darauf zu fokussieren, 1,89 Euro Umsatz zu machen, könnte der Apotheker aber auch anders vorgehen.

Wie sich Umsatz und Gewinn vervielfachen lassen.

Menschen, die fasten, bekommen meist zwischen Tag zwei und Tag vier Kopfschmerzen. Das kann man aushalten, doch für alle Fälle sollte man Kopfschmerztabletten parat haben. Zudem ist es empfehlenswert, an Tag 2 oder 3 noch einmal eine

Darmreinigung zu machen, um die giftigen Reststoffe, die sich noch im Körper befinden, trotz der ausbleibenden Verdauungstätigkeit aus dem Körper zu befördern. Das könnte man wieder mit Glaubersalz tun, das extrem ekelhaft schmeckt, oder aber mit einem Abführmittel in Form geschmacksneutraler Tropfen, das nach zehn bis zwölf Stunden Wirkung zeigt und sehr zuverlässig funktioniert. Im Verkauf kann ein Apotheker diesen Prozess wunderbar steuern. Jemand, der öfter fastet, wird all dies wissen. Jemand, der noch nie gefastet hat, wahrscheinlich nicht. Und genau so eine Person wäre sicherlich sehr dankbar für eine professionelle Beratung, die auf all die zu erwartenden Probleme hinweist, Lösungen präsentiert und damit den Kundennutzen dieses Apothekenbesuchs (und den Umsatz des Apothekers) spürbar steigert. Das wäre im Übrigen auch ein erlebbarer Mehrwert gegenüber der Bestellung von Glaubersalz im Internet und würde dafür sorgen, dass der Kunde beim nächsten Fastenprojekt und vermutlich auch bei allen anderen gesundheitlichen Anliegen wieder die Expertise des Apothekers sucht.

Wer traditionell verkauft, ist austauschbar. Wer individuelle Lösungsangebote macht, nicht.

Genau darum geht es. Es ist egal, ob Sie einen Weltkonzern steuern oder ein kleines Ladengeschäft besitzen, ob Sie Websites erstellen oder Wände streichen: Solange Sie nur Produkte und Dienstleistungen verkaufen, bleiben Sie im direkten Wettbewerbsverhältnis gefangen, und zwar offline wie online. Wenn Sie es aber schaffen, mit standardisierten Produkten und Dienstleistungen individuelle Lösungen zu kreieren, sind Sie nicht länger austauschbar. Lösungsverkäufer unterscheiden sich deutlich vom Wettbewerb, reduzieren Preisdruck und machen Alleinstellungsmerkmale sichtbar. Diese einfachen Beispiele zeigen, dass es nicht der Kundenkreis, nicht das Geschäftsmodell, nicht der Preis, sondern einzig und allein die Verkaufsstrategie ist, die darüber entscheidet, wie profitabel Ihr Unternehmen tatsächlich werden kann. Natürlich brauchen Sie dafür Verkäufer, die in der Lage sind, dies umzusetzen. Darum geht es im Kapitel 5 (»Verkaufsgespräche«). Und Sie brauchen einen klar definierten Prozess, der Ihre Mitarbeiter und Sie selbst bei der Umsetzung unterstützt. Was mich zurück zum strategischen Vertriebsprozesses in meinem Unternehmen bringt, den ich Ihnen nun genauer erläutern möchte.

Ein Verkaufsprozess, in dem jede Ihrer Leistungen bezahlt wird

Wie Sie schon wissen, habe ich in zwei Jahrzehnten als IT-Unternehmer sämtliche Prozesse so organisiert, dass das Unternehmen ohne mich lief und ich in meinem letzten Jahr nur noch zwei Tage vor Ort im Büro war. Zugleich war mein Unternehmen so profitabel, dass ich es mitten in der Coronapandemie 2020 zu einem sehr guten Preis an einen Investor verkaufen und mich auf andere Unternehmungen konzentrieren konnte. Der Investor war dabei eindeutig auch an den gut funktionierenden Prozessen interessiert, deren Übertragbarkeit er erkannt hatte. Aus diesem Grund beschreibe ich Ihnen unseren Vertriebsprozess im Folgenden sehr ausführlich. Bestimmt werden Sie vieles auf Ihre Situation übertragen können.

Die Anfrage: Verschwenden Sie keine Zeit mit »Nicht-Kunden«

Jeder Kunde, der sich an uns wandte und uns kennenlernen wollte, wurde gebeten, zunächst drei Dokumente gegenzuzeichnen oder auszufüllen und zurückzusenden: unsere Preisliste (mit Stundensätzen, Arbeitszeitzuschlägen, Expresszuschlägen bei Notfalleinsätzen sowie Abrechnungsintervallen), unsere Allgemeinen Geschäftsbedingungen und ein Kundenstammdatenblatt. Ein Muster dieses Datenblattes finden Sie ebenfalls unter **www.Philip-Semmelroth.com/UmsatzBooster**. Bevor uns der Interessent die Unterlagen zurückgesandt hatte, leiteten wir keinerlei Maßnahmen ein. Trafen die unterzeichneten Unterlagen ein, erfassten wir den Interessenten im System. Meldete sich der Interessent nie mehr, kümmerten wir uns nicht weiter um ihn.

Bauen Sie sinnvolle Hürden auf.

Mir war klar, dass einigen unsere Preise zu hoch wären oder dass ihnen die Nummer mit den Dokumenten zu aufwendig sein würde. Und genau diese Kunden wollten wir gar nicht haben. Wir wollten uns nicht erst zwei Stunden mit jemandem beschäftigen, nur um dann herauszufinden, dass wir »zu teuer« sind oder dass der Interessent so ein Chaot ist, dass ihn schon das Ausfüllen eines Datenblattes überfordert. Wir haben also nicht um

Kunden gebettelt, sondern Interessenten aufgefordert, sich für die Zusammenarbeit mit uns erst einmal zu qualifizieren. Sobald alle Unterlagen vorlagen, legten wir den (potenziellen) Kunden im System an. Wir durften seine Daten speichern, das hatte er uns DSGVO-konform erlaubt. Über Preise würden wir zukünftig nicht mehr sprechen müssen, weil der Interessent diese bereits zur Kenntnis genommen hatte. Und dank hochwertiger Adressdaten würde niemand bei uns später vergeblich nach Handynummern oder E-Mail-Adressen suchen müssen.

Das Erstgespräch: Verschenken Sie weder Arbeitszeit noch Know-how

Nach Erfassung der Kundendaten sandten wir dem Interessenten ein Angebot für eine strategische Beratung zu. Er hatte den Wunsch geäußert, uns kennenzulernen, doch wir waren ja kein Dating-Portal: Wir fuhren nicht einfach »auf einen Kaffee« oder »für ein unverbindliches Gespräch« zum Interessenten. Im Lösungsverkauf sind alle Gespräche inhaltlich hochwertig und ergebnisorientiert und tragen dazu bei, dass Kunden bessere Entscheidungen treffen. Daher sind diese Gespräche eine Leistung und Leistungen müssen bezahlt werden.

Die Wortwahl entscheidet: »Kennenlernen« oder »Strategische Beratung«?

Sie werden natürlich erleben, dass Interessenten einwenden, Vertriebsgespräche seien üblicherweise kostenlos. Meine Antwort darauf: »Ich komme nicht für ein Vertriebsgespräch, sondern für eine strategische Beratung.« Ein Bauunternehmer argumentierte am Ende der Erstberatung einmal, dass er dafür nicht bezahlen wolle, weil es doch üblich sei, den Vertrieb zu subventionieren. Sollten Sie in diese Situation kommen, als Anregung auch hier meine Antwort: »Erstklassige Arbeit muss man nicht subventionieren und ein Mann in Ihrer Position säße sicher nicht so lange mit mir zusammen, wenn er den Mehrwert dieses Gesprächs nicht schon erkannt hätte.« Übrigens: Einen Terminvorschlag für die Erstberatung machten wir dem Interessenten natürlich erst, wenn uns das unterzeichnete Angebot vorlag. Wir schickten dem Interessenten also ein Angebot für eine strategische Beratung und riefen dafür 250 Euro netto auf. Dieser Preis ergab sich aus unserer internen Prozessanalyse. Wenn ich die Gespräche selbst führte – was bei größeren Kunden immer der Fall war –, brauchte ich etwa 50 Minuten für dieses Gespräch. Anschließend rief ich aus dem Auto im Büro an, informierte meine Disponentin und leitete so die nächste Projektphase ein (= »Infrastrukturanalyse«, siehe nächster Punkt).

Vielleicht fragen Sie sich, wie ein lösungsorientiertes Verkaufsgespräch in nur 50 Minuten abgeschlossen sein kann, wo es doch immer heißt, dass beratungsintensive Gespräche sehr komplex seien. Die Antwort liegt im Ziel des Gesprächs. Viele Verkäufer, auch solche, die sich selbst als Lösungsverkäufer einstufen würden, fahren zum Kunden und stellen dort im Erstgespräch (unbezahlt) ihr Unternehmen und dessen Leistungsportfolio vor. Beim kleinsten Anzeichen von Interesse wird es in der euphorischen Aussicht auf fette Vertriebsprovisionen versäumt, zunächst einmal einen Erstauftrag des Kunden zu sichern. Diese Verkäufer halten es für effizient, direkt über große Investitionen zu sprechen. Dabei vernachlässigen sie, dass der Interessent häufig eher vorsichtig agiert, weil er gerade den Anbieter wechselt und meint, schon einmal eine falsche Entscheidung getroffen zu haben. Mit einer »All in«- oder »All or nothing«-Strategie verschenken Verkäufer die Chance, den Interessenten zunächst einmal zum Kunden zu machen.

Keine »Alles oder nichts«-Strategie, sondern ein vertrauensbildendes Erstgeschäft.

Hinzu kommt, dass der Interessent in diesem Erstgespräch in der Regel gar nicht alle Anforderungen für einen Großauftrag benennen kann. Wenn der Verkäufer dann eine präzise und umfassende Bedarfsermittlung macht, führt dies erstens dazu, dass der Kunde sich dumm fühlt, weil er im Thema nicht so sattelfest ist wie der Verkäufer und manche Fragen nicht beantworten kann. Und ein Kunde, der sich dumm fühlt, beauftragt lieber jemand anderen – zum Beispiel einen zweiten oder noch lieber einen dritten Anbieter, bei dem er ein Vergleichsangebot einholt und bei dem er sich schon deshalb wohler fühlt, weil er das Ganze zum dritten Mal erzählt und in diesem Prozess durch den Austausch mit Anbieter eins und zwei selbst schlauer geworden ist (mehr hierzu und zur Frage, wie Sie der dritte Anbieter werden, in meinem Buch »55 Business-Turbos« ab Seite 107: »Der dritte Anbieter macht den Stich«). Zweitens führt die »All in«-Strategie mit einem überforderten Kunden dazu, dass die Bedarfsanalyse am Ende zwangsläufig Lücken und Fehler aufweist. Darauf basierende Angebote müssen dann nachgebessert werden, Kosten laufen aus dem Ruder und Ärger ist vorprogrammiert. Je nachdem, wie komplex Ihr Produkt ist, wird die dargestellte Vorgehensweise auf Sie mehr oder weniger übertragbar sein. Allerdings vertreiben die meisten mittelständischen Unternehmen, gerade solche im B2B-Geschäft, Produkte oder Dienstleistungen, die meinem früheren Geschäftsfeld »IT-Infrastruktur« vergleichbar sind, und auch Soloselbstständige wie der eingangs zitierte Webdesigner können nach diesem Muster verfahren.

Kein Verkaufsgespräch ohne Abschluss!

Mir als Vertriebsexperten verursachen Gespräche, die ohne Abschluss enden, Bauchschmerzen. Zu einem strategischen Vertriebsprozess gehören meiner Überzeugung nach eine durchdachte Entscheidung und eine saubere Planung, wie man das eigene Angebot segmentiert und welche Verkaufsziele man mit welchen Phasen der Zusammenarbeit mit einem Kunden verbindet. Denn ein Kunde, der Sie durch kleinere Aufträge als zuverlässig und vertrauenswürdig schätzen gelernt hat, wird sich sehr viel leichter tun, Ihnen größere Aufgaben anzuvertrauen. Noch dazu wird ein Kunde, der bereits Geld investiert hat – und seien es nur 250 Euro für eine strategische Beratung –, eher dazu neigen, beim selben Anbieter zu bleiben. Die strategische Beratung diente also zunächst einmal dazu, eine Beziehung zum Kunden aufzubauen, seine Zielsetzung kennenzulernen und sich als kompetenter Lösungspartner zu präsentieren. Im Kern kommt es dabei darauf an, dem Kunden die richtigen Fragen über sein Business zu stellen und dafür zu sorgen, dass er sich dabei verstanden und wohl fühlt. Anschließend verkaufte ich ihm eine »Infrastrukturanalyse«.

Statt Angebot: Erstellen Sie eine bezahlte »Infrastrukturanalyse«

Normalerweise läuft es so: Im kostenlosen Erstgespräch versucht der Verkäufer, den Bedarf des Kunden und dessen besondere Anforderungen zu konkretisieren. Irgendwann kommt dann der Moment, wo er testet, ob der Kunde bereit wäre zu kaufen. In Verkaufstrainings wird hier meist eine Vorabschlussfrage empfohlen, nach dem Muster »Und wenn wir das so hinbekommen, wollen wir das dann gemeinsam umsetzen?« Bei komplexen Produkten oder Dienstleistungen hat der Kunde in diesem Moment aber die vielen Auftragsdetails nur bruchstückhaft präsent und konnte gar nicht alle Verkäuferfragen beantworten. Zudem hat er den Verkäufer gerade erst kennengelernt und ist unsicher, ob er ihm vertrauen kann. Deshalb wählt er instinktiv die Antwort, nach der schon alle früheren Verkäufer widerspruchslos und gut gelaunt aus solchen Gesprächen verschwunden sind: »Schicken Sie mir doch bitte mal ein Angebot.«

Jetzt überlegen Sie bitte einen Moment, wie viele Angebote Sie schon abgegeben haben und wie oft tatsächlich Aufträge daraus geworden sind: In 30 Prozent der Fälle? In 50 Prozent? In 70 Prozent? Wir hatten Abschlussquoten von über 90 Prozent, und das unter anderem auch deshalb, weil wir eine diametral andere Vorgehensweise gewählt haben. (Falls Sie Ihre Abschlussquote gar nicht kennen, haben Sie ein anderes Problem, das ich im Kapitel 8 »Controlling« anspreche.)

Unsichere Verkäufer schreiben wackelige Angebote.

Die Problematik ist klar: Der Kunde will eine Lösung, hat aber noch nicht mit Ihnen gearbeitet und will erst einmal »was Schriftliches«. Sie als Verkäufer verfügen noch nicht über alle relevanten Fakten, sehen sich aber im Zugzwang, ein Angebot zu schreiben. Und weil schlechte Verkäufer Angst haben, Aufträge zu verlieren, werden wackelige Angebote geschrieben und Komplikationen bei der Durchführung sind vorprogrammiert. Das passiert ständig und überall. Wie oft haben Sie schon Handwerker beschäftigt, die bei der Umsetzung feststellten, dass es doch nicht so geht wie im Angebot vorgesehen und daher teurer wird? (Es wird immer teurer, nie billiger.) Wie viele Menschen kennen Sie, die beim Hausbau einen ganzen Haufen solcher Probleme hatten? Die Ursache ist immer dieselbe: Wer anfängt zu arbeiten, ohne zuvor die Ausgangssituation genau zu klären, wird das Ziel nie plangenau erreichen. Das führt zu Nacharbeit, was Aufträge für den Unternehmer sogar zum Minusgeschäft machen kann. Und es führt dazu, dass Kunden keine Folgeaufträge platzieren und den Auftragnehmer nicht weiterempfehlen.

Warum wird professionelle Planung eigentlich nicht bezahlt?

Vermutlich würde jeder Unternehmer sofort bestätigen, dass Projekte professioneller durchgeführt werden könnten, wenn zuvor eine saubere Planung gemacht würde. Doch weil eine detaillierte Planung viel Zeit kostet und nicht bezahlt wird, wird sie nicht gemacht. Und genau das ist die Schlüsselfrage: Wieso wird gute Planung eigentlich nicht bezahlt, wo sie doch nötig ist und allen Seiten Ärger erspart? Die Lösung liegt auf der Hand: Wenn Sie zuverlässig kalkulieren und Kunden begeistern wollen, muss Ihre Planung präzise sein und dann muss sie bezahlt werden. Und deshalb haben wir keine kostenfreien Angebote geschrieben, sondern dem Kunden am Ende des Erstgesprächs (der strategischen Beratung) eine »Infrastrukturanalyse« angeboten. Das hat mehrere Vorteile:

- Im Erstgespräch konnte ich mich darauf konzentrieren, den Kunden und seine Firma kennenzulernen und gemeinsam mit ihm das Wunschziel unserer Zusammenarbeit abzustecken. Was soll im Alltag für ihn anders werden? Wir redeten also nicht über »Serverkapazitäten« oder andere technische Details, sondern über sein Unternehmen, getreu dem alten Werbeslogan der Hypo-Vereinsbank aus dem Jahr 1999: »Leben Sie. Wir kümmern uns um die Details.« Ich wollte immer vermeiden, dass Kunden sich im Gespräch mit mir dumm fühlen. Kunden, die sich dumm fühlen, kaufen woanders.
- Ich konnte zeigen, dass ich verstehe, mit welchen Problemen der Kunde zu kämpfen hat, und mich überzeugend als Problemlöser präsentieren. Es versteht sich von selbst, dass beim Lösungsverkauf Ihre Termine qualitativ hochwertig sein müssen. Wenn Sie inhaltlich nicht liefern, wird das System in Ihrem Unternehmen nicht funktionieren. Lesen Sie dazu das nächste Kapitel (»Verkaufsgespräche«).

- Nachdem der Kunde bereits eine für ihn überschaubare Investition von 250 Euro für das Erstgespräch getätigt und unsere Firma beziehungsweise mich kennengelernt hatte, fiel ihm die nächste Investition von 1200, 1500 oder 3500 Euro für eine gründliche Bestandsaufnahme leichter. (Bei großen Unternehmen konnte es auch deutlich teurer sein.)
- Ein Kunde, der bereits investiert hat, neigt dazu, bei diesem Anbieter zu bleiben, auch wenn wir kommuniziert haben, selbstverständlich könne er mit dem Ergebnis der Analyse auch jemand anderen beauftragen.
- Kostenpflichtige Leistungen sorgen dafür, dass sich der Kunde besser vorbereitet, weil er die Zeit möglichst gut nutzen will. Im Fall der Infrastrukturanalyse bedeutete das: Beim Ortstermin in der Firma durch zwei meiner Mitarbeiter waren alle relevanten Ansprechpartner präsent. Diese Erweiterung des Teilnehmerkreises ist absolut wünschenswert, denn selten ist der ursprüngliche Gesprächspartner oder Entscheider identisch mit denen, die über das Know-how verfügen und mit der Lösung später arbeiten müssen.
- Die Einbindung der Ansprechpartner in der Firma nützt Ihnen. Wenn Sie der neue Dienstleister werden wollen, muss das Team für Sie sein. Und es fällt einfacher, sich aktiv für jemanden zu entscheiden, der sich einem schon persönlich vorgestellt hat, von dem man schon einmal die volle Aufmerksamkeit bekam und der einem das Gefühl gab, wichtig zu sein.

Möglicherweise fragen Sie sich, wie Sie dem Kunden vermitteln sollen, dass er für etwas zahlt, was er bisher kostenlos bekommen hat. Die Antwort ist einfach. Argumentieren Sie exakt so, wie ich es eben getan habe: Präzise Arbeit setzt präzise Planung voraus und die kostet Zeit und ist eine wertige Leistung. Leistungen werden bezahlt. Fragen Sie Ihren Kunden einfach, wie oft er am eigenen Leib erfahren hat, dass es hinterher immer anders kommt, als vorher im Angebot unterstellt? Dass es teuer wird, länger dauert, nicht so umsetzbar ist, wie flüchtig geplant, und so weiter?

Am Ende des Erstgesprächs hatte ich mit dem Kunden mit wenigen Ausnahmen eine solche Infrastrukturanalyse vereinbart. Auf der Rückfahrt ins Homeoffice instruierte ich per Telefon meine Disponentin, die nächsten Schritte einzuleiten, teilte ihr die Eckdaten und das vereinbarte Honorar mit. Damit brachte diese meist noch am selben Tag eine Auftragsbestätigung an den Kunden auf den Weg. Sie haben richtig gelesen: Wir erstellten kein »Angebot«, denn der Auftrag war mündlich ja schon erteilt. Verkaufspsychologisch wäre es unsinnig, jetzt wieder einen Schritt zurück zu gehen. Ein Ortstermin für die Infrastrukturanalyse wurde selbstverständlich erst fixiert, wenn die Unterschrift des Kunden vorlag. Der Termin in der Firma wurde dann möglichst von immer demselben Mitarbeiterteam wahrgenommen, weil ein eingespieltes Team mit jeder Wiederholung besser wird. Da wir die Infrastrukturanalyse pauschal anboten, lag es in meinem Interesse, dass es schnell geht, denn weniger Arbeitszeit bedeutet mehr Gewinn. Darüber hinaus hatten wir die Abläufe absolut standardisiert, sodass wir für die Durchführung nur einen erfahrenen Techniker und einen kommunikativ starken Auszubildenden einsetzen mussten. Diese Kollegen schauten sich die IT-Infrastruktur im Unternehmen genau an, erfassten und analysierten sämtliche technischen Geräte und sprachen mit jedem Mitarbeiter in der Firma zumindest kurz, um jedem die Chance zu geben, uns Dinge über die Anlage mitzuteilen, die er persönlich für wichtig hielt.

Senden Sie Auftragsbestätigungen statt Angebote.

Nach Abschluss dieser Bestandsaufnahme wurden sämtliche Informationen professionell visualisiert und dem Kunden ausgedruckt in einem Ordner überreicht. Mitarbeiter haben mir immer wieder gesagt, dass niemand diese vielen Seiten liest und es viel wirtschaftlicher sei, die gleichen Dokumente auf einem USB-Stick zu übergeben. Doch ich bin fest davon überzeugt, dass ein Kunde lieber 2500 Euro netto für einen dicken, schweren und wichtig aussehenden Ordner bezahlt als für einen kleinen, schnell verlegten USB-Stick.

USB-Sticks zur Ergebnisdokumentation für den Kunden sind Mist.

Die Leistungserbringung: Garantieren Sie Festpreise durch genaue Projektplanung

Sobald der Ordner mit den Ergebnissen der Infrastrukturanalyse erstellt war, stimmte meine Disponentin einen Folgetermin mit dem Kunden ab, um die Ergebnisse zu besprechen. Natürlich war auch dieser Termin kostenpflichtig, aber ich denke, das dürfte Sie an dieser Stelle nicht mehr überraschen. Manchmal hatten wir die zwei Stunden für dieses Gespräch schon im Preis der Infrastrukturanalyse berücksichtigt, manchmal wurde das separat verkauft. Im Auswertungsgespräch konnte ich dem Kunden konkret zeigen, wo er aktuell steht. Wir hatten alle Informationen gesammelt und so viel Routine, dass wir irgendwann nahezu Perfektion erreichten. Natürlich ist jeder Kunde etwas anders, darauf müssen Sie sich einstellen. Doch wenn Sie das vorgeschlagene Prozedere konsequent durchziehen und den Standardprozess intern mit jeder neuen Erkenntnis verbessern, haben Sie so viele Informationen gesammelt, dass auch einmalige Situationen zuverlässig erkannt und berücksichtigt werden.

Auch Auswertungsgespräche kosten.

Im Auswertungsgespräch fragte ich den Kunden immer, welches Feedback er denn von seinen Mitarbeitern bekommen habe. Das war der Moment, in dem seine Augen zu leuchten begannen. Die Mitarbeiter waren fast immer begeistert vom neuen Dienstleister, den der Kunde in seiner unermesslichen Weisheit ausgesucht hatte. Damit war klar, dass wir für die weitere Zusammenarbeit die beste Ausgangssituation geschaffen hatten. Im Gespräch über die Ergebnisse unserer Bestandsaufnahme knüpfte ich an die im Erstgespräch geschilderte Zielsetzung des Kunden an. Wir ermittelten zusammen die Maßnahmen, die erforderlich waren, um dorthin zu kommen. Parallel konnte ich aufzeigen, wo losgelöst davon zwingend Handlungsbedarf bestand, weil wir Defizite entdeckt hatten, die bisher niemandem aufgefallen waren. So endete das Auswertungsgespräch damit, dass der Kunde uns mit der Beseitigung der festgestellten Mängel und mit den erforderlichen Neuanschaffungen beauftragte und darüber ein Angebot haben wollte.

Als Profis wissen Sie und ich, dass die Erstellung solcher Angebote für größere Projekte teuer ist. Wenn Sie das richtig machen, müssen Sie mit Kundenmitarbeitern Anforderungen präzisieren, bei externen Lieferanten Angebote einholen, Abläufe planen, Preise kalkulieren, eigene Mitarbeiter einplanen und so fort. Das kostet alles Zeit und diese Zeit muss bezahlt werden. Konsequent habe ich Kunden daher mitgeteilt, dass wir keine Angebote erstellen, dass ich ihm allerdings eine professionelle Projektplanung anbiete, die im Ergebnis auch eine genaue Übersicht der zu erwartenden Kosten ermöglichen würde. Für diese Projektplanung sei, basierend auf dem zu erwartenden Aufwand, eine Projektplanungspauschale von 800 bis 1500 Euro erforderlich. (Der tatsächliche Preis richtete sich nach der projektspezifischen Komplexität.) Wenn Sie dem Kunden überzeugend verdeutlichen, dass er mit diesem Schritt sowohl inhaltlich als auch vom Kostenvolumen her zuverlässige Qualität und höchste Planungssicherheit bekommt, ist diese Vorgehensweise gut vermittelbar.

Bezahlte Projektplanung statt kostenloses Angebot.

Im Rahmen der Projektplanung konnten wir in der Regel Festpreise anbieten, weil durch die professionelle Ausgangsanalyse und die detailliert mit dem Kunden besprochene Zielsetzung absolut klar war, was zu tun war. Es war äußerst unwahrscheinlich, dass wir irgendwelche Überraschungen erleben würden. So konnten wir exakt kalkulieren. Wir verpackten unsere Lösung mittels eines Pauschalpreises in ein Komplettpaket, das uns höhere Margen sicherte, ohne dass die Kosten für den Kunden aus dem Ruder liefen, denn wir wurden für eine effiziente Durchführung belohnt. Zugleich konnte der Kunde unsere Preise nicht mehr einfach vergleichen. Und genau das ist ein weiterer Mehrwert des Lösungsverkaufs: Wer so arbeitet, wie ich es skizziert habe, steht nicht mehr im Vergleichswettbewerb, weder mit Onlineplattformen noch mit anderen Anbietern. Sie können sicher sein, dass Kunden, die diesen gesamten Prozess mit Ihnen durchlaufen, am Ende absolut begeistert sind, denn sie bekommen zu einem Festpreis exakt das, was besprochen wurde, mit einer Zuverlässigkeit und in einer Qualität, die ihresgleichen sucht. Denn auch das muss Ihnen klar sein: Die vorgeschlagene Vertriebsstrategie funktioniert nur, wenn Kompetenz und Prozesse stimmen.

Raus aus der Vergleichbarkeitsfalle.

Die Rechnungsstellung: Sichern Sie Ihre Liquidität durch zeitnahes Handeln

Handwerkerrechnungen verjähren in Deutschland laut BGB erst drei Jahre nach Ablauf des Jahres, in dem der Anspruch entsteht. Dass eine solch lange Frist offenbar nötig ist, macht mich sprachlos. Welcher Unternehmer kann es sich leisten, drei Jahre auf Ansprüche zu verzichten? Doch ich muss Farbe bekennen: In den ersten Jahren unseres Unternehmens hatten wir keinen eindeutigen Prozess, wann Leistungen berechnet werden. Das führte dann dazu, dass gerade in arbeitsreichen Zeiten (also eigentlich immer) Rechnungen dann rausgingen, wenn etwas Luft dafür war – manchmal also erst nach einigen Wochen. Erst als wir in einen Liquiditätsengpass gerieten und feststellten, dass wir beträchtliche Außenstände hatten, änderte sich das.

Eine Rechnungsroutine garantiert Liquidität.

Damals rief mich mein Einkäufer an und teilte mir mit, es sei kein Geld da, um neue Ware zu bestellen. Wir schrieben eine Menge Rechnungen, die wir längst hätten schreiben sollen, und das Problem war binnen einer Woche gelöst. Doch es war ein komplett überflüssiges und vermeidbares Problem. Seitdem gingen bei uns jeden Freitag die Rechnungen für sämtliche Aufträge raus, die in dieser Woche abgeschlossen wurden. Auch fanden wir einen Weg, Teilleistungen für nicht vollständig erledigte, noch in der Umsetzung befindliche Leistungen zu fakturieren. Zügige Rechnungsstellung ist nicht nur unter finanziellen Gesichtspunkten empfehlenswert, sondern auch unter psychologischen: Je schneller die Rechnung gestellt wird, desto ernster nehmen die meisten Kunden das Zahlungsziel. Wenn Sie dagegen erst Wochen verstreichen lassen, bis Sie Ihr Geld einfordern, lässt sich auch Ihr Kunde Zeit.

Prinzipien, die Profit bringen.

Jedes Business hat seine Besonderheiten und nicht alles, was Sie gerade gelesen haben, mag eins zu eins auf Ihr Geschäftsfeld übertragbar sein. Überlegen Sie bitte, wie Sie die Grundregeln dieses Vertriebsprozesses auf sich anpassen können. Diese Grundregeln lauten:

- Vorqualifikation der Kunden in geeignete und ungeeignete.
- Aufteilung Ihres Angebots/Ihrer Dienstleistung in handliche Pakete.
- Fakturierung sämtlicher Leistungen, die Sie erbringen, beginnend mit dem Erstgespräch.
- Dazu passend Mehrwert für den Kunden, ebenfalls beginnend mit dem Erstgespräch.
- Keine Angebote ohne präzise und bezahlte Ausgangsanalyse.
- Passendes Wording: »Strategiegespräch« statt »unverbindliches Kennenlernen«, »Infrastrukturanalyse« oder »Projektplanung« statt »Angebot«.
- Eindeutig definierte Prozesse und effiziente Arbeitsweise.
- Durch Erfahrungswerte und präzises Controlling abgesicherte Festpreise und Pauschalen.
- Zügige Rechnungsstellung.

Warum Sie einen neuen Verkaufstrichter brauchen

Den Begriff »Sales Funnel«, auf Deutsch »Verkaufstrichter«, haben Sie möglicherweise schon gehört, wenn Sie mit einem Onlinemarketing-Anbieter zusammengesessen haben. Im Kern ist damit gemeint, dass Sie einen definierten Prozess haben, in dem, beginnend mit einer hohen Zahl, von Erstkontakten (zum Beispiel Website-Besucher aufgrund von Marketingmaßnahmen) über generierte Leads (Kontaktdaten wie E-Mail-Adressen, beispielsweise aufgrund von Gratisangeboten) und weitere werbliche Aktionen schließlich einige zahlende Kunden übrig bleiben – wie in einem Trichter, der sich nach unten immer weiter verengt. Dieses gängige Bild hinkt ein wenig, weil in einem echten Trichter ja alles durchläuft, was im Sales Funnel nicht der Fall ist und auch nicht angestrebt wird, aber das soll uns hier nicht weiter stören.

Sie werden unschwer erkennen, dass der oben skizzierte Vertriebsprozess genau so einen Verkaufstrichter beim »analogen« Verkaufen beschreibt, mit dem zusätzlichen Vorteil, dass sich der Trichter gleich oben stark verengt und dass nicht erst ganz unten Geld an Sie fließt, sondern schon von Anfang an – siehe Abbildung 5. Im Onlinemarketing mit seinen automatisierten Prozessen können Sie den Trichter groß machen und möglichst viele Leads bearbeiten und weiterverfolgen. Im analogen Verkauf steigern Sie Ihren Profit, indem Sie geeignete Kunden sehr früh herausfiltern und zudem das Ausmaß unbezahlter Arbeitszeit (für Sondierungsgespräche, Angebotserstellung, Nachfassen) konsequent reduzieren und stattdessen kostenpflichtige Leistungen entwickeln. Je weniger Sie sich mit Kunden beschäftigen, die Ihre Preise nicht zahlen können oder wollen, später durch Unzuverlässigkeit und Sonderwünsche hohe Transaktionskosten verursachen und Aufträge zum Teil sogar unrentabel machen, desto besser – besser für Sie, für Ihre Mitarbeiter und für die Profitabilität Ihres Unternehmens. Alles andere bedeutet überflüssigen Stress. Und das Gegenmittel gegen Stress heißt Strategie.

Wie der perfekte Verkaufstrichter für analogen Verkauf aussieht.

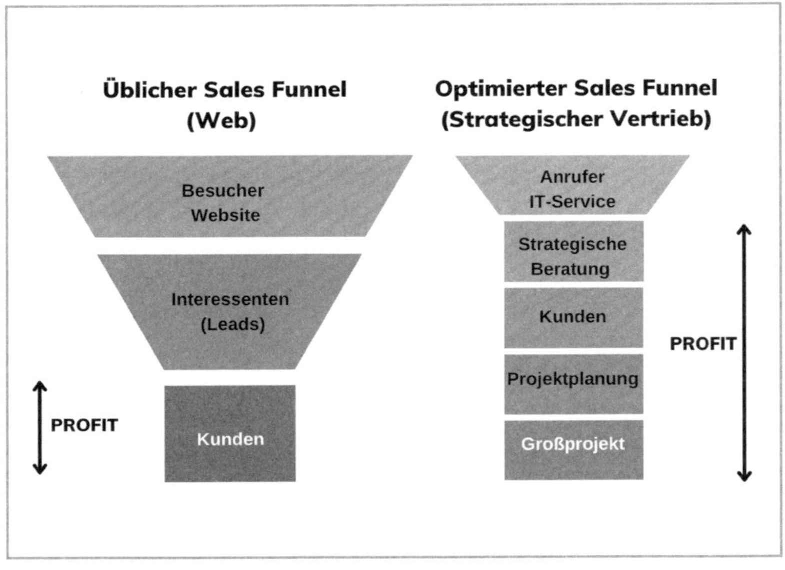

Abb. 5: Mehr Profit durch einen strategischen Vertriebsprozess
© Philip Semmelroth

Vielleicht fragen Sie sich, wo Sie anfangen sollen, wenn Ihr Unternehmen und insbesondere Ihr Vertriebsprozess noch nicht funktionieren wie ein gut geöltes Räderwerk. Zugegeben: Eine so radikale Veränderung, die man heute als Transformation bezeichnet, braucht Zeit. Sie könnten im ersten Schritt damit beginnen, sich konsequent von jenen Kunden zu trennen, die wenig zu Ihrem Profit beitragen oder Sie im Extremfall sogar Geld kosten. Das sind mit hoher Wahrscheinlichkeit die Kunden, bei denen Sie oder Ihre Mitarbeiter innerlich aufstöhnen, sobald der Name auf dem Telefondisplay auftaucht – Kunden, die immer Sonderwünsche haben, nie genau wissen, was sie wollen, immer die Rechnung reklamieren und immer zu spät zahlen. Überschlagen Sie den zeitlichen Aufwand für diese Anrufer, fakturieren Sie diesen Aufwand zum Gehalt Ihrer Mitarbeiter oder zu Ihrem eigenen Unternehmergehalt, und Sie werden feststellen, dass Sie sich einen Gefallen tun, wenn Sie diese Kunden zukünftig freundlich an die Konkurrenz verweisen. Gewinnen Sie auf diese Weise Zeit, sich um die Optimierung von Prozessen zu kümmern – Zeit, »die Säge zu schärfen«, wie der Management-Guru Stephen Covey das einmal treffend genannt hat.[8]

Wie Sie die Veränderung einleiten.

Abschied von unrentablen Kunden, Systemwechsel bei Neukunden.

Am einfachsten ist ein Systemwechsel erfahrungsgemäß bei Neukunden. In der Regel war ein Neukunde zuvor woanders Bestandskunde. Wenn er sich für einen Anbieterwechsel entschieden hat, ist er darauf gefasst, dass woanders neue Spielregeln gelten. Und sollte ein Neukunde erstmals die von Ihnen angebotene Leistung einkaufen, fehlen ihm die Vergleichsmöglichkeiten und er wird durch schlüssige Argumente von Ihrem Vorgehen zu überzeugen sein. Setzen Sie mit Neukunden also Ihren neuen Vertriebsprozess konsequent um. Informieren Sie im nächsten Schritt Ihre Bestandskunden bei Folgeaufträgen über das neue Prozedere. Sie werden vermutlich einige Kunden verlieren – umso mehr, je weniger Ihr bisheriger Auftritt kostenpflichtige Beratungen rechtfertigt und je preissensibler Ihre Kunden sind. Auch dass Sie eventuell bestimmte Produkte und Dienstleistungen zukünftig nicht mehr anbieten wollen, wird Sie erst einmal Kunden kosten. Wir haben in dem Jahr, in dem wir unsere Vertriebsstrategie grob gesagt vom »Server- und IT-Service« auf »IT-Beratung für KMU« umstellten, ein Umsatzminus im oberen fünfstelligen Bereich gemacht, das aber durch vorhandene Liquidität abgefedert werden konnte. Ich sage Ihnen also nicht, dass es einfach ist. Ich sage Ihnen, dass es sich lohnt. Und ich verspreche Ihnen, wenn wir es zusammen machen, wird es billiger. Weil ich schon weiß, wie es geht, und keine Umwege mehr gehen werde.

Prozesse optimieren, Standards einführen.

Beginnen Sie parallel, am besten gleich morgen, gemeinsam mit Ihren Mitarbeitern, Abläufe und Prozesse zu optimieren. Wie Sie das angehen, wird in Kapitel 6 »Standards und Prozesse« erklärt. Grundsätzlich geht es darum, Zuständigkeiten eindeutig zu klären und die Erfüllung von Aufgaben effizient zu organisieren. Dabei können Best Practices besonders guter Mitarbeiter Vorbildfunktion haben und Grundlage entsprechender Dokumentationen und Anleitungen sein, die dann auch nicht Sie, sondern diese Mitarbeiter erstellen (allenfalls mit Ihrer Unterstützung). Auch das bedeutet Aufwand, keine Frage. Aber dieser Aufwand zahlt sich gleich mehrfach aus: in besserer Arbeitsqualität, in mehr bewältigter Arbeit in kürzerer Zeit, in höherer Kundenzufriedenheit, in einfacherer Einarbeitung neuer Mitarbeiter, in höherer Mitarbeiterzufriedenheit durch eigenverantwortliches Arbeiten und nicht zuletzt in der Skalierbarkeit Ihrer Angebote. Denn nur, was Sie aus dem Effeff beherrschen, können Sie problemlos duplizieren.

Es funktioniert nur, wenn Sie es mit Überzeugung tun.

Erfolge in diesem Bereich stehen und fallen mit Ihrem Mindset. Sie können nicht glaubhaft verkaufen, wovon Sie nicht selbst felsenfest überzeugt sind. Deshalb halte ich es auch für elementar wichtig, derartige Strategiewechsel nicht zwischen Tür und Angel mal eben zu beschließen, nur weil das in diesem Buch gut klingt. Ihre neue Vertriebsstrategie sollte im Rahmen von Workshops, die auch andere Bereiche direkt mit optimieren, durchdacht und realisiert werden. Bedenken Sie, wie viel Geld Sie verdienen würden, wenn Sie die Vorschläge in diesem Kapitel konsequent umsetzen. Da spielt es letztlich keine Rolle, wie viel Sie für so einen Workshop (zum Beispiel mit mir) bezahlen: So etwas kostet kein Geld. Das bringt Geld.

Ein strukturierter Vertriebsprozess erleichtert Ihnen die Erfolgsmessung. Entlang des Verkaufstrichters sollten Sie systematisch Kennzahlen erheben. Auch hierzu ließe sich wieder ein ganzes Buch schreiben. Ich beschränke mich auf einige wenige Werte, die Ihnen den Blick dafür schärfen, wie gut Ihr »Trichter« funktioniert und an welcher Station Ihres Vertriebsprozesses Sie Optimierungsbedarf haben. Der Einfachheit halber lege ich den oben skizzierten Vertriebsprozess zugrunde. Wandeln Sie ihn gegebenenfalls entsprechend ab:

Kennzahlen im strategischen Vertrieb.

- Wie viele qualifizierte Anfragen erhalten Sie monatlich? Daran können Sie ablesen, wie es um Ihren Bekanntheitsgrad und Ihren Ruf im Markt bestellt ist und ob Ihre Marketingmaßnahmen Wirkung zeigen.
- Wie viele der anfragenden Kunden senden die erbetenen Dokumente (Kundenstammdatenblatt, AGBs, Preisliste) unterzeichnet zurück? Hier sehen Sie, ob Verbesserungspotenzial bei der Kundenansprache besteht und ob Sie mit Ihren Marketingmaßnahmen die richtigen Kunden erreichen.
- Wie viele der rücksendenden Kunden beauftragen eine strategische Beratung (ein kostenpflichtiges Erstgespräch)? Sind dies nur wenige, könnte es an Ihrer Verkaufsargumentation liegen oder daran, dass Sie die Zielgruppe, die offen für Lösungsverkauf ist, nicht erreichen.
- Wie viele Kunden buchen nach der strategischen Beratung eine Infrastrukturanalyse? Daran können Sie ablesen, wie stark Sie im Beratungsgespräch überzeugen.
- Wie viele Kunden beauftragen Sie im Anschluss an die Infrastrukturanalyse mit einer kostenpflichtigen Projektplanung? Sind dies nur wenige, müssen Form, Inhalt und Präsentation des Analyseergebnisses geprüft werden.
- Wie viele Kunden, die eine Projektplanung von Ihnen erhalten, erteilen Ihnen anschließend den Auftrag? Auch hieran lassen sich Ihre persönliche Überzeugungskraft oder die Ihrer Mitarbeiter ablesen, sowie die Güte Ihrer Planung

(nachvollziehbar, detailliert genug, aber nicht verwirrend, und ähnliche Fragen).

Wie gesagt: Der Vertriebsprozess und damit die Kennzahlen sind nicht in jedem Fall und bei jedem Produkt eins zu eins übertragbar. Das Prinzip sollte jedoch deutlich geworden sein. Nach Auftragserfüllung sind weitere Kennzahlen wichtig, die Ihnen Auskunft über die Profitabilität des Auftrags geben. Klar ist, dass die Erfolgsquote im Verlauf der oben genannten Kennzahlen stetig steigen sollte. Es sollte Sie nicht stören, wenn sich manche Anrufer nach dem Erstkontakt gleich wieder verabschieden, im Gegenteil: Sie wollen ja Ihre Zeit nicht mit unrentablen Kunden verschwenden. Steigen viele Kunden allerdings später im Verlauf des Vertriebsprozesses aus, sollten wir uns dringend zusammensetzen!

Die wichtigsten strategischen Fragen im Vertrieb.

Wenn Sie sich daranmachen, Ihren Vertriebsprozess zu optimieren, stellen Sie sich am besten die folgenden strategischen Fragen:

- Von welchen Kunden sollten wir uns verabschieden, weil die Transformations- und Opportunitätskosten zu hoch sind?
- Von welchen individuellen Einzelleistungen sollten wir uns verabschieden, weil sie zu wenig profitabel sind?
- Welche Produkte / Dienstleistungen (Angebote) haben sich bewährt?
- Wie können wir Angebote in Einzelpakete zerlegen, die abrechenbar sind, Vertrauen beim Kunden aufbauen und bezahlte Folgeangebote generieren?
- Welche Produkte / Dienstleistungen sollten wir neu entwickeln (zum Beispiel, weil sie sich in Bestandskundenbefragungen als interessant erweisen)?
- Wie können wir den Vertriebsablauf so organisieren, dass er möglichst reibungslos funktioniert?
- Wie heben wir uns bereits im Erstkontakt wirkungsvoll vom Wettbewerb ab und erhöhen die Bereitschaft der Kunden, einen kostenpflichtigen Erstauftrag zu erteilen?
- Wie müssen Mitarbeiter im Kundenkontakt agieren, um den strategischen Vertriebsprozess in die Praxis umzusetzen?

- Haben wir Mitarbeiter, die das können? Welche Schulungen sind gegebenenfalls erforderlich?

Welches Auftreten und welche Kompetenzen erfolgreiche Lösungsverkäufer haben müssen, lesen Sie im Kapitel 5, »Verkaufsgespräche«. Vorher jedoch sollten wir einen Punkt besprechen, der entscheidend zum Profit Ihres Unternehmens beiträgt: Ihre Preispolitik.

Mehr verdienen durch kluge Preispolitik

In diesem Abschnitt möchte ich Ihnen drei geldwerte Preis-Anregungen geben: wie Sie Ihre Stundensätze erhöhen, warum Festpreise für Sie von Vorteil sind und wie Sie mit nachfrageorientierter Preispolitik Ihren Gewinn steigern.

Viele Dienstleistungen werden nach Stundensätzen abgerechnet und in Trainings werde ich immer wieder gefragt, wie sich diese am besten erhöhen lassen. Die häufigste Idee lautet: mit einem Rundschreiben an sämtliche Kunden gegen Jahresende: »Ab 1. Januar 20XX passen wir unsere Preise den XYZ-Bedingungen an.« Tun Sie das nicht! Es ist überhaupt kein Problem, jedes Jahr seine Stundenverrechnungssätze zu erhöhen. Doch ich halte nichts davon, dass Sie im Vorfeld allen Kunden Bescheid sagen. Die Realität ist, dass ein Großteil Ihrer Kunden gar nicht exakt weiß, was Sie pro Stunde berechnen, und dass es auch keinen im Detail interessiert, solange Ihre Leistung passt. Wenn Sie Ihre Stundensätze dann alle zwölf Monate anheben, werden Sie kaum Widerstand erleben. Die zwei oder drei, die damit ein Problem haben, sind häufig diejenigen, die sowieso immer meckern, sodass Sie überlegen können, ob Sie sich von diesen Kunden nicht lieber verabschieden. Ist das nicht der Fall, können Sie immer noch eine individuelle Lösung finden. Verschicken Sie auf keinen Fall Rundschreiben! Was für Sie ein Informationsschreiben ist, betrachten Kunden als Einladung, sich mit Ihnen über diese Position auseinanderzusetzen. Das kostet viel Zeit, bringt am Ende auf mindestens einer Seite nur Unzufriedenheit und

Neue Stundensätze? Bloß keine Rundschreiben an Kunden!

veranlasst Menschen, die sich bisher nicht dafür interessiert haben, zu prüfen, was Sie aktuell eigentlich berechnen. In meiner IT-Firma haben wir Preise ständig angepasst, nur halt im März, August oder November, wenn niemand damit rechnete. Dass Sie Ihre Preise im Januar anheben, macht den Prozess nur unnötig schwierig, weil viele Unternehmen das so machen – Unternehmen, die keiner Strategie folgen, sondern nur der Gewohnheit. Und weil Kunden das wissen, achten sie zum Jahreswechsel stärker auf Änderungen als sonst.

Wer seiner Kalkulation vertraut, kann Festpreise bieten.

Kalkulationen auf der Basis von Stundensätzen werden von vielen Dienstleistern bevorzugt, weil sie damit auf der sicheren Seite sind, wenn sie sich beim Aufwand verschätzen. Stundensätze sind also dann von Vorteil, wenn Sie Ihren eigenen Angeboten nicht trauen. Billigend in Kauf genommen wird dabei die Verärgerung der Kunden, wenn die Kosten aus dem Ruder laufen. Wenn Sie dagegen Ihr Geschäftsmodell so weit vorangetrieben haben wie oben beschrieben und präzise (weil bezahlte) Bestandsaufnahmen und Projektplanungen erstellen, können Sie risikolos Festpreiskalkulation anbieten. Ausgehend von Ihren Erfahrungen aus anderen Planungen und Projekten und auf der Basis solide kalkulierter Standards und Prozesse, werden Sie keine bösen Überraschungen erleben. Festpreise haben Vorteile für Sie wie für Ihre Kunden. Auf Kundenseite sinkt das Risiko einer Kostenexplosion und allein das kann Sie sehr schnell zum favorisierten Anbieter machen. Auf Anbieterseite machen Festpreise Sie weniger vergleichbar, gerade weil im Dienstleistungsbereich sehr viele nach Stunden abrechnen.

Festpreise machen Ihr Business profitabler, wenn Sie es richtig anstellen.

Zudem sollten Sie sich Ihre Leistung, Festpreise anzubieten und dem Kunden Risiken zu nehmen, natürlich bezahlen lassen – mit einer gut kalkulierten Marge und einem zusätzlichen fest eingeplanten (und nicht ausgewiesenen) Puffer, der Sie vor Abweichungen schützt und zugleich als Bonus für Ihre Brillanz betrachtet werden kann. Ob Sie diesen Bonus dann behalten oder als Motivationsprämie an Ihre Mitarbeiter ausschütten, die das Projekt bestmöglich umgesetzt haben, können Sie situativ entscheiden. Wenn Sie professionell arbeiten, verdienen Sie mit Pauschalen also nicht nur mehr Geld, sondern Sie erreichen auch eine deutlich höhere Kundenzufriedenheit. Außerdem reduzieren Sie mit Festpreisen den Dokumentationsaufwand vor allem bei Dienstleistungen erheblich.

Arbeiten Sie mit Ausschlusslisten.

Wichtig ist, dass Sie in einer Ausschlussliste eindeutig festhalten, was nicht in Ihrem Pauschalpreis enthalten ist. Ein Beispiel: Angenommen, wir hatten eine Pauschale vereinbart, für ein Unternehmen 40 Laptops von Windows 7 auf Windows 10 zu aktualisieren. Dann nahmen wir in die Ausschlussliste mit auf, dass die Pauschale nicht gilt, wenn die Laptops zum Installationszeitpunkt im Unternehmen nicht verfügbar waren, sondern beim Außendienst im Auto oder bei anderen Anwendern zu Hause lagen. Wir hatten also klar kommuniziert, dass wir solche Geräte auch umstellen werden, der Kunde vermeidbaren Mehraufwand jedoch bezahlen musste. Denn wenn Sie trotz genauer Planung und Kalkulation noch Chaos erleben, kann das nur daran liegen, dass Ihr Kunde nicht den gleichen Grad an Professionalität hat wie Sie. Das Muster einer solchen Ausschlussliste können Sie hier downloaden: **www.Philip-Semmelroth.com/UmsatzBooster.**

Professionelle Unternehmen brauchen professionelle Kunden.

Sie als professionelles Unternehmen sollten den Anspruch haben, professionelle Arbeit mit professionellen Kunden durchzuführen. Das bedeutet, Sie sollten konsequent sein und Kunden nicht mehr bedienen, die nicht bereit sind, sich von Ihnen führen zu lassen und erwiesenermaßen bewährten und effizienten Prozessen zu folgen. Ich habe in meinem Berufsleben schon viele Kunden gefeuert und danach deutlich mehr Geld verdient. Es ist nicht die Anzahl der Kunden, die ein Unternehmen erfolgreich macht. Es ist die Qualität. Ich bin sicher, dass professionelle Kunden in Zukunft immer stärker umkämpft sein werden. Das bedeutet auch, professionelle Unternehmen müssen sich verstärkt Gedanken machen, wie sie vorwiegend gut organisierte und erfolgreiche Kunden auf sich aufmerksam machen und diese stärker anziehen als der Wettbewerb. Darauf sollte die Kundenansprache im Marketing abgestimmt sein, und zwar auf allen Kanälen, ob online oder offline. Je klarer Sie signalisieren, wen Sie suchen, mit wem Sie arbeiten möchten und mit wem nicht, desto besser werden die Antworten sein, die Sie vom Markt bekommen.

Preise sind nicht in Stein gemeißelt. Meine Mitarbeiter haben mich dafür gehasst, dass ich ein großer Freund einer nachfrageorientierten Preisfindung bin. Basierend auf unseren Standards und Prozessen, hatten wir natürlich klare Regeln, was bestimmte Leistungen kosten, etwa wenn wir Kundenlaufzeitverträge von 60 Monaten anboten (auch das ein Instrument, profitabler zu arbeiten). Es kam jedoch immer wieder vor, dass ich im Gespräch mit einem Kunden merkte, dass dieser durchaus bereit war, eine höhere Investition zu tätigen, weil er in unserem Angebot sehr viel Nutzen erkannte. Dann wollte ich den Kunden natürlich nicht enttäuschen und habe den Preis seiner Erwartungshaltung angepasst. Meine Mitarbeiter fanden das fürchterlich, weil es eine manuelle Änderung der Standardpreise in der Warenwirtschaft beim Aufsetzen des Vertrags erforderlich machte. Doch wenn Sie nur 50 Euro monatlich mehr auf eine Laufzeit von 60 Monaten durchkalkulieren, werden Sie erkennen, dass sich dieser Aufwand lohnt. Ob Sie das erfolgreich umsetzen, ist wieder eine Frage Ihres Mindsets. Nachfrageorientierte Preispolitik ist nichts Ungewöhnliches. Sie kennen das von Last-Minute-Angeboten beim Reisen, von je nach Nachfrage besonders niedrigen oder hohen Einführungspreisen neuer Produkte oder von der Tankstelle, wo das Benzin immer dann besonders teuer ist, wenn viele tanken wollen.

Nachfrageorientierte Preise: anderswo gang und gäbe.

Ein bestimmtes Preislevel entspricht zudem der Erwartungshaltung Ihres Kunden. Stellen Sie sich vor, Sie wollen seit Jahren mit Ihrer Partnerin oder Ihrem Partner den Jahreswechsel in einem Fünfsternehotel feiern, das immer ausgebucht war. Jetzt hat es endlich geklappt und man bietet Ihnen das Doppelzimmer inklusive Frühstück für 89 Euro an. Da werden Sie nicht buchen, weil dieser Preis für Sie nicht stimmig ist. Im Internet mit seinen ausgetüftelten Methoden des Trackings wird sogar schon mit individueller Preisgestaltung gearbeitet. Überlegen Sie es also gut, ob Sie dreimal vom selben Gerät aus nachschauen, ob es freie Plätze für einen bestimmten Flug gibt. Vielleicht treiben Sie gerade Ihren ganz persönlichen Preis in die Höhe.[9]

Sie können Ihren Profit außerdem steigern, indem Sie die Anzahl der Optionen und Preispunkte minimieren. In der IT beispielsweise ist es bei Wettbewerbern üblich, dass Servertechniker einen höheren Stundensatz fakturieren als Techniker, die an Arbeitsplätzen arbeiten, oder Auszubildende, die Tätigkeiten übernehmen. Das fand ich immer viel zu kompliziert. Die Realität war ja, dass auch ein Servertechniker mal vom Kunden angesprochen wurde, ob er eben nach seinem Drucker schauen könne. Darauf wären in der Logik der Wettbewerber unterschiedliche Abrechnungsmodelle anzuwenden. Ich habe eine andere Strategie verfolgt und den höchstmöglichen Stundensatz fakturiert, den ich im Kundenumfeld für machbar hielt. Außerdem habe ich je nach Auftragskomplexität intern den Mitarbeiter mit der geringsten Qualifikation, der den Job ordentlich erledigen konnte, auf das Projekt angesetzt. Auch so lässt sich der Profit steigern, denn für Kunden zählt allein, dass das vereinbarte Ziel erreicht wird. Das kann in manchen Fällen auch ein kompetenter Auszubildender leisten. Dabei ist es aus strategischen Gründen sinnvoll, dem Auszubildenden beizubringen, sich nicht als Azubi zu erkennen zu geben, denn nur dann wird er respektiert. Deshalb mussten sich bei mir alle »Servicetechniker« nennen und alle trugen dieselbe Dienstkleidung. Das strahlte Professionalität aus, sorgte für Wiedererkennung beim Kunden und steigerte den Zusammenhalt im Team.

Optionen reduzieren, Gewinne steigern.

Entwickeln Sie digitale Zusatzprodukte

Achten Sie darauf, dass Sie einen Vertriebsprozess entwickeln, der Ihr Stresslevel nicht automatisch weiter nach oben treibt, je erfolgreicher Sie sind. Das mag sich wie ein Luxusproblem anhören, doch in der Praxis kann sich eine stetig wachsende Zahl von Kundenanfragen tatsächlich zu einem Organisationsproblem entwickeln. Wenn Sie wenige Verkäufe erzielen, funktioniert das auch mit miserablen Abläufen. Doch wenn Sie erfolgreich wachsen, entstehen Engpässe, wenn der prozessuale Unterbau fehlt. Deshalb empfiehlt es sich, im Zuge einer Vertriebsstrategie auch darüber nachzudenken, wie Sie durch standardisierte Produkte bestimmte Kundeninteressen bedienen können, die anders durch Ihr Unternehmen nicht profitabel befriedigt werden können. Das heißt: Je erfolgreicher Sie sind, desto wichtiger sind durchdachte Vertriebsprozesse. Dazu zwei Beispiele.

Beispiel 1: Nachfrage befriedigen durch Digitalisierung

Ein Beispiel ist mein Freund Christoph Schütz. Er vertreibt eine EDV-Software, die ihm beim Verkauf der initialen Lizenz Geld einbringt und anschließend monatliche Einnahmen für vertraglich vereinbarte Supportleistungen verschafft. 2016 saßen er und ich in Hamburg zusammen in einer Bar und philosophierten darüber, wie Christoph dem wachsenden Interesse seiner Kunden gerecht werden könnte, ihn Inhouse für eine individuelle Anpassung seiner Software zu buchen. Damit erzielte er zwar hohe Tagessätze, doch es war ihm schlichtweg nicht möglich, der gesamten Nachfrage gerecht zu werden. Er entwickelte ein digitales Zusatzprodukt, eine Online-Akademie mit umfangreichem Videomaterial, das einen Großteil seiner Kunden in die Lage versetzte, Teilbereiche der Software selbstständig auf ihren Betrieb anzupassen. Die Mitgliedschaft in der Akademie bringt ihm bis heute regelmäßig monatliche Einnahmen, und das ohne zusätzlichen Arbeitsaufwand, weil alles selbsterklärend ist. Zudem ist dieser digitale Geschäftsbereich von der Buchung über die Bereitstellung der Inhalte bis zum Zahlungsmanagement automatisiert. So hat Christoph ein zusätzliches Geschäftsfeld geschaffen, das seinen Bestandskunden ein attraktives Produkt bietet und sie stärker an ihn bindet. Außerdem verdient er über diese Akademie auch Geld mit Kunden, die im Support und Wartungsbereich gar nicht von ihm betreut werden. Und schließlich fungiert die Akademie als Marketinginstrument, über das er immer wieder Neukunden gewinnt, die ihn als Dienstleister verpflichten.

Beispiel 2: Geld verdienen mit bisher kostenlosen Leistungen

Wenn sich Produkte oder Dienstleistungen standardisieren lassen, überlegen Sie daher im nächsten Schritt auch, ob Sie diese auch automatisiert über digitale Plattformen verkaufen können. Auch das gehört zur Schaffung eines strategischen Vertriebsprozesses dazu: darüber nachzudenken, wie Sie das, was Sie aktuell tun, durch zusätzliche Angebote ergänzen können, ohne zusätzliche Ressourcen wie beispielsweise Mitarbeiter einsetzen zu müssen. Dazu gehören beispielsweise Beratungen, die Sie regelmäßig anbieten und deren Inhalte sich sehr stark gleichen. Das gilt nicht nur für IT-Software. Denken Sie an eine Firma für Webdesign. Viele Anbieter haben hier das Problem, dass Kunden, die grundsätzlich Interesse an der Realisierung eines bestimmten Projektes haben, selbst keine Vorstellung von dessen Komplexität haben. Sie können weder ihre Anforderungen spezifizieren, noch wissen sie, welche Zuarbeit auf sie zukommt oder welches Material sie bereitstellen müssen. Daher ist es schwer, den Preis eines Webseitenprojekts pauschal zu beziffern. Agenturen in diesem Bereich sind häufig gezwungen, vor der Beauftragung erst einmal intensive Gespräche mit dem Kunden zu führen, die, wie ich aus meiner Beratungspraxis weiß, durchaus zwei bis fünf Stunden dauern können. Häufig ist dabei nicht garantiert, dass die Zusammenarbeit überhaupt zustande kommt. Und so wird sehr viel Zeit investiert, die am Ende nicht bezahlt wird. Das ließe sich vermeiden, indem man einen klaren Prozess einführt, bei dem solche Gespräche mit Kunden »strategische Workshops« genannt werden, die über die eigene Website kostenpflichtig zur Buchung angeboten werden. Kauft ein Kunde einen Workshop, kann das Strategiegespräch stattfinden. Die nachgelagerte Beauftragung wäre dann ein Folgekauf oder Up-Sell. Zusätzlich könnte dieser (persönliche) Workshop durch einen etwas preisgünstigeren Videokurs ersetzt werden, der preissensible Kunden abholt und Zusatzeinnahmen durch Kunden generiert, die sich unabhängig von einem Auftrag über die Voraussetzungen beim Webdesign informieren möchten.

Solche Überlegungen sind auch interessant für kleinere Firmen, deren finanzielle Ressourcen momentan nicht ausreichen, um über Nacht alles Bisherige über Bord zu werfen, egal, wie faszinierend die hier vorgestellten Vertriebsstrategien sind. Es geht darum, zusätzlichen Profit zu generieren, indem Sie neben (oder vor) Ihrem Vertriebsprozess auch Ihre Angebotspalette durchleuchten und überlegen, wie Sie ohne großen Mehraufwand mehr Umsatz erzielen können. Wie Sie das mit der geschickten Umwandlung von Dienstleistungen in Produkte erreichen, erkläre ich in Kapitel 5, doch hier möchte ich Sie animieren, zusätzlich in eine etwas andere Richtung zu denken. Denken Sie an die ganzen Softwareprodukte, die Sie am Markt kaufen können, und denken Sie dabei nicht nur an komplexe Produkte, die Sie auf Ihrem Computer einsetzen, sondern auch an die vielen Apps, die auf Ihrem Mobiltelefon installiert sind. In vielen dieser Apps gibt es Zusatzpakete, die Sie ohne Interaktion mit dem dahinterstehenden Unternehmen jederzeit, auch wenn dort im Verkauf alle gerade schlafen, erwerben könnten. Damit machen diese Firmen Umsatz, ohne dass nennenswerte Kosten entstehen. Von solchen Geschäftsmodellen gibt es immer mehr Varianten.

Digitale Produkte: mehr Umsatz mit wenig Aufwand.

... und noch ein paar Anregungen, wie Sie einfach mehr verdienen

Die folgenden sechs strategischen Tipps haben sich für viele meiner Beratungskunden als wertvoll erwiesen.

Tipp 1: Lösen Sie sich von der Idee, ständig nur große Deals machen zu wollen

Große Deals sind anspruchsvoller für den Verkäufer. Abhängig von Ihren verkäuferischen Fähigkeiten, erhöht sich damit das Risiko, dass es nicht zu einer Zusammenarbeit kommt (vor allem bei Neukunden). Tatsächlich können Sie auch mit kleinen Deals sehr viel Geld verdienen. Stellen Sie sich vor, Sie haben ein Produkt für 30 Euro, das Sie pro Tag an 25 Kunden verkaufen. Wenn Sie das 365 Tage am Stück durchziehen, macht das 273 750 Euro Jahresumsatz. Parallel zur Fortsetzung dieser Strategie können Sie zufriedene Kunden auffordern, positive Bewertungen über Sie an relevanter Stelle im Netz zu posten, und ein Folge- oder Ergänzungsprodukt entwickeln, das ein erheblicher Teil Ihrer Bestandskunden kaufen dürfte, wenn das erste Produkt überzeugt hat. Bei konsequenter Verfolgung dieser Strategie können Sie Millionenumsätze erzielen.

Tipp 2: Fassen Sie bei jedem Angebot nach (oder veranlassen Sie das)

Die Erstellung von Angeboten ist aufwendig und daher teuer. Deshalb macht es mich in Coachings immer wieder sprachlos, wenn ich mir die Zahlen aus dem Innen- und Außendienst im Vertrieb geben lasse und feststelle, wie viele Angebote niemals zum Abschluss führen. Manchmal hakt es schon bei der Erstellung, weil die Bedarfsermittlung Schwächen aufweist. Manchmal sind die Angebote so unübersichtlich oder lieblos zusammengeschustert, dass Kunden starke Nerven brauchen, um nicht abzuspringen. Häufig wurden die Angebote ordentlich erstellt und dann wird nicht nachtelefoniert. Wenn Sie die Umstellung von kostenlosen Angeboten auf bezahlte Bedarfsanalysen noch nicht vollzogen haben, sollten Sie zumindest bei jedem Angebot telefonisch nachfassen.

Wer bei Angeboten nicht nachfasst, bestiehlt das Unternehmen.

Manche Kunden brauchen einfach einen zusätzlichen Schubs. Deshalb sollten Sie beim Nachfassen Argumente parat haben, die Ihrem Kunden die Unsicherheit nehmen. Denn Menschen kaufen im Allgemeinen das, was Ihnen am wenigsten Angst macht. Angebote zu erstellen und nicht nachzuhaken, ist Diebstahl am Unternehmen. Wer das tut, verbrennt bezahlte Arbeitszeit. Um das klarzumachen, schlage ich in Verkaufstrainings schon mal vor, anfragenden Kunden einfach 50 Euro per Post zu schicken und ihre Anfrage zu ignorieren. Unterm Strich könnte das günstiger sein, als Arbeitszeit in die Erstellung von Angeboten zu investieren, die dann wie eine Flaschenpost sich selbst überlassen werden.

Tipp 3: Nutzen Sie die »Distanz des Geldes« für lukrative Abschlüsse

Berücksichtigen Sie bei Ihrer Vertriebsstrategie auch, wie Ihr Kunde aufgestellt ist. Bei manchen Kunden besprechen Sie Projekte direkt mit der Geschäftsführung. Bei anderen haben Sie interne Ansprechpartner, die zwischen Ihnen und dem Inhaber oder Geschäftsführer vermitteln. Es mag Sie überraschen, doch oft ist der zweite Fall vorteilhafter für Sie. Die Erklärung dafür liefert meine Theorie von der »Distanz des Geldes«: Wenn Sie direkt mit dem Inhaber oder dem Geschäftsführer sprechen, entscheidet jede Investition darüber, wie viel weniger er in seinem Portemonnaie hat. Seine Distanz zum Geld ist klein, deshalb tut er sich schwer damit, Geld auszugeben. Ein interner Mitarbeiter dagegen verwaltet Budgets. Seine persönlichen Finanzen ändern sich nicht, wenn er eine Investition autorisiert. Daher fällt es ihm oft leichter, Geld an Menschen, die ihm sympathisch sind, auszugeben für Lösungen, die ihm sinnvoll erscheinen. Dass dieser Eindruck entsteht, muss das Ziel Ihrer Gesprächsführung sein. Dazu sollten Sie interne Mitarbeiter zu Ihren Freunden machen und Ihnen Argumentationshilfe für Ihr Angebot geben, damit Sie auch den anderen Instanzen im Unternehmen als Wunschpartner präsentiert werden.

Tipp 4: Reduzieren Sie Chef-Gespräche

Vertriebler träumen davon, bei allen Gesprächen gleich mit dem Entscheider sprechen zu dürfen. Genauso träumen Kunden davon, immer direkt mit dem Chef des Unternehmens zu sprechen. Hiervor möchte ich Sie unbedingt warnen. Achten Sie darauf, dass Sie als Chef nicht in jeden beliebigen Deal involviert sind. Natürlich werden Sie bei sehr wichtigen Geschäften immer dabei sein, egal, wie groß Ihr Unternehmen ist. Selbst Amazon-Chef Jeff Bezos dürfte sich Zeit genommen haben, wenn es um einen 100-Millionen-Dollar-Deal ging. Doch Ihr Ziel muss sein, dass Ihr Team ohne Sie zurechtkommt und trotzdem die von Ihnen definierten Ergebnisse liefert. Dafür brauchen Sie Standards und Prozesse, die sich aus eindeutigen Vertriebszielen ableiten lassen. Ein Chef, der bei jedem Abschluss das letzte Wort hat, demotiviert das Team und untergräbt noch dazu dessen Standing beim Kunden.

Tipp 5: Achten Sie auf Umsatzanteile, nicht nur auf Umsatzvolumen

In BWL-Büchern lesen Sie immer wieder, dass Sie Kunden je nach Umsatz in die Kategorien ABC einordnen sollten. Dem stimme ich grundsätzlich zu, weil es hilft, die Wertigkeit insbesondere der Bestandskunden abzubilden und festzulegen, um wen Sie sich ganz besonders kümmern sollten. Ich glaube allerdings, dass Sie nicht nach Umsatzvolumen kategorisieren sollten, sondern nach Umsatzanteil.

Besser strategischer Partner sein als austauschbar.

Ein Beispiel: Ein Kunde, der in Ihrem Bereich jährlich für zwei Millionen Euro Ware einkauft und bei Ihnen 50 000 Euro Umsatz gemacht hat, wirkt zunächst interessanter als ein Kunde, der Ihnen im gleichen Zeitraum 40 000 Euro Umsatz verschafft. Doch wenn der zweite insgesamt nur 42 000 Euro in diesem Bereich ausgibt, sind Sie für ihn ein unverzichtbarer – und daher entwicklungsfähiger – strategischer Partner. Im ersten Fall hingegen sind Sie austauschbar. Dies kritisch zu analysieren und den zweiten Kunden dauerhaft an sich zu binden, wäre daher eine kluge Strategie. Es ist sinnvoller und wirtschaftlicher, bestehenden Kunden mehr zu verkaufen und die Zusammenarbeit mit Ihnen zu intensivieren, als laufend neue Kunden zu akquirieren. Das verdeutlicht ein einfaches Beispiel: Wenn Sie für einen Kunden acht Stunden am Stück arbeiten und dafür eine Rechnung schreiben, verdienen Sie mehr Geld, als wenn Sie für vier Kunden jeweils zwei Stunden arbeiten und abrechnen. Im zweiten Fall ist der Abstimmungsaufwand, der häufig nicht bezahlt wird, deutlich höher.

Tipp 6: Gründen Sie neue Unternehmen für neue Angebote

Es ist verlockend, sich zusätzliche Einkommensströme zu schaffen, indem Sie neue Bereiche entwickeln, in denen Sie mit bestehenden Kunden zusammenarbeiten könnten. Schließlich steigern attraktive neue Leistungen Ihren Profit. Unter strategischen Gesichtspunkten ist es allerdings ratsam, nicht immer mehr aus dem gleichen Unternehmen heraus anzubieten, sondern spätestens dann separate Unternehmen zu gründen, wenn sich die Leistungen deutlich unterscheiden. Auf diese Weise bleibt Ihre jeweilige Expertise für den Kunden glaubwürdig und Sie geraten nicht in den Verdacht, ein Unternehmen zu sein, das einfach alles anbietet.

FAZIT: Vertrieb

10 Profitbremsen	10 Profitbeschleuniger
– Kein durchdachter Vertriebsprozess – Ad-hoc-Management	+ Eine klare Vertriebsstrategie – eindeutig definierte Phasen mit klarem Prozedere
– Produktverkauf ohne Beratungsmehrwert	+ Alleinstellung durch attraktiven Lösungsverkauf
– Gleichbehandlung aller Kundenanfragen	+ Entwicklung eines Verfahrens, das unattraktive Kunden herausfiltert
– Kostenlose Beratungsleistungen im Vorfeld des Auftrags	+ Fakturierung von Erstgesprächen, Angeboten und Projektplanungen
– »Alles oder nichts«-Strategie bei Neukunden oder Großaufträgen	+ Segmentierung von Leistungen zur Vertrauensbildung beim Kunden
– Angebote und Planungen auf unsicherer Basis	+ Präzise, belastbare (und bezahlte!) Angebote und Planungen
– Nachkalkulationen, die Kunden verärgern	+ Festpreise, die Kunden Berechenbarkeit und Unternehmen Profit garantieren
– Statische Preise	+ Nachfrageorientierte (dynamische) Preise
– Statisches Angebotsportfolio	+ Entwicklung lukrativer (digitaler) Zusatzprodukte
– Hohe Vergleichbarkeit eigener Leistungen für den Kunden (Austauschbarkeit, Preissensibilität)	+ Geringe Vergleichbarkeit für den Kunden durch überzeugende Beratung, professionelle Abwicklung und funktionierende Festpreise

5. Verkaufsgespräche: Überzeugen Sie Kunden durch Lösungsverkauf

Sie müssen nicht der beste Verkäufer der Welt werden. Sondern nur besser als Ihr Wettbewerber.

Ich wette mit Ihnen: Sie können mehr verkaufen, und zwar egal, wie gut Sie verkäuferisch bereits sind. Jeder von uns kann sich weiterentwickeln. Ich verkaufe heute besser als vor drei Jahren und ich habe vor, in drei Jahren noch besser zu sein. Voraussetzung ist nur eins: die Bereitschaft, stetig dazuzulernen. In der Praxis verlassen sich viele Verkäufer auf ihre Erfahrung und oft erzielen sie damit auch zufriedenstellende Ergebnisse. Unternehmer, die neben dem Verkauf viele weitere Aufgaben haben, sagen mir ebenfalls oft, sie seien mit ihren Verkäufen »zufrieden«. Ich bin der Meinung: »Zufrieden« reicht nicht. Warum wollen Sie sich mit Bronze zufriedengeben, wenn Gold für Sie möglich wäre? Seit vielen Jahren unterstütze ich Vertriebsteams und Unternehmer dabei, erfolgreicher zu verkaufen. Der Königsweg liegt dabei im anspruchsvollen Lösungsverkauf, denn einfache Verkaufsgespräche nach Leitfaden werden vielfach durch digitale Angebote ersetzt werden. Natürlich lassen sich auch solche Gespräche weiter verbessern. In diesem Kapitel möchte ich Ihnen aber zeigen, wie Sie durch überzeugende Kundenlösungen und die richtige Gesprächsführung Ihren Verkauf auf ein neues Level heben.

Performance garantiert Profit

Ob im Business oder privat – das Kaufverhalten der Menschen verändert sich rasant, und das weltweit. Was sich vor Corona schon abzeichnete, wurde durch die Pandemie 2020/2021 enorm beschleunigt: Alle wollten plötzlich Dinge online bestellen. In der Konsequenz waren selbst alteingesessene Anbieter wie stationärer Buchhandel, lokale Weinhändler, Restaurants, Reisebüros und Sightseeing-Unternehmen gezwungen, ihre Geschäftsmodelle zu digitalisieren. Dieser Trend ist unumkehrbar. Auch in Zukunft werden Menschen mehr und mehr online kaufen. Das macht Unternehmen wie Amazon reich, wird allerdings zu erheblichen Problemen im Mittelstand führen.

Wenn Sie das Internet schlagen wollen, müssen Sie besser verkaufen.

Es ist schon lange kein Geheimnis mehr, dass es bestimmte Produkte und Dienstleistungen im Internet günstiger gibt. Doch jetzt ist bei vielen Kunden die Hemmschwelle verschwunden, Angebote eigenständig zu recherchieren und mal eben online beim günstigsten Anbieter zu bestellen. Mit der Erfahrung kommt die Routine. Damit wird es für Unternehmen, die »analoge« Vertriebskanäle nutzen, erheblich schwerer, höhere Preise zu rechtfertigen und profitable Margen zu generieren – zumindest dann, wenn der Kunde den versprochenen Mehrwert einer persönlichen Beratung nicht erkennen kann und daher nicht als werthaltig einstuft. Das gilt für den Verkauf an Endkunden ebenso wie für das B2B-Geschäft. Lösungsverkauf ist das Gebot der Stunde, wenn Sie weiter profitabel verkaufen wollen.

Kunden zahlen nur für Gespräche, die sich lohnen.

Im letzten Kapitel habe ich Ihnen gezeigt, wie Sie vor diesem Hintergrund einen strukturierten Vertriebsprozess entwickeln, bei dem Sie Ihre Kunden sorgfältig auswählen und sie anschließend – insbesondere bei komplexen Dienstleistungen – konsequent durch einen Prozess kostenpflichtiger Erstgespräche, Bestandsaufnahmen und Projektplanungen führen. Wenn Sie Beratungsgespräche abrechnen wollen, hat der Kunde Anspruch darauf, dass diese Gespräche professionell geführt werden. Ein von Unsicherheit, Informationslücken, inhaltlicher und emotionaler Leere geprägtes Gespräch lässt sich nicht in Rechnung stellen. Deshalb bin ich fest davon überzeugt, dass wir nicht nur Wissen in die Köpfe der Verkäufer pumpen müssen, sondern auch dafür sorgen sollten, dass diese im Gespräch souveräner rüberkommen.

Perfomance ist der Faktor, der Verkäufern Abschlüsse bringt und Profite steigert. Dabei geht es im Kern um Selbstbewusstsein und Führungsstärke. Gute Verkäufer führen den Kunden zielsicher zum Abschluss und vertrauen nicht darauf, dass dieser von selbst irgendwann auf die Idee kommt, jetzt mal etwas zu kaufen. Das muss man üben und immer weiter perfektionieren – auch und gerade in Zeiten, wo sich der Markt für Verkaufsgespräche per Videocall öffnet, bei denen die Wirkungskraft im Vergleich zum persönlichen Gespräch deutlich reduziert ist. Vertriebsteams müssen auch für erfolgreiches Remote-Selling trainiert werden, denn Gespräche per Video verlaufen anders als alles bisher, und das nicht nur, wenn die Präsentation von Unterlagen oder das Einholen von Unterschriften Teil des Prozesses ist, wie im Falle eines Versicherungskonzerns, dessen Vertrieb ich trainiere. Wer nicht gelernt hat, Gespräche so zu führen, dass Kunden sie als Leistung empfinden, wird es künftig schwer haben. Dabei denke ich ans B2B-Geschäft, aber auch an einen talentierten Fliesenleger oder Maler, an eine Architektin oder Optikerin, einen Caterer oder eine Gartengestalterin. In den meisten Fällen arbeiten Handwerker und Dienstleister zwar an ihrer fachlichen Kompetenz, doch die Performance oder persönliche Kompetenz wird völlig vernachlässigt.

Sie müssen nicht der beste Verkäufer der Welt werden. Sondern nur besser als Ihr Wettbewerber.

Dabei verstehe ich absolut, dass Menschen in anderen Branchen und Aufgabenfeldern sich beim Verkaufen schwerer tun als Vertriebsexperten wie ich, weil sie sich nicht täglich und nicht vorrangig mit diesem Thema beschäftigen. Doch es ist egal, wo Sie aktuell stehen. Entscheidend ist, dass Sie regelmäßig daran arbeiten, sich zu verbessern. Denn es geht nicht darum, dass Sie besser werden als ich oder andere Leute. Sie müssen nur besser werden als die, mit denen Sie regelmäßig im Wettbewerb stehen. Konkret heißt das, Sie müssen nicht der beste Verkäufer der Welt werden, sondern nur besser als der

Verkäufer, der mit denselben Kunden spricht wie Sie. Und weil so wenige Menschen Kommunikation professionell trainieren, ist es gar nicht so schwer, die Poleposition im eigenen Markt zu besetzen.

Dennoch stelle ich immer wieder fest, dass Verkäufer im Alltag schlecht vorbereitet sind, ob nun Verkauf ihr Hauptberuf ist oder »nur« unverzichtbarer Teil ihrer unternehmerischen Tätigkeit. Das geht so weit, dass sie in Verkaufsgesprächen von vorhersehbaren Kundenreaktionen überrascht werden und nicht wissen, wie sie darauf reagieren sollen. Da werden beispielsweise ältere Versicherungsvertreter kalt erwischt, wenn Kunden sagen, sie würden lieber mit jemand Jüngerem zusammenarbeiten, weil dieser den Computer besser bedienen kann. Da werden jüngere Kollegen davon überrascht, dass Kunden sagen, sie würden lieber mit jemand Älterem zusammenarbeiten, weil der mehr Erfahrung hat. Da haben Verkäufer keine passende Antwort, wenn Kunden Angebote zu teuer finden oder auf günstigere Alternativangebote verweisen. Auf solche vorhersehbaren Einwände können Sie sich genauso vorbereiten wie auf Widerstand, wenn Sie anfangen, Beratungsgespräche zu berechnen (siehe Kapitel 4). Wer seine Kommunikation trainiert, arbeitet an seinem Profit. Um Missverständnissen vorzubeugen: Eine souveräne Performance im Verkaufsgespräch macht weder fachliche Kompetenz noch gute Vorbereitung überflüssig. Als Lösungsverkäufer haben Sie sich über das Unternehmen, mit dessen Vertreter Sie sich gerade unterhalten, vorab informiert. Sie kennen die Branche und damit die branchenspezifischen Herausforderungen. So ausgerüstet und mit zusätzlicher verkäuferischer Expertise sind Sie in der Lage, ein für den Kunden angenehmes, inhaltlich bereicherndes und auf seine konkreten Bedürfnisse zugeschnittenes Gespräch zu führen.

Wer seine Kommunikation trainiert, arbeitet an seinem Profit.

Lösungsverkauf oder traditioneller Verkauf: Eine strategische Entscheidung

Lösungsverkauf ist verkäuferisch anspruchsvoll. So wie ein erfahrener Apotheker mehr übers Fasten weiß als der Kunde, der Glaubersalz kauft, weiß ein effektiver Lösungsverkäufer mehr über das Geschäftsmodell des Kunden – und damit auch über dessen mögliche Probleme – als dieser selbst. Durch Vorbereitung, Branchenkenntnis und gute Gesprächsführung ermittelt dieser Verkäufer, was sein Kunde alles berücksichtigen muss, wenn er etwas bei ihm kauft. Bei umfangreicheren Projekten führt er seinen Kunden über abrechenbare Beratungs- und Planungsleistungen an den Großauftrag heran. Das gilt nicht nur für meine frühere Branche, den IT-Service, sondern ist anwendbar auf viele andere Branchen vom PR-Berater bis zum Maschinenbau-Unternehmen. Lösungsorientierte Verkaufsgespräche kosten mehr Zeit. Je nach Produkt oder Dienstleistung sind mehrere Gespräche notwendig, um über diesen Ansatz zu einem größeren Abschluss zu kommen. Dadurch steigen die Transaktionskosten, solange der in Kapitel 4 beschriebene Vertriebsprozess noch nicht fest installiert ist. Im Unternehmen kann dies in einer Übergangsphase vor allem aufseiten der Vertriebsleitung für Unruhe sorgen, weil Umsätze stark verzögert generiert werden.

Ein Lösungsverkäufer weiß mehr über das Kundenanliegen als sein Kunde.

Ein Wechsel vom klassischen Verkauf zum lösungsfokussierten Verkauf schafft zudem Reibungsflächen in Vertriebsorganisationen, die sehr stark mit Provisionen arbeiten. Während solche Provisionen häufig schnelle Abschlüsse incentivieren, erzielen Lösungsverkäufer kurzfristig keine hohen Zahlen, perspektivisch aber deutlich höhere Erträge durch mehr Abschlüsse und eine wachsende Anzahl zufriedener Bestandskunden. Die Problematik kenne ich aus der IT-Welt und auch von Kunden anderer Branchen. Sie lässt sich lösen, indem man als Unternehmer entweder nach ersten erfolgreichen Testläufen im Lösungsverkauf mutig umsteuert oder aber eine Zeit lang parallel mit zwei unabhängig voneinander arbeitenden Teams fährt, von denen nur eines den Lösungsverkauf verfolgt und das andere weiterhin traditionell verfährt.

Vergleichen wir den Lösungsverkauf kurz mit der Art und Weise, wie in vielen Vertriebsorganisationen, etwa bei Vermögensberatungen, das Thema Verkauf gehandhabt wird. Hier werden oft sehr junge Verkäufer losgeschickt, um mit einem fest vorgegebenen Gesprächsleitfaden Investitionsmöglichkeiten für die Kunden zu finden und ihnen entsprechende Produkte zu verkaufen. Für ein solches Angebot und am Ende auch für einen Abschluss ist nicht zwingend tiefgehendes Wissen über komplexe Finanzprodukte oder Anlagestrategien erforderlich. Gearbeitet wird mit Standardfragen, um standardisierte Produkte zu verkaufen – eine Dienstleistung, die sich perfekt automatisieren und digital anbieten lässt. Auch Face to Face verlaufen die Gespräche immer identisch, lassen sich also im Vorfeld leicht üben und in der Konsequenz auch von Menschen meistern, deren Fähigkeiten für gestandene Gesprächspartner niemals ausreichen würden. Nicht ohne Grund fokussieren sich diese Junior-Verkäufer häufig auf Kontakte in der eigenen Altersgruppe. Die schlechte Nachricht ist: Über kurz oder lang werden solche Standardangebote hauptsächlich im Netz verkauft werden und dort einem harten Preiskampf ausgesetzt sein, denn ein fester Leitfaden lässt sich problemlos in einen digitalen Algorithmus übersetzen.

Standardfragen für Standardprodukte? So kann auch ein Algorithmus verkaufen.

Als Lösungsverkäufer souveräner und selbstbewusster agieren.

Dieser Wandel hat im Versicherungs- und Anlagebereich schon begonnen. Bis er abgeschlossen ist, lassen sich natürlich auch traditionelle Verkäufer professionalisieren und auch das gehört zu meinem Business. Wir trainieren dann Abschlusstechniken, Einwandbehandlung, Beziehungsaufbau, Produktkenntnisse und so fort – gern in Rollenspielen, in denen Teilnehmer in der Rolle des Kunden all die bösen Dinge zu mir sagen können, die sie als Verkäufer selbst auf keinen Fall hören wollen. Doch Lösungsverkäufer müssen ganz anders und tiefgehender auf ihre Gespräche vorbereitet werden. Sie müssen souveräner agieren und selbstbewusster auftreten als traditionelle Verkäufer, die es gewohnt sind, vorgegebene Verkaufsleitfäden mehr oder weniger gekonnt abzuwandeln. Nicht jeder Verkäufertyp ist in der Lage, diesen Systemwechsel zu vollziehen. Wenn ich Unternehmen vertrieblich berate, geht es daher auch darum, herauszufinden, wo welcher Mitarbeiter und welche Mitarbeiterin optimal eingesetzt sind. Manchmal verkümmern kommunikationsstarke Verkaufstalente im Backoffice, während manche Verkäufer beim Verkauf von Zusatzprodukten im Anschluss an den eigentlichen Lösungsverkauf besser aufgehoben wären als in der Projektanbahnung. Lösungsverkäufer sind die besten Verkäufer, die ein Unternehmen haben kann. Dabei ist es gar nicht so leicht, gute Lösungsverkäufer zu finden. Aber Sie können sie ausbilden, und auch wenn sie damit etwas teurer werden, sind sie für den Verkauf von komplexen Projekten die beste Wahl.

Was Lösungsverkäufer anders machen

Dass ein Verkaufsgespräch sich in verschiedene Phasen gliedert, ist keine Neuigkeit. Dabei hat man sich auf vier bis fünf Phasen geeinigt – fünf, wenn im Anschluss an das Verkaufsgespräch ein schriftliches Angebot für das Projekt vorgelegt wird –, das zeigt Abbildung 6 [auf der nächsten Seite]. Ich möchte in diesem Kapitel nicht Grundsätzliches zu jeder dieser Phasen ausführen und damit nur wiederholen, was andere vor mir schon gesagt haben.

»Intuitive« Verkäufer treten auf der Stelle. Nur klare Prozesse lassen sich gezielt verbessern.

Mir geht es darum, Ihnen die Besonderheiten des Lösungsverkaufs bewusst zu machen. Dennoch bleibt es wichtig, das Verkaufsgespräch als definierten Ablauf mit einer festen Struktur zu verstehen. Denn nur, wenn Sie einem Standardprozess folgen, können Sie Ihre Ergebnisse systematisch verbessern, indem Sie einzelne Gesprächsmomente variieren und beobachten, welche Folgen dies hat. So können Sie über alle Verkaufsgespräche, die Sie führen, einen kontinuierlichen Verbesserungsprozess realisieren. Bei intuitiv geführten Gesprächen ist das nicht möglich.

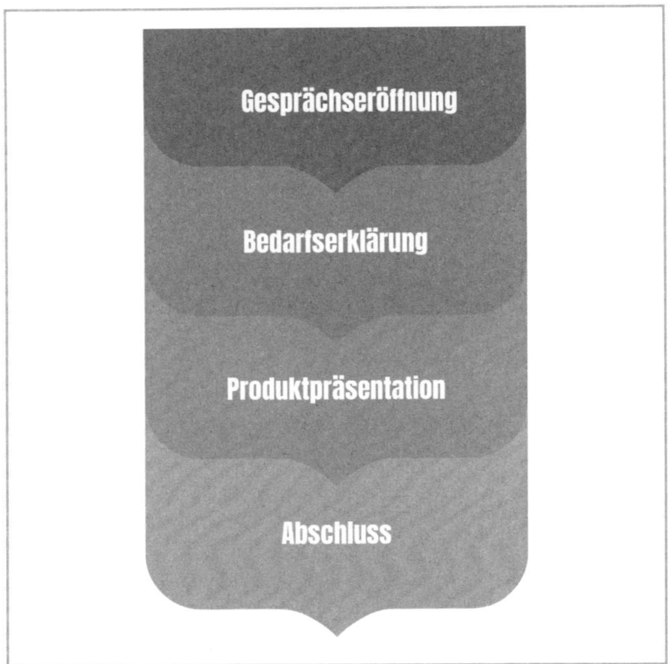

Abb. 6: Klassische Verkaufsphasen

Phase 1: Gesprächseröffnung – erfahren Sie, wie Ihr Kunde tickt

In der ersten Phase geht es immer um den Beziehungsaufbau. Das bedeutet, Sie müssen mit Ihrem Gesprächspartner eine gemeinsame Basis finden. Das gelingt am besten über identifizierte Gemeinsamkeiten, die sich aus verbindenden Einstellungen und Werten ergeben. Viele Verkaufstrainer fabulieren hier vom ersten Eindruck, für den es »keine zweite Chance« gebe. Ich setze voraus, dass Sie aussehen, wie man es in Ihrer Position erwartet, und nicht im Hawaiihemd loslaufen. Auch Small Talk ist häufig ein Thema. Wenn Sie bei mir Kunde werden wollen, interessiert es mich aber nicht, ob es Ihnen zu warm ist oder zu kalt, wie Sie einen Parkplatz gefunden haben, wo Sie Urlaub machen und ob Ihr Kind gerade eingeschult wurde. Was mich dagegen interessiert, sind Fragen wie diese:

- Wo stehen Sie mit Ihrer Firma aktuell?
- Wie sehen Sie die zukünftige wirtschaftliche Entwicklung?
- Was sind Ihre Wachstumsziele für die nächsten drei bis fünf Jahre?
- Welche Mehrwerte sehen Sie für Ihr Geschäftsmodell durch die Digitalisierung?
- Wie akquirieren Sie aktuell Kunden? Wie stark sind Sie ausgelastet?
- Führen Sie Ihre Kundengespräche nur persönlich oder inzwischen auch digital?
- Sind die Autos in Ihrem Fuhrpark gekauft oder geleast?

Das heißt, beim Gesprächseinstieg versuche ich, mein Gegenüber dazu zu bringen, von sich zu erzählen, von seinen beruflichen Zielen, seiner Markteinschätzung und so weiter. Auch das könnte man als Small Talk bezeichnen, weil es noch nicht direkt um das eigene Angebot geht. Es ist aber etwas anderes als das belanglose Geplapper über Weg und Wetter, das häufig unter Small Talk verstanden wird. Wenn Sie das Gespräch auf das Unternehmen lenken, wird transparenter, mit wem Sie es zu tun haben. Außerdem erhalten Sie relevante Informationen für das eigentliche Verkaufsgespräch. Wer zum Beispiel Firmenwagen kauft und nicht least, wird vermutlich auch nicht offen sein für das Argument, größere Investitionen über eine Bank finanzieren zu können. Diesen Vorschlag würde ich dann nicht machen, um nicht unnötig Widerstand auszulösen. Außerdem führt »lösungsorientierter Small Talk« dazu, dass Ihr Kunde sich wichtig fühlt. Wann hat er oder sie schon mal Gelegenheit, ausführlich über seinen Job oder seine Firma zu reden? Am wohlsten fühlen sich die meisten Menschen, wenn man ihnen interessiert zuhört und gelegentlich eine Frage stellt, die dieses echte Interesse untermauert. Allein das sorgt schon für eine gute Gesprächsatmosphäre.

Nur schlechte Verkäufer reden übers Wetter.

Bitte beachten Sie, dass Sie diese Phase auch bei Bestandskunden niemals überspringen sollten. Hier gilt es, die gute Beziehung noch einmal erlebbar zu machen und das existierende Fundament der Zusammenarbeit zu verstärken. Auch wenn Sie sich schon länger ken-

Beziehungsaufbau – auch bei Bestandskunden!

nen, können Sie davon ausgehen, dass sich inzwischen Dinge im Leben Ihres Gesprächspartners verändert haben. Und da die Qualität Ihrer Beziehung direkten Einfluss auf die wechselseitige Offenheit im Gespräch und auf die Verkaufsverhandlung hat, sollten Sie dem Zwischenmenschlichen immer genügend Raum geben.

Phase 2: Bedarfsklärung – klare Fragen bewahren Sie vor Misserfolg

Nach der Beziehungsphase steigen Sie in die Bedarfsermittlungsphase ein. Wie das geht, können Sie in unzähligen Büchern nachlesen. Ich konzentriere mich daher auf Grundsätzliches, das erstaunlich oft vernachlässigt wird. Es gilt nicht nur zu klären, *was* Ihr Gesprächspartner braucht (Art und Umfang der Produkte und Dienstleistungen), sondern auch *wann* und *zu welchem Preis* Sie anbieten müssen, damit er bei Ihnen bestellt, und zudem, *wie* er *bezahlen* will (Einmalkauf, Ratenkauf, Leasing …) und *wie* das Projekt *umgesetzt* werden soll. Einige Erläuterungen dazu:

Was Ihr Kunde sagt, ist nicht unbedingt das, was er meint. Oder braucht. Klären Sie exakt, was Ihr Kunde haben will. Das klingt banal, ist es aber nicht. Denn was Ihr Kunde sagt, ist nicht zwingend das, was er meint. Gerade bei Leistungen, die Kunden nicht häufig kaufen, fehlt oft fundiertes Verständnis. Zwar entsteht der Eindruck, Sie beide sprächen über dasselbe, tatsächlich aber gibt es relevante Fakten, die Ihr Kunde nicht anspricht, weil er sich gar keine Gedanken darüber macht. Stellen Sie sich beispielsweise vor, Sie wollen eine Webcam kaufen. Dann kann der Verkäufer im PC-Shop Ihnen einfach zwei anbieten, eine günstige und eine teure. Oder er kann Sie fragen, ob Sie eher im Sitzen oder eher im Stehen Videocalls machen werden, wie Sie die Webcam montieren werden, ob Sie eventuell noch eine Halterung brauchen, damit Ihnen die Kamera nicht von Ihrem Laptop aus von unten in die Nase filmt, wie die Beleuchtung am Einsatz-

Was Ihr Kunde sagt, ist nicht unbedingt das, was er meint. Oder braucht.

ort ist, weil es Modelle gibt, die mit wenig Umgebungslicht noch ein sehr gutes Bild darstellen – und so weiter. Nur wenn er weiß, wofür Sie das Produkt brauchen, kann der Verkäufer Sie lösungsorientiert beraten.

Empfehlungen generieren und Reklamationen vermeiden.

Ein anderes Beispiel: Wenn ein Autoverkäufer auf gezielte Nachfrage erfährt, dass der Kunde ein Auto nur als Zweitwagen für die Stadt nutzen will, ergibt es wenig Sinn, ihm zum Beispiel bei uns in Leverkusen, wo es praktisch nie schneit, den »Testsieger Sommerreifen« und den »Testsieger Winterreifen« dazu zu verkaufen, nur weil der Kunde das so gewohnt ist. Mit einem Satz Allwetterreifen wäre er besser bedient. In beiden Fällen erhöhen Verkäufer durch klärende Fragen die Kundenzufriedenheit und die Wahrscheinlichkeit von Folgekäufen. Ein Lösungsverkäufer generiert Empfehlungen und vermeidet Reklamationen. Wichtig ist, dabei nicht für den Kunden zu denken. Was Sie nicht wissen, recherchieren Sie nicht, und Sie stellen auch keine Hypothesen dazu an, sondern Sie fragen einfach. Konzentrieren Sie sich nicht nur auf Produktmerkmale, lassen Sie sich vom Kunden den Anwendungsfall konkret beschreiben.

Den genauen Zeitpunkt klären.

Kommen wir zum **Wann**: Wenn Ihr Kunde bereits in dieser Phase des Gesprächs durchblicken lässt, dass er Ihre Leistung schneller braucht, als Sie jemals werden liefern können, brauchen Sie keine weiteren Details zu klären. Wenn es Ihnen nicht gelingt, den Zeitpunkt zu verändern, können Sie das Gespräch abbrechen. Es ist sinnlos, mehr Zeit zu investieren, am Ende vielleicht sogar noch aufwendig ein Gratisangebot zu kalkulieren, um dann als Anbieter ausgeschlossen zu werden, weil Sie das vorgegebene Zeitfenster nicht einhalten können.

Wetten, dass Ihr Kunde Ihnen sein Budget verrät?

Zu welchem Preis: Auch die Frage nach dem Budget ist elementar. Ich bin immer wieder erschrocken, wie viele Verkäufer Angebote machen, ohne zuvor verbindlich zu klären, zu welchen Konditionen der Kunde überhaupt zu kaufen bereit wäre. Natürlich wird dieser in vielen Fällen sagen, dass er sich dazu keine Gedanken gemacht hat und dass Sie einfach mal einen Vorschlag machen sollen. Ich führe diese Kundengespräche seit mehr als 20 Jahren: Es ist wirklich nicht schwer, diese Information zu bekommen. Es scheitert oft daran, dass Verkäufer es nicht hartnäckig genug versuchen. Schon auf den Hinweis »Helfen Sie mir zu verstehen, was Sie sich vorstellen« werden Sie häufig eine hilfreiche Antwort bekommen. Oft wirkt auch der Vergleich mit dem Autohaus, in dem der Verkäufer nur gut beraten kann, wenn er weiß, ob der Kunde eher einen Kleinwagen oder eher eine Luxuslimousine favorisiert. Wenn Sie nur eine Sache in Ihrem Verkaufsgespräch ändern wollen, dann machen Sie nie wieder Angebote, bei denen Sie nicht wissen, was Sie zu welchen Konditionen liefern müssten, damit der Kunde in Erwägung zieht, bei Ihnen zu kaufen. Allein dadurch werden Sie die Produktivität Ihrer Vertriebsarbeit auf ein völlig neues Level heben.

Jetzt geht es um das **Wie (Umsetzung)**: Selbst, wenn Sie das Was, das Wann und »Welches Budget« geklärt haben, bringt Ihnen all das nichts, wenn das »Wie der Umsetzung« nicht klar ist. Unterschätzen Sie niemals, dass manche Kunden gar nicht wissen, wie bestimmte Aufträge umgesetzt werden, und dass daran der Auftrag letztlich scheitern kann. So findet ein Kunde vielleicht superschnelles Internet per Glasfaserkabel erstrebenswert, bis er versteht, dass dafür im Haus gebohrt und seine kostbare Tapete angetastet werden muss. Oder er träumt von einer neuen Website, ohne sich im Klaren darüber zu sein, dass er dafür passende Bilder und Texte liefern müsste und vorher Klarheit über das Corporate Design des Unternehmens bestehen sollte. Versäumen Sie diese Klärung, haben Sie im schlimmsten Fall den Auftrag bekommen, doch es gibt so viel Ärger, dass Sie sich wünschen, Sie hätten nie ein Angebot abgegeben. Hinter der Scheu, klare Fragen zu stellen, steckt häufig die Angst, den Auftrag zu verlieren. Doch Hoffnung ist keine Strategie. Sie verschwenden nur Zeit und damit Geld, wenn Sie aussichtslosen Projekten hinterherjagen und nutzlose Angebote schreiben. Denn nicht viele Angebote, sondern lukrative Aufträge machen Ihr Unternehmen profitabel.

Klare Fragen bringen Sie weiter. Vogel-Strauß-Politik nützt Ihnen nichts.

Bevor Sie zu Phase 3 übergehen, empfehle ich einen Testabschluss, mit dem Sie ausloten, ob der Kunde seinen Bedarf tatsächlich mit Ihrer Hilfe decken will, wenn alle zuvor besprochenen Anforderungen erfüllt werden. Bejaht Ihr Kunde das, wechseln Sie in die nächste Phase. Zögert er oder sagt sogar ausdrücklich Nein, gehen Sie zurück in die Bedarfsermittlungsphase, wenn noch Klärungsbedarf ist. Liegt es nicht an mangelnder Klärung, ist jetzt die Zeit, sich höflich aus dem Gespräch zu verabschieden. Den Testabschluss können Sie wie folgt formulieren:

Kein Gespräch ohne Testabschluss.

- »Möglicherweise könnte ich für Sie ... [Produkt / Dienstleistung] bis ... [Zeitpunkt] im Rahmen von ... [Budget / Zahlungskonditionen] umsetzen. Wenn ich das verbindlich zusage, kann ich dann mit Ihrem Auftrag rechnen?«
- »Mal angenommen, ich würde für Sie [Produkt / Dienstleistung] bis ... [Zeitpunkt] im Rahmen von ... [Budget / Zahlungskonditionen] möglich machen. Werden wir dann hier und heute Partner?«

Hypothetische Formulierungen nehmen den Druck raus und machen es dem Kunden einfacher, sich zu committen. Eiert der Kunde herum, ist Vorsicht angebracht. Dann kann es sein, dass er nur mit Ihnen redet, um ein perfekt auf ihn zugeschnittenes Angebot mit einem perfekten Preis zu bekommen, mit dem er seinen eigentlich favorisierten Anbieter unter Druck setzen will. Oder er ist noch nicht bereit, den Auftrag zu vergeben, weil es ihm erst einmal nur um eine Machbarkeitsanfrage geht. Oder er hat bei seinen Anforderungen gelogen, zum Beispiel das Budget größer angegeben, als es ist. Es gibt viele Möglichkeiten, warum Sie an dieser Stelle kein Ja bekommen. In meinen Trainings zeige ich den Teilnehmern, was sie tun müssen, um jeden einzelnen offenen Punkt aufzuklären. Jedenfalls ist ein Übergang zu Phase drei ohne positiven Testabschluss sinnlos.

Phase 3: Emotionalisieren Sie die Produktpräsentation

Diese Phase nenne ich auch »Reise in die Zukunft«. Dabei präsentieren Sie Ihr Produkt oder Ihre Dienstleistung, als befände sich das Projekt bereits in der Umsetzung. Lassen Sie sich vom Kunden erzählen, was er mit den Neuerungen als Erstes macht, wie es sich anfühlen wird, wenn die angestrebten Verbesserungen erreicht sind. So sorgen Sie dafür, dass er sich unbewusst bereits als Besitzer der Lösung fühlt.

Kunden, die Ihnen auf diese Reise in die Zukunft folgen, bestätigen zum einen ihre Kaufabsicht, zum anderen wird die Umsetzung des Projekts durch die hervorgerufenen Bilder zusätzlich positiv aufgeladen. Lassen Antworten eines Kunden dagegen erkennen, dass er sich nicht wirklich als Besitzer der Neuerung sehen kann, ist ein Wechsel in Phase 4 noch nicht sinnvoll. Vielmehr müssen erst die letzten Kaufhürden ausgeräumt werden. Auch hier ein Beispiel: Wenn ich mit einem Kunden über eine neue Serveranlage, neue Arbeitsplätze für alle Mitarbeiter und so weiter gesprochen habe, fragte ich in dieser Phase, wie die Auslieferung ablaufen soll, wo wir parken können, wem wir Bescheid geben müssen, um im Zuge der Inbetriebnahme am Wochenende ins Büro gelassen zu werden, wie die Schulung der Mitarbeiter auf die Neuanlage erfolgen soll, ob ein Beamer zur Verfügung steht oder ob wir einen mitbringen sollen. Der Punkt ist: Ein Kunde, der gerade für 50 000 Euro eine neue Serveranlage kaufen will, beschäftigt sich nur dann mit Details wie der Beamer-Frage, wenn er in Gedanken tatsächlich schon gekauft hat. Andernfalls macht keiner mit Ihnen eine solche Reise in die Zukunft.

Die Reise in die Zukunft verrät, ob Ihr Kunde innerlich schon gekauft hat.

Phase 4: Abschluss durch mündliche Auftragsbestätigung

Hier machen Sie den Abschluss, sozusagen den mündlichen Handschlag für das Projekt. Bei umfangreichen Projekten wie dem Aufbau einer neuen IT-Infrastruktur würde ein schriftliches Angebot folgen, das beim Lösungsverkauf aber keine kostenlose Dienstleistung ist wie im traditionellen Verkauf (siehe dazu Abbildung 6), sondern – wie in Kapitel 4 skizziert – eine kostenpflichtige Beratungsleistung auf der Basis einer sorgfältigen Bestandsaufnahme. Das Okay für diesen Auftrag holen Sie am Ende des Verkaufsgesprächs ein. Dieser Logik folgend, senden Sie dem Kunden anschließend auch kein unverbindliches »Angebot« (für einen Gartenplan, eine IT-Infrastruktur, einen umfänglichen Weiterbildungsplan oder was immer Ihr Business ist), sondern eine »Auftragsbestätigung« zur Gegenzeichnung. Das gilt auch für kleinere und überschaubarere Aufträge, die Sie mündlich gleich im Gespräch zum Abschluss bringen, und zwar mit typischen Abschlussfragen von »Dann sind wir im Geschäft?« bis »Sollen wir das so umsetzen?«. Wenn Sie eine mündliche Einigung mit Ihrem Kunden erzielt haben, gibt es keinen Grund, psychologisch wieder den Schritt zu einem bloßen Angebot zurückzugehen. In meinem Erfolgsbuch »55 Business-Turbos für KMU«, das zeitweise bei Amazon die Marketing-Bestenliste anführte, ist diesem Thema ein ganzes Kapitel gewidmet.[10] In Abbildung 7 ist kurz zusammengefasst, wie Lösungsverkäufer die verschiedenen Gesprächsphasen gestalten.

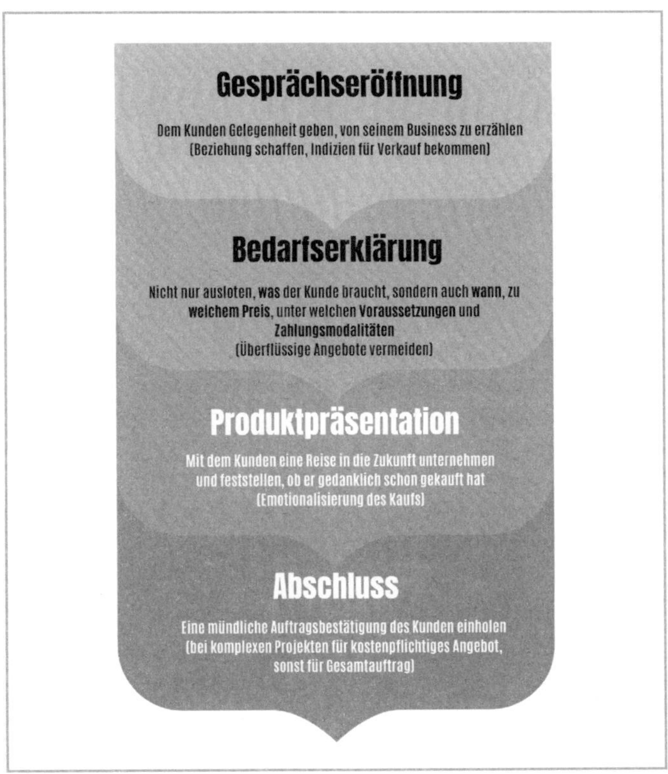

Abb. 7: Besonderheiten beim Lösungsverkauf
© Philip Semmelroth

Profitipps: So profilieren Sie sich als Top-Verkäufer

Im Folgenden einige Tipps, mit denen Sie jedes Verkaufsgespräch verbessern. Manches mag für Sie selbstverständlich sein. Meine Auswahl basiert auf unzähligen Verkaufstrainings und Unternehmercoachings. Überspringen Sie Bekanntes einfach.

Tipps zur Vorbereitung

Nichts haben Sie beim Verkaufsgespräch besser unter Kontrolle als die Qualität Ihrer Vorbereitung. Vorbereitung reduziert Ihre Nervosität, macht es für Sie einfacher, den Ausführungen Ihres Kunden zu folgen, und untermauert für den Kunden Ihr Interesse am Gespräch. Zudem können Sie nur dann die Führung im Gespräch übernehmen, wenn Sie gut vorbereitet sind. Profiverkäufer überlassen im Verkaufsgespräch die Führung niemals dem Kunden. Wenn der Kunde redet, tut er das, weil Sie ihm vorher eine Frage gestellt haben. Wenn der Kunde über etwas nachdenkt, dann, weil Sie ihm entsprechende Impulse gegeben haben. Wenn er aufsteht und die Angebote des Wettbewerbers holt, dann, weil Sie ihn davon überzeugt haben, genau das zu tun (wie, das erkläre ich gleich).

Profiverkäufer übernehmen die Führung im Gespräch.

Damit Ihr Kunde Ihnen folgt, müssen Sie von Anfang an Sicherheit ausstrahlen. Sie müssen wissen, was Sie tun, und Sie müssen ein klares Gesprächsziel haben. »Verwirrte Kunden kaufen nicht«, heißt daher ein Kapitel meiner »55 Business-Turbos für KMU«. Sicherheit gewinnen Sie durch Routine, durch Bücher wie dieses (oder noch besser durch ein intensives »Training-on-the-Job« mit mir) und eben durch gute Vorbereitung.

Tipps zum Gesprächseinstieg

Es ist gar nicht so schwer, gleich am Anfang des Verkaufsgesprächs zu untermauern, dass Sie aus der Profiliga kommen. Fragen Sie Ihren Gesprächspartner einleitend: »Mit welcher Absicht haben Sie diesem Gespräch zugestimmt?« oder »Was muss ich heute tun, damit

Sie nachher sagen, dieser Termin hat richtig viel Sinn für mich gemacht?«. Eigentlich banale Fragen, so auch die simple Erkundigung: »Wie viel Zeit haben Sie für unser heutiges Gespräch eingeplant?« Sie werden überrascht sein, wie viele Gesprächspartner darauf keine klare Antwort geben können. Sie heben sich nicht nur von anderen Anbietern ab, mit denen Ihr Gegenüber möglicherweise schon gesprochen hat. Sie sorgen auch dafür, dass Menschen, die Sie wiederholt treffen, sich zukünftig besser vorbereiten und selbst dazu beitragen, dass die Gesprächsqualität steigt.

Im Gespräch: »Konkurrenzradar« einschalten

Hören Sie aufmerksam zu, wie Kunden in Verkaufsgesprächen argumentieren, welche Fachworte sie verwenden und welche Fragen sie stellen. Im Normalfall kommt Ihr Kunde aus einer anderen Branche als Sie. Glänzt er dennoch mit (meist oberflächlichem) Expertenwissen, hat er sehr wahrscheinlich schon mit anderen Anbietern gesprochen. Das sollte Sie als Verkaufsprofi nicht nervös machen, im Gegenteil: Ihr Kunde ist schon etwas sattelfest im Thema, fühlt sich daher wohler und ist eher geneigt, einem Anbieter den Zuschlag zu geben, bei dem er nicht mehr das Gefühl hat, ahnungslos auf der Schulbank zu sitzen. Fürchten Sie also nicht, den Auftrag zu verlieren oder unter Preisdruck zu geraten – es ist sogar von Vorteil für Sie, wenn Sie der zweite oder dritte Anbieter sind. Ein Kunde, der mit anderen spricht, sieht auch schlechte Verkäufer und Gewinner kaufen lieber von Gewinnern.

Wie Sie erreichen, dass der Kunde Ihnen Konkurrenzangebote zeigt.

Ich gehe daher mit Hinweisen auf Wettbewerber offen um und bitte meinen Gesprächspartner, die Vergleichsangebote zu holen. Versucht er, das zu verschleiern (»Wie kommen Sie denn darauf?!«), weise ich augenzwinkernd darauf hin, dass er kein Kunde, sondern ein Kollege sein müsste, wenn er all das, was er eben erwähnt hat, wirklich einordnen könne. Dann gibt es drei mögliche Reaktionen:

1. *Der Kunde sagt, er könne mir »doch nicht einfach so« das Angebot des Wettbewerbers zeigen.* Mögliche Antwort: »Offenbar hat Sie das Angebot doch nicht auf Anhieb überzeugt. Es macht jetzt wenig Sinn,

dass ich Ihnen einfach etwas anderes anbiete. Wenn wir uns gemeinsam das Angebot des Kollegen anschauen, kann ich Ihnen sagen, was ich genauso machen würde, wo ich abweichen würde und warum und welche Vorteile das für Sie hätte. Das versetzt Sie in die Lage, besser einzuordnen, welche Lösung für Sie unterm Strich die beste ist. Und wenn Sie dann doch nicht mit mir zusammenarbeiten, entstehen Ihnen ja keine Nachteile.«

2. *Der Kunde will die Preise nicht offenlegen, ist aber durchaus bereit, mir Einblicke in den Leistungskatalog des Wettbewerbers zu geben.* Häufig ist dies der Fall, wenn ich zögernden Kunden erkläre, dass ich vor allem sicherstellen will, dass die Angebote inhaltlich vergleichbar sind. In der Praxis finden sich dann oft unpassende, falsche oder fehlende Bestandteile im Konkurrenzangebot. Sie können nachhaken, ob bestimmte Leistungen eingeschlossen sind, wofür Zuschläge erhoben werden und wie abgerechnet wird. Nicht selten stellt sich dann heraus, dass ein vermeintlich »günstigeres« Konkurrenzangebot am Ende teurer wird. Auf jeden Fall zeigen Sie, dass Sie sich in Ihrem Fach hervorragend auskennen, und möglicherweise auch, dass Sie transparenter kalkulieren als andere.

3. *Der Kunde will keine Einzelpositionen offenlegen, nennt aber den Alternativanbieter und die grobe Richtung bei den Kosten.* Durch Marktkenntnis, frühere Kundengespräche oder kurze Recherche (zum Beispiel Stundensätze auf der Website des Wettbewerbers) sind auch hier Einschätzungen und Hinweise möglich, die das Kundenvotum zu Ihren Gunsten beeinflussen. Bleiben Sie dabei immer sachlich und fair.

Im Gespräch: Wirkungsvolle Formulierungen für alle Fälle

Manchmal kann eine einzige gute Formulierung den Gesprächsverlauf erheblich beeinflussen. Ich nenne Ihnen beispielhaft zwei solcher Wendungen – testen Sie diese einfach mal!

- »Herr Kunde / Frau Kundin, warum sagen Sie das jetzt?« Mit dieser Gegenfrage können Sie auf Angriffe Ihres Gegenübers reagieren (Sie sind zu teuer, Sie haben eine schlechte Reputation, andere sind günstiger als Sie …). Wenn Sie sich mit dem jeweiligen Vorwurf auseinandersetzen, verstärken Sie den wahrgenommenen Konflikt. Sie werden überrascht sein, was passiert, wenn Sie einfach drüberstehen.

- »Ah, ich verstehe. Sie sind machtlos.« Wenn Ihr Gesprächspartner signalisiert, bestimmte Zusagen nicht machen zu können, sondern erst Rücksprache halten zu müssen, kann das tatsächlich stimmen oder aber ein Verhandlungstrick sein. Im ersten Schritt würde ich immer anbieten, dass ich mich direkt mit dem Entscheider zusammensetze. Das funktioniert häufig und hat mir lukrative Aufträge verschafft. Bei einer Ausflucht versuchen Sie die Formulierung oben. Häufig wird Ihr Gegenüber dann versuchen, Ihnen das Gegenteil zu beweisen.

Im Gespräch: Versteckte Kaufmotive berücksichtigen

Es gibt fünf Kaufmotive, über die Sie sich im Klaren sein sollten: Anerkennung, Spaß, Preis, Komfort und Sicherheit. Jeder Ihrer Gesprächspartner trägt alle diese Motive in sich, wenn auch in unterschiedlicher Ausprägung. Neben dem äußeren, offen genannten Kaufmotiv kann es jedoch versteckte Motive geben. Vielleicht beauftragt ein Kunde einen Caterer für seine Geburtstagsfeier »offiziell«, weil es bequem ist (Komfort), doch vor allem geht es ihm darum, seine Gäste zu beeindrucken (Anerkennung). Achten Sie auf kleine Signale im Gespräch, die Ihnen versteckte Kundenziele verraten, und bedienen Sie diese Ziele.

Erfolgskiller: Häufige Fehler, die Sie leicht vermeiden können

Auch über Fehler im Verkaufsgespräch haben Sie sicher schon das eine oder andere gehört. Ich konzentriere mich deshalb auf einige, von denen Sie vermutlich noch nicht gehört haben.

Die eigene Lust an der Einwandbehandlung ausleben

Es ist nicht schwer, Einwände zu kontern, wenn Sie darauf vorbereitet sind. Denn es gibt fünf bis sieben Klassiker, die Sie immer wieder hören. Schauen Sie sich gern meine Live-Einwand-Behandlungsvideos bei YouTube an oder fordern Sie mich in einem Vertriebstraining heraus. Wenn Sie Einwände richtig gut im Griff haben, freuen Sie sich vielleicht sogar darauf, weil Ihnen das eine Bühne für Ihre rhetorische Brillanz verschafft. Und genau das ist gefährlich. Ich vermeide es, Verkaufsgespräche unbewusst auf Konfrontation zu lenken. Ein kluger Konter mag Ihren Kunden beeindrucken, kann aber auch als demütigend erlebt werden. Ein Verkaufsgespräch soll das Fundament für eine gute, vielleicht sogar langjährige Zusammenarbeit legen. Da ist es kontraproduktiv, wenn Ihr Kunde sich Ihnen unterlegen fühlt. Wie heißt es so schön: »Eine gewonnene Diskussion ist ein verlorener Freund.« Klüger ist es, wenn Sie vorhersehbare Einwände selbst vorwegnehmen und gleich ausräumen, ohne Ihrem Kunden offen widersprechen zu müssen.

Das Märchen von »zwei Ohren und einem Mund« glauben

Immer wieder höre ich, dass Verkäufer zwei Ohren und einen Mund haben, weil sie mehr zuhören als reden sollten. Ich weiß dann, dass ich es mit einem Theoretiker zu tun habe. Gute Verkaufsgespräche folgen einem klaren Ablauf, werden aber situativ adaptiert. Das bedeutet, Redeanteile lassen sich nicht pauschal definieren, sondern richten sich nach den Vorkenntnissen des Gesprächspartners sowie nach der Komplexität der Produkte und Dienstleistungen. Wenn Sie erklärungsbedürftige Angebote verkaufen, von denen der Kunde sehr wenig versteht, ist es kaum sinnvoll, dass er möglichst viel redet. Lassen Sie sich durch solche pauschalen Tipps nicht beeinflussen. Prüfen Sie kritisch, ob diese in Ihrer speziellen Branche und im jeweiligen Verhandlungskontext zielführend sind.

Der Weltsicht Ihres Kunden widersprechen

Was Menschen glauben und wovon Sie überzeugt sind, formt ihre Identität. Das gibt ihnen Sicherheit, auch wenn es zwangsläufig ein subjektiver Blick ist. Seien Sie vorsichtig damit, als Außenstehender fundamentale Ansichten Ihres Kunden anzugreifen. Wenn uns jemand zwingen möchte, etwas Neues als richtig zu akzeptieren, formiert sich Widerstand in uns. Neues bedeutet Unsicherheit und Unsicherheit macht Angst. Das gilt es zu vermeiden oder zumindest hinauszuzögern. Wenn es Ihr Angebot erfordert, präsentieren Sie Ihrem Kunden nicht einfach neue Fakten. Gehen Sie behutsam vor und nehmen Sie Rücksicht auf seine Emotionen. Wenn es Ihr Angebot nicht erfordert, schweigen Sie diplomatisch.

Vorschnell auf Sonderwünsche eingehen

Viele Verkäufer wollen den Auftrag um jeden Preis. Sie gehen daher vorschnell auf ungewöhnliche Forderungen ein oder machen Zugeständnisse, von denen sie gar nicht wissen, ob sie umsetzbar sind. Davor möchte ich ausdrücklich warnen. Ich bin ein großer Freund von Standards und Prozessen (siehe Kapitel 6). Individuelle Lösungen sind immer teuer und haben manchmal Folgen, die im Moment der Zusage gar nicht absehbar sind. Das Fehlerpotenzial ist gigantisch hoch. Dieses Risiko würde ich vermeiden – es sei denn, Sie sind nicht ausgelastet und Profit ist nicht so wichtig für Sie. Zudem ist es häufig so, dass Sie den Auftrag auch ohne Zugeständnisse bekommen. Oft versucht der Kunde es einfach mal. Eine andere Möglichkeit: Sie spielen den Ball elegant zurück. Kunden, die beispielsweise wissen wollten, ob wir eine 24/7-Hotline im IT-Service anbieten, habe ich gefragt: »Was wäre Ihnen eine solche Leistung denn monatlich wert?« Damit war das Thema meist erledigt.

Rabatte geben

Häufig fragen Kunden in Verhandlungen nach Rabatten, denn nirgendwo kann man so schnell Geld verdienen wie im Einkauf. Kunden lernen: Wenn sie zehn Anbieter nach einem Rabatt fragen, machen mindestens sieben Zugeständnisse. Also wird dies zum festen Bestandteil ihrer Verkaufsgespräche.

Wenn Sie und Ihre Firma erkennbar in der Champions League spielen, kommt die Frage weniger oft. Und wenn doch, reicht es, wenn Sie eine strategische Pause machen und Ihren Gesprächspartner leicht irritiert anschauen: Meint er diese Frage wirklich ernst??! Wer viele Rabatte gibt, sollte an seinem Selbstbewusstsein arbeiten, an seiner Gesprächskompetenz und an seiner Fähigkeit, Beziehungen zu anderen Menschen aufzubauen. Natürlich haben auch mich Kunden gefragt, ob ich am Preis »noch was machen könne«. Dann habe ich immer dasselbe gesagt: »Natürlich. Ich kann den Preis ohne Rücksprache mit dem Einkauf jederzeit verdoppeln. Hilft Ihnen das?« Dann musste der Kunde meistens lachen und fand sich mit dem Preis ab. Niemand bleibt mit beschädigtem Ego zurück. Lachen reduziert Stress und Humor ist auch eine Verhandlungsstrategie.

Die Macht der Gesprächspause.

»Bad People« als Kunden akzeptieren

Um dauerhaft solide Profite zu erzielen, ist es essenziell, sich ein solides Fundament an Stammkunden aufzubauen, mit denen Sie gut zusammenarbeiten und die Ihnen über Jahre Umsätze garantieren. Entwickeln Sie geeignete Produkte, die Sie vertraglich regeln (siehe Kapitel 2 »Portfolio / Angebote«). Meiden Sie Menschen, die Ihnen schon zu Beginn der Zusammenarbeit unsympathisch sind. Überlegen Sie: Wie oft haben Sie in Ihrem Leben schon die Erfahrung gemacht, dass Ihre Skepsis unbegründet war? Meist wünscht man sich bei einem unguten Anfangsgefühl hinterher, man wäre sich nie begegnet. Arbeiten Sie also nicht mit jedem. Werden Sie ein so guter Verkäufer, dass Sie das nicht nötig haben. Sie werden ohnehin die Erfahrung machen, dass professionelle Anbieter professionelle Kunden anziehen und umgekehrt. Man erkennt sich gegenseitig und ist froh, die Unzuverlässigen, Verpeilten, Unorganisierten, Geizigen … anderen zu überlassen.

Verkaufserfolg: Viele kleine Bausteine sichern Ihren Profit.

Einen großen Anteil an Ihrem Verkaufserfolg haben Selbstverständlichkeiten, bei denen es leider oft hapert: Seien Sie ehrlich und fair. Verschweigen Sie Ihrem Kunden erwartbare Unbequemlichkeiten und Hindernisse nicht. Ein Austausch der Unternehmens-IT erfolgt nie völlig reibungslos von einem Tag auf den anderen, schon weil Mitarbeiter erst einmal alten Vertrautheiten nachtrauern. Eine Badsanierung geht nicht ohne Dreck und Lärm, obwohl es tatsächlich Handwerker gibt, die kühn behaupten: »Sie werden gar nicht merken, dass wir da sind!« Warnen Sie vor. So gewinnen Sie Vertrauen. Führen Sie Ihren Kunden vorher gedanklich durch das »Tal der Schmerzen«, wie ich das in meinem Buch »55 Business-Turbos« nenne. Überzeugen Sie daneben durch souveränes Auftreten, klare Abläufe und äußerste Zuverlässigkeit. Wenn Sie sagen, »Ich melde mich Donnerstag«, dann tun Sie das auch. Führen Sie wichtige Verhandlungen nicht per E-Mail oder vom Autotelefon aus. Sie sparen Zeit, aber Sie verlieren womöglich den Auftrag, weil Sie weniger überzeugend sind als im direkten Gespräch oder im konzentrierten Videocall. Verkaufserfolg ist das Resultat vieler kleiner Bausteine und alle diese Bausteine stehen Ihnen zur Verfügung. Sie müssen sie nur einsetzen!

FAZIT: Verkauf

10 Profitbremsen	10 Profitbeschleuniger
– Intuitive Verkaufsgespräche, die spontan geführt werden	+ Ein planvoller Gesprächsablauf, der laufend verbessert wird
– Sich auf seine Erfahrung verlassen	+ Kontinuierlich an seiner Performance arbeiten
– Unvorbereitet ins Kundengespräch gehen	+ Sich vorbereiten: auf den Kunden, seine Branche, seine Firma, sein Anliegen
– Traditioneller Verkauf nach einfachen Leitfäden	+ Lösungsverkauf mit geldwerten Gesprächen und definiertem Verkaufsprozess
– Belangloser Small Talk über Weg und Wetter	+ Zielführender Small Talk über den Kunden und sein Unternehmen
– Scheu vor Fragen, an denen der Auftrag vermeintlich scheitern könnte	+ Klare Fragen nach dem Was, Wann, Wie und »zu welchem Preis«
– Angebote nach dem Prinzip Hoffnung	+ Freundliche Verabschiedung aus sinnlosen Gesprächen, Konzentration auf vielversprechende Kunden
– Angst vor Konkurrenzangeboten	+ Offen mit Konkurrenzangeboten umgehen und sie mit dem Kunden besprechen
– Bereitwilliges Eingehen auf Sonderwünsche	+ Keine unprofitablen Individualisierungen
– Rabatte	+ Selbstbewusste Verteidigung der eigenen Preise

6. Standards und Prozesse: Sorgen Sie dafür, dass das Alltagsgeschäft effizient ohne Sie läuft

Genies beherrschen das Chaos?
Echte Genies haben kein Chaos!

Ich besitze achtmal die gleichen Lederschuhe. Denn ich weiß, dass die passen. Das ist nur ein Beispiel für meine Lebensphilosophie: Ich denke ungern über Dinge nach, die geklärt sind. Funktionierende Standards und Prozesse vereinfachen alles. Sie sind die Leitplanken für profitables Wirken und Handeln. Jede Innovation erfordert Kreativität, Agilität und so weiter. Doch lassen Sie sich von modischen Buzzwords nicht aufs unternehmerische Glatteis führen. Standards und Prozesse sind der Nährboden, auf dem Profit gedeiht. Denn jede Innovation erfordert (auch) Organisation. Und wenn Routineabläufe im Unternehmen jeden Tag neu erfunden werden, ist das nicht »agil«, sondern bloß chaotisch. Standards und Prozesse können das Wachstum Ihres Unternehmens enorm beschleunigen und deutlich schneller eine Skalierung ermöglichen – durch interne Effizienzgewinne, aber auch durch die Duplizierbarkeit von standardisierten Abläufen, etwa in Form von Filialgründungen. Perfektioniert hat diesen Gedanken die Systemgastronomie. Bei McDonald's erhalten Sie überall auf diesem Planeten dieselben Produkte in identischer Qualität. In vielen anderen Firmen dagegen wird das Rad täglich neu erfunden, selbst bei täglich anfallenden Prozessen. Damit verschenken Sie Geld, Zeit und Nerven. Machen Sie das fortan anders. Ich zeige Ihnen, wie das geht!

Beherrschen Sie nicht das Chaos. Vermeiden Sie es!

2015 saß ich in unserem größten Büroraum und sah, dass alle Mitarbeiter am Telefon waren. Das freute mich zunächst, weil erkennbar mit Kunden gesprochen wurde. Das würde Geld bringen, dachte ich und blieb ganz entspannt. Doch während eifrig telefoniert wurde, klingelte irgendwo immer noch ein Telefon. Das wiederholte sich ständig und ich bekam das Gefühl, dass wir mehr Leute brauchen, um alle Kundenanfragen zu bewältigen. Doch bevor ich mir Gedanken machte, wie wir jetzt neues Personal bekommen, hatte ich einen Einfall, der in meiner Firma alles verändern sollte: Ich ignorierte das Klingeln und konzentrierte mich ausschließlich darauf, was in den Telefonaten besprochen wurde. So erkannte ich schnell, dass längst nicht alle Anrufe Umsatz bringen würden. Da riefen Kunden an, um zu erfahren, wann sie ihr neues Gerät bekommen würden. Andere wollten wissen, ob die Reparatur ihres PCs schon abgeschlossen sei. Manche Anrufer wollten einen Termin abstimmen oder einen bestehenden verschieben. Es gab klassische Anwenderfragen, weil es während der Arbeit irgendwo hakte. Aufgrund des hohen Anrufaufkommens wurden auch technisch versierte Mitarbeiter in ihrer Arbeit unterbrochen, um Rückfragen zu Terminen oder Reparaturfortschritten zu beantworten.

In den meisten Firmen gibt es ein gigantisches Einsparpotenzial.

Mir war klar: Hier besteht dringender Handlungsbedarf. Über Monate arbeiteten wir an einer umfassenden Systematik, die es mir am Ende erlaubte, mit weniger Mitarbeitern mehr Umsatz und mehr Gewinn zu erzielen und selbst aus dem Tagesgeschäft auszusteigen – einfach, weil alles reibungslos organisiert war und wir den internen Abstimmungs- und Kommunikationsbedarf durch Klarheit deutlich reduziert hatten. Es ist Unsinn, dass Genies das Chaos beherrschen. Wirklich genial ist es, das Chaos zu vermeiden. Dabei kommen Standards und Prozesse ins Spiel. Ich warne Sie gleich: Das ist richtig viel Arbeit, doch die zahlt sich vielfach aus. Es kann sein, dass Sie zehn Arbeitsstunden investieren (etwa, wenn ein Team von zehn Mitarbeitern eine Stunde einen Prozess diskutiert, verbessert und dokumentiert), um am Ende im Schnitt eine Viertelstunde Zeitersparnis pro Arbeitstag zu erzielen. Bei knapp gerechnet 200 Arbeitstagen im Jahr summiert sich diese Einsparung allerdings auf 50 Stunden jährlich. Wenn Sie das auf alle Prozesse in der Firma hochrechnen, wird klar, dass in den meisten Unternehmen ein gigantisches Einsparpotenzial besteht – und das ist nur einer der zahlreichen Vorteile funktionierender Standards und Prozesse, es gibt noch weitere:

- Funktionierende Standards und Prozesse führen zu mehr Planbarkeit und reduzieren Leerlauf.
- Belastbare Planung ist Voraussetzung für zuverlässige Kalkulationen.
- Zuverlässige Kalkulationen ermöglichen Festpreise (und damit Planungssicherheit für Kunden und attraktive Margen für Sie).
- Funktionierende Standards und Prozesse sichern Qualität und reduzieren Kosten für Nachbesserungen und anderen »Service«.
- Sie erleichtern die Einarbeitung neuer Mitarbeiter.
- Sie sorgen dafür, dass verschiedene Mitarbeiter zuverlässig die gleichen Arbeitsergebnisse erreichen, unabhängig von Vorerfahrung oder Tagesform.
- Sie erlauben es, Mitarbeitern Verantwortung zu übertragen.
- Sie machen deutlich, welche Aufgaben unverhältnismäßig aufwendig sind und welche Angebote eventuell gestrichen werden sollten.
- Sie reduzieren den Führungs- und Betreuungsbedarf Ihrer Mitarbeiter und erlauben so Ihren Ausstieg aus dem Tagesgeschäft.
- Sie machen Ihr Business skalierbar – sei es in Form von Filialgründungen (Duplizierung) oder in Form eines höheren Auftragsvolumens (Effizienzgewinn).
- Sie erhöhen die Attraktivität Ihres Unternehmens für potenzielle Käufer, weil die Firma auch ohne Sie funktioniert.

Das »Telefonchaos« in meiner Firma habe ich übrigens beseitigt, indem ich eine versierte Mitarbeiterin mit der Disposition sämtlicher Aufträge betraute. Alle anderen konnten von nun an ungestört von Terminwünschen, »kurzen Nachfragen« und Bagatellproblemen ihrer Arbeit nachgehen – jedenfalls, nachdem wir unsere Prozesse durchleuchtet und optimiert hatten. Und da viele Firmen mit denselben Abstimmungsproblemen kämpfen wie wir früher, bildet die Einrichtung einer Disposition auch das Best-Practice-Beispiel am Ende dieses Kapitels. Vorab ein Beispiel für einen einfachen, aber wirkungsvollen Prozess: das »PC-Inbetriebnahme-Protokoll«.

Jeder Nutzer träumt davon, einen neuen Computer zu bekommen, der exakt so funktioniert wie der alte und dabei noch schneller ist: Er kommt ohne Hilfe direkt an seine E-Mails und Dateien, kann problemlos drucken und auch alles andere funktioniert exakt so, wie es vorher war. Das ist verständlich, lässt sich in der Praxis aber schwer realisieren, weil verschiedene Nutzer innerhalb einer Firma Programme mehr oder weniger oft einsetzen und technisch zudem unterschiedlich versiert sind. Es kann dann sein, dass der Drucker zwar aus Word oder Excel problemlos druckt, aber an einer beidseitig zu druckenden Umsatzsteuervoranmeldung scheitert. Manche Nutzer finden an einem neuen Gerät auch den Ein- oder Ausschalter nicht. Andere fragen sich, wie sie ein PDF erzeugen. Und nicht selten greifen sie dann zum Hörer, rufen den IT-Service an und sind verärgert, weil »nichts mehr funktioniert«. Wenn Sie technisch talentiert sind, werden Sie den Kopf schütteln, aber wenn Sie Tausende von Anwendern betreuen, müssen Sie einfach akzeptieren, dass es solche Probleme gibt. Wir hatten deshalb eine Checkliste entwickelt, die wir immer dann einsetzten, wenn wir einen neuen Computer auslieferten. Nachdem alles eingerichtet war, baten wir den Kunden, sich selbst an das Neugerät zu setzen. Dann musste er es einschalten, sich anmelden, eine seiner Dateien öffnen, etwas drucken, eine E-Mail versenden, etwas im Internet recherchieren und einige andere Vorgänge testen, die für seinen Arbeitsalltag wichtig waren. All das machte der Nutzer zusammen mit einem Techniker, der diese Tests protokollierte. Am Ende wurde das Protokoll von beiden Seiten unterschrieben.

Beispiel: Ein simpler Prozess erspart Ärger und Kosten.

Das klingt banal, aber dieser einfache Prozess hat uns sofort massiv Ärger erspart. Es gab viel weniger telefonische Rückfragen, die unbezahlte Arbeitszeit bei uns im Unternehmen verbrannten, und es gab viel weniger Ärger bei den Anwendern. Außerdem konnten Nacharbeiten, die nicht in unserer Verantwortung lagen, sofort fakturiert werden. Druckte beispielsweise ein Drucker zwei Tage nach der Übergabe des neuen PCs nicht mehr, war anhand des Übergabeprotokolls schnell aufgeklärt, wer wohl etwas verstellt haben musste. Das Gleiche galt, wenn jemand an einem Gerät arbeiten sollte, der bei der Einweisung nicht anwesend war. Das berücksichtigten wir im Zuge unserer kontinuierlichen Verbesserungsprozesse, sodass die Übergabe eines PCs dann stellvertretend an einen Kollegen erfolgte, der alles testete und als Ansprechpartner für den späteren Nutzer fungierte. Mit einer einfachen Checkliste reduzierten wir die Notwendigkeit späterer Serviceleistungen und zeigten dem Kunden überdies, dass wir professionell arbeiteten und ihn in die Lage versetzen wollten, möglichst stressfrei seine eigentliche Arbeit zu tun.

Bezahlter Kundentest statt kostenloser Service.

Wir haben ein grundsätzliches Problem identifiziert und einen Prozess entwickelt, wie man dieses beseitigen oder zumindest reduzieren kann. Genau darum geht es: Finden Sie heraus, was bei Ihren Mitarbeitern und Kunden immer wieder für Missverständnisse, Ärger oder Stress sorgt, und überlegen Sie, wie sich das vermeiden lässt. Aus meiner Erfahrung heraus kann ich Ihnen jetzt schon sagen, dass dies zu sehr vielen Checklisten führen wird. Und die sind auch nötig, denn egal, wie gut jemand in seinem Arbeitsbereich ist, mit der Routine wächst auch die eigene Fehleranfälligkeit. Wenn Sie zehn Computer installieren, sind Sie bei Computer eins bis drei noch voll konzentriert, bei vier bis sieben denken Sie, dass es immer das Gleiche ist, und bei Computer Nummer acht vergessen Sie eine Kleinigkeit. Es hat seinen Grund, dass Piloten vor jedem Start im Cockpit zu zweit eine Checkliste penibel abarbeiten müssen, auch wenn sie schon Tausende Male geflogen sind.

Schritt für Schritt zu Standards und Prozessen

Möglicherweise ist Ihr Unternehmen momentan nicht profitabel genug (und deshalb lesen Sie dieses Buch). Darum haben Sie das Gefühl, Sie müssten ständig irgendetwas anschieben, damit neue Aufträge reinkommen. In dieser Situation werden Sie sich mit dem Gedanken schwertun, Standards und Prozesse zu entwickeln, denn Ihr Fokus liegt bislang auf kurzfristigen Aktivitäten mit kurzfristigen Ergebnissen. Doch bei Standards und Prozessen müssen Sie anders denken. Hier investieren Sie *jetzt* Zeit, um *zukünftig* Zeit zu gewinnen, Geld zu sparen, mit weniger Mitarbeitern mehr zu erreichen und profitabler zu werden. An dieser Langfristigkeit scheitern Optimierungen häufig, wenn man sich in diesem Bereich keine Hilfe holt. Trotzdem möchte ich Sie ermutigen, sofort erste Veränderungen auf den Weg zu bringen. »Little by little, a little becomes a lot«, sagt man in den USA – viele kleine Veränderungen bringen auf Dauer große Verbesserungen. Entscheidend ist, wo Sie anfangen. Meine Empfehlung: Beginnen Sie mit Aufgaben, die sehr oft anfallen (zum Beispiel Rechnungsstellung), und mit Bereichen, in denen Sie regelmäßig Kundenreklamationen oder -rückfragen haben (wie in unserem Fall bei der Installation neuer PCs).

Standards beschreiben, *was* geschehen soll. Prozesse beschreiben, *wie* etwas umgesetzt wird. Ein Standard definiert eine Richtschnur oder Norm, an die sich zukünftig alle im Unternehmen halten. Beispiele: Rechnungen gehen immer freitags für alle Aufträge raus, die in dieser Woche abgeschlossen wurden. Sicherheitsupdates bei Kunden erfolgen monatlich, jeweils am ersten Montag des Monats. Firmenwagen werden abends vom letzten Fahrer vollgetankt, sobald die Tankanzeige auf ein Drittel steht. Klare Standards ersparen Ihnen eine Menge Diskussionen und fehleranfällige Abstimmungsprozesse. Die Aufforderung, Rechnungen »zeitnah« zu verschicken, interpretiert jeder anders. »Immer freitags« ist eindeutig. Schon die wenigen Beispiele zeigen, dass es selbst in kleinen Unternehmen zahlreicher Standards bedarf, wenn Sie das alltägliche Gewusel in eine gut geölte Maschine verwandeln wollen. Dafür

Standards beschreiben das Was, Prozesse das Wie.

sind Prozessbeschreibungen erforderlich, die wiederkehrende Abläufe eindeutig regeln. Wann erhält die Buchhaltung von wem auf welchem Weg welche Informationen, um fehlerfreie Rechnungen zu erstellen? Wer belädt im Handwerksbetrieb wann mit welcher Checkliste den Lieferwagen für anstehende Aufträge? »Mal so, mal so« – diese Einstellung streut Sand ins Getriebe. Eindeutige Abläufe, die mithilfe von Flussdiagrammen oder Checklisten dokumentiert werden, verhindern Missverständnisse und Versäumnisse. Dieser Aufwand lohnt sich naturgemäß nur für Arbeiten, die mit einer gewissen Regelmäßigkeit anfallen. Individualprojekte oder Sonderaufträge sollten Sie ohnehin mit Misstrauen betrachten, denn sie sind in der Regel unverhältnismäßig aufwendig, fehleranfällig und noch dazu wenig profitabel.

Durchleuchten Sie Ihr Unternehmen und werfen Sie Ballast ab.

Effektivität bedeutet, dass man seinen Fokus auf die richtigen Dinge legt. Effizienz bedeutet, dass man diese Dinge bestmöglich umsetzt. Sich mit Prozessen zu beschäftigen, führt dazu, in beiden Bereichen besser zu werden. Niemals zuvor haben Sie sich intensiver damit befasst, was Sie eigentlich tun. Denn das ist im Zuge der Entwicklung von Standards und Prozessen unumgänglich und führt ganz nebenbei dazu, dass Sie Aufgaben finden werden, die Sie fortan ersatzlos streichen sollten. Darüber hinaus werden Sie bei der Analyse der verbleibenden Arbeitsprozesse Abhängigkeiten, Schnittstellen, Übergabepunkte und viele andere Aspekte identifizieren, die bei modifizierter Vorgehensweise schneller und kostengünstiger zu den gewünschten Ergebnissen führen. Zugegeben: Bis alles wie am Schnürchen klappt, ist es ein langer Weg. Aber auch der beginnt bekanntermaßen mit den ersten Schritten. Einige praktische Tipps, wie Sie vorgehen können:

Beobachten Sie, wie bei Ihnen gearbeitet wird

Dazu haben Sie jeden Tag Gelegenheit, da Sie wahrscheinlich (noch) häufig vor Ort sind. Schauen Sie also Ihren Mitarbeitern unauffällig über die Schulter und schauen Sie anders hin – nicht mit dem Fokus auf Einzelfälle, sondern mit dem Augenmerk auf Grundsätzliches. Wo hakt es immer wieder? Was dauert unverhältnismäßig lange? Wo gibt es häufig Missverständnisse? Prüfen Sie auch die Reklamationen Was häuft sich? Und gibt es bei bestimmten Mitarbeitern mehr Nacharbeit als bei anderen?

Stellen Sie den Status quo fest

Lassen Sie Ihre Mitarbeiter aufschreiben, was sie tun. Nachdem mir aufgefallen war, dass alle ständig telefonierten und laufend bei ihrer Arbeit unterbrochen wurden, bat ich die Mitarbeiter, darüber stichwortartig Buch zu führen. Ich wollte konkret wissen: »Wer spricht wann, aus welchem Grund, wie lange, mit welchen Kunden über welches Thema?« Nach zwei Tagen hatte ich eine sehr gute Übersicht und begann mit der Auswertung. Wichtig ist, dass Sie solche Maßnahmen richtig kommunizieren: Es geht nicht um Kontrolle, sondern darum, Verbesserungen einzuleiten, beispielsweise zu entscheiden, wie einzelne Mitarbeiter stärker entlastet werden können.

Erklären Sie gute Prozesse zu Mustern

Machen Sie vorbildhafte Vorgehensweisen verbindlich. Ein (vereinfacht dargestelltes) Beispiel: Wir führten für Kunden einmal monatlich Sicherheitsupdates auf Arbeitsplätzen und Servern durch. Ich stellte fest, dass unterschiedliche Techniker unterschiedlich lange für diese Aufgabe brauchten. Da wir für derartige Leistungen häufig Fünfjahresverträge abgeschlossen hatten, sollte hier weder unnötig Aufwand betrieben noch nachlässig gearbeitet werden. Um Transparenz zu schaffen, teilte ich in drei aufeinanderfolgenden Monaten jeweils einen Mitarbeiter für diese Aufgabe ein. Jeder der drei protokollierte, wie lange er brauchte. Am Ende lagen mir drei Ergebnisse vor: Ein Techniker benötigte pro Kunde eine Stunde, einer etwa drei Stunden und der dritte fünf Stunden. Ich ließ mir von jedem die Vorgehensweise erklären und stellte fest, dass alle das Gleiche taten, sich aber unterschiedlich intensiv um Vorabprüfungen und Endkontrollen kümmerten. Im Kern erzielten alle drei Herangehensweisen das gewünschte Ergebnis, denn es gab bei keinem der drei Techniker gehäuft Reklamationen.

Allerdings war mir der erste Lösungsansatz (eine Stunde) zu gefährlich, weil durchaus sinnvolle Checks aus Zeitgründen weggelassen wurden, der dritte Lösungsansatz (fünf Stunden) dagegen zu aufwendig, weil viel Arbeitszeit für unnötige Checks verbrannt wurde. Fortan war deshalb für alle der zweite Lösungsansatz verbindlich. Diesen hielt der betreffende Techniker detailliert in einer Prozessbeschreibung fest, die dann von seinen Kollegen ohne weitere Erläuterungen eingesetzt und so auf Verständlichkeit getestet wurde. Auf diese Weise fielen Lücken und Unklarheiten auf, die nach entsprechender Überarbeitung zur verbindlichen Prozessbeschreibung (Standard Operation Procedure / SOP, also »Standardvorgehensweise«) erklärt wurde. Diese Prozesse und Ablaufbeschreibungen müssen so simpel sein, dass sie bestenfalls schon Azubis in die Lage versetzen, »hochwertige« Dienstleistungen zuverlässig zu erbringen. So entlasten SOPs Ihre Fachleute und Sie verdienen mehr, weil Sie die Arbeitsleistung günstiger einkaufen und den Preis für den Kunden nicht verändern. Das ist kein Betrug: Das nennt man Unternehmertum. Schon der Management-Guru Peter Drucker betonte, Aufgabe des Unternehmers sei es, Ressourcen aus Bereichen niedriger Produktivität in Bereiche hoher Produktivität zu verlagern.

Nutzen Sie das Potenzial Ihrer Mitarbeiter.

Beziehen Sie Mitarbeiter ein

Sie werden Ihr Unternehmen nur dann neu aufstellen können, wenn Ihre Mitarbeiter mitmachen. Menschen, die Regeln befolgen sollen, müssen daher bei der Entwicklung dieser Regeln einbezogen werden. Das bedeutet zum Beispiel, dass Standards, Checklisten oder Prozessbeschreibungen von Betroffenen wie eben beschrieben gegengecheckt werden, bevor sie zur Regel erklärt und in ein entsprechendes Handbuch aufgenommen werden. Ein solches »Handbuch« kann eine digitale Dokumentation sein oder auch ein simpler Leitz-Ordner mit Register, der fortlaufend ergänzt und aktualisiert wird. Vertrauen Sie eine solche Dokumentation am besten einem Mitarbeiter an, der für seine Gewissenhaftigkeit berühmt ist.

Wer schon einmal mit Qualitätsmanagement in Berührung gekommen ist, wird sich bei den Tipps an

Gute Organisation fällt nicht vom Himmel. Sie ist Ihr Job!

dessen Ansätze erinnert fühlen. Allerdings geht es mir nicht um Gefälligkeitsdokumentationen für externe Auditoren, die in Aktenschränken verstauben, sobald diese wieder zur Tür hinaus sind. Es geht um die Optimierung von Alltagsprozessen, von der das ganze Unternehmen profitiert. Gute Organisation fällt nicht vom Himmel. Sie müssen aktiv dafür sorgen. Und dabei sollten Sie die planerischen Fähigkeiten der meisten Menschen nicht überschätzen. Einfache Checklisten bewirken mehr als Appelle an den gesunden Menschenverstand, glauben Sie mir. Auch wenn es mühsam ist und nur schrittweise vorangeht – es lohnt sich. Ich habe 2015 intern alle Leistungen erfassen lassen, die wir erbracht haben, um das Fundament unserer Standards und Prozesse über Monate hinweg auszuarbeiten. Das kostete mich insgesamt 94 500 Euro an Arbeitszeit, eine Investition, die ich nie bereut habe. Und für meine Kunden, die mich gezielt dafür einkaufen, ihnen bei der Entwicklung zu helfen, war es bisher immer deutlich günstiger. Denn ich hatte damals keine Vorlage, keine Hilfe, keine Vorstellung, wie wir am besten vorgehen. Das hat zu vielen Korrekturschleifen geführt. Doch am Ende hat sich das System mehrfach bezahlt gemacht.

SOPs: Wunschergebnisse klären und Systeme entwickeln

Um wirkungsvolle Standards und Prozesse zu entwickeln, müssen Sie sich Gedanken darüber machen, welche Wunschergebnisse Sie in bestimmten Bereichen erzielen wollen. Anschließend gilt es, Vorgehensweisen zu entwickeln, wie Sie diese Ergebnisse zuverlässig erreichen, und dieses Vorgehen in einer Prozessbeschreibung (SOP) zu dokumentieren. SOPs sind in sicherheitssensiblen Branchen wie Luftfahrt oder Pharmazeutischer Industrie schon lange vorgeschrieben. Eben dort, bei einem großen Pharmaunternehmen, das bei uns IT-Unterstützung durch »ausgeliehene« Techniker einkaufte, kam ich vor Jahren das erste Mal damit in Berührung. Ich war fasziniert, wie es dieses Unternehmen schaffte, unsere verschiedenen Mitarbeiter durch einen strukturierten »Onboarding-Prozess« beeindruckend schnell und reibungslos in die eigenen Arbeitsabläufe zu integrieren und pannenfrei mit allen erforderlichen Informationen zu versorgen. (Ich hatte es bewusst vermieden, einen einzigen Mitarbeiter über Monate abzustellen, da in solchen Fällen Mitarbeiter gerne abgeworben werden.)

Beispielhafte SOPs: »Auftragstaktik« statt »Befehlstaktik«.

Für SOPs finden Sie im Netz zum Teil branchenspezifische Vorlagen. Wir haben es vorgezogen, unsere eigenen praxisorientierten Modelle zu entwickeln. Dabei bedienten wir uns der »Auftragstaktik« und nicht der »Befehlstaktik«. Beide lernte ich in meiner Offiziersausbildung bei der Bundeswehr ebenso kennen wie die Überlegenheit der Auftragstaktik. Dabei fokussieren Sie sich auf das Ergebnis und beschreiben Ausgangssituation, nötige Vorbereitung, erforderliches Material und sachdienliche Schritte, soweit erforderlich. Bei der Befehlstaktik dagegen geben Sie Einzelanweisungen. Folglich mobilisieren Sie bei der Auftragstaktik die Intelligenz und Kreativität Ihrer Mitarbeiter und geben ihnen die Möglichkeit, bei unvorhergesehenen Ereignissen Entscheidungen zu treffen, die dem Ergebnis dienen. Bei der Befehlstaktik haben Sie zwar die volle Kontrolle, erreichen aber kein Ergebnis, wenn Mitarbeiter mit einem bestimmten Einzelbefehl nicht weiterkommen. Grob gesprochen war unsere Devise: so viele Vorgaben wie nötig, so viel Freiraum wie möglich. Darüber hinaus waren unsere SOPs inhaltlich so strukturiert, dass auch neue Mitarbeiter damit arbeiten konnten, weil sie Informationen zu notwendigen Rahmenbedingungen und Voraussetzungen, möglichen Einschränkungen und Vorabinformationen für Kunden und sonstigen Abhängigkeiten enthielten. Zusätzlich wurden Abweichungen notiert und mit Hinweisen verbunden, wie zukünftig auf solche Einzelfälle reagiert werden kann.

Wenn Sie Prozessbeschreibungen in dieser Form konsequent weiterentwickeln, wird es für Ihr Unternehmen immer einfacher, absolute Präzision zu liefern. Und die braucht es nicht nur in der IT, wie jeder weiß, der sich schon einmal über unzuverlässige Dienstleister, aus dem Ruder laufende Budgets, nicht eingehaltene Handwerkertermine und Qualitätsmängel bei der Ausführung von Aufträgen geärgert hat. Natürlich sind Prozesse und Standards nicht eins zu eins übertragbar – aber die Denke ist es. Sie können die Herangehensweise verinnerlichen und Strategien übernehmen, die schnelle Ergebnisse bringen. Sprechen Sie mich gern an, wenn Sie mehr wissen wollen.

Je größer das Unternehmen, desto stärker die Hebelwirkung.

Von funktionierenden Standards und Prozessen profitieren alle Unternehmensbereiche – Personal, Buchhaltung, Vertrieb, Marketing, Führung. Schon kleine Veränderungen können große Wirkung haben. Das weltweit bekannteste Beispiel dürfte UPS sein, wo im Zuge der Entwicklung von Standards und Prozessen das Linksabbiegen durch eine optimierte Routenplanung möglichst vermieden wurde. Hier sollen nach Unternehmensangaben jährlich 38 Millionen Liter Sprit eingespart worden sein.[11] Wenn Sie Solounternehmer sind, werden Sie durch Optimierung Ihrer Abläufe zunächst kleinere Effizienzgewinne haben, weil die Hebelwirkung noch gering ist. Dennoch empfehle ich Ihnen, von Anfang an alles mit Standards und Prozessen zu strukturieren, weil Ihnen das im Zuge des Wachstums erhebliche Vorteile bietet. Mit jedem neuen Mitarbeiter wird die Hebelwirkung größer und Ihre Leute gewöhnen sich von Anfang an daran, mit effizienten Prozessen zu arbeiten. Dabei bewähren sich Prozessbeschreibungen bei kleinen Alltagsvorgängen (etwa: Wann wird ein Anrufer zu Ihnen durchgestellt?) ebenso wie bei Kernvorgängen im Business. Abschließend drei Beispiele für wichtige Prozesse im Unternehmen:

- *Onboarding:* Sie erinnern sich vielleicht an unseren Prozess des Kunden-Onboarding, der Integration neuer Kunden, den ich in Kapitel 4 geschildert habe. Jeder, der uns anrief und Interesse an einer Zusammenarbeit bekundete, bekam im ersten Schritt unsere AGBs, unsere Preisliste und ein DSGVO-konformes Formblatt zur Erfassung seiner Kundendaten zugemailt. Erst, wenn das alles unterzeichnet oder ausgefüllt vorlag, befassten wir uns näher mit dem potenziellen Kunden. Der Effizienzgewinn durch Wegfall aussichtsloser Gespräche oder gar Kundentermine war enorm.

- *Notfalleinsätze:* Wir hatten einen Prozess, der uns davor schützte, erhebliche Ressourcen zu mobilisieren, um in Panik geratene Kunden schnell zu bedienen (etwa bei Serverausfall), um dann im Nachhinein über den erforderlichen Aufwand und die damit verbundenen Kosten diskutieren zu müssen. Dafür entwickelten wir ein Dokument mit der Überschrift »Unternehmenskritischer Notfalleinsatz«, das den Kunden vorab über mögliche Kosten (etwa für Nachteinsätze) und Verantwortlichkeiten (etwa bei Betrieb nachweislich veralteter Server) informierte und unseren Einsatz durch eine selbstschuldnerische Bürgschaft absicherte. Diese Bürgschaft machte es dem Kunden nahezu unmöglich, die von uns fakturierten Leistungen später doch nicht zu bezahlen. (Das Dokument können Sie als Muster von mir haben. Sie finden es unter **www.Philip-Semmelroth.com/UmsatzBooster**). So waren Expresseinsätze ohne Detailabstimmung im Interesse des Kunden machbar, ohne unsere eigenen Interessen zu gefährden.

- *Führung:* Wir hatten einen Prozess »ABF«. Diese Methode lernte ich bei der Bundeswehr kennen. Die Buchstaben stehen für »Ansprechen, Beurteilen, Folgern«. Damit veranlassen Sie Mitarbeiter, Sachverhalte bis zur Entscheidungsreife zu durchdenken und Ihnen zusammengefasst auf einer Seite vorzulegen, bevor sie Ihre Zeit in Anspruch nehmen. »Ansprechen« bedeutet eine knappe Schilderung der eigenen Beobachtungen und Ideen. Diese werden im zweiten Schritt beurteilt, das heißt im Hinblick auf ihre finanziellen, strukturellen und sonstigen Auswirkungen auf das Unternehmen bewertet und mit einer Handlungsempfehlung verbunden. Drittens wird eine Schlussfolgerung formuliert, die die nächsten Schritte und praktische Konsequenzen beschreibt. (Ein Muster eines ABFs ist ebenfalls unter **www.Philip-Semmelroth.com/UmsatzBooster** zu finden.)

Wie Sie Ihre Mitarbeiter für Standards und Prozesse gewinnen

Der häufigste Einwand, der mir beim Thema Standards und Prozesse begegnet, ist der der Gängelei. Mitarbeiter würden in ihrer Freiheit und in ihren Entscheidungskompetenzen eingeschränkt. Ich kann Ihnen versichern: Das Gegenteil ist der Fall. Sie engen Ihre Mitarbeiter nicht ein, sondern Sie bauen (idealerweise gemeinsam mit ihnen) eine Art Treppengeländer, an dem sie sich bei Bedarf festhalten können und das sie auch in stressigen Situationen handlungsfähig macht. Überlegen Sie: Welcher Mitarbeiter ist in seiner Freiheit eingeschränkter – derjenige, der Sie ständig fragen und sich bei Ihnen absichern muss? Oder derjenige, der dank funktionierender Prozesse selbst weiß, was zu tun ist, und eigenverantwortlich handeln kann? Ich darf Sie erinnern, dass ich im letzten Jahr nur noch zwei Tage in meiner IT-Firma war. Meine Mitarbeiter beherrschten ihre Arbeitsbereiche völlig selbstständig. Es wurden sogar neue Azubis eingestellt, von denen ich erst an ihrem ersten Arbeitstag erfuhr. Und selbst bei einem Ausnahmevorfall wie einer juristischen Auseinandersetzung mit einem großen Kunden wussten meine Leute, was zu tun ist. Der Fall wurde unserem Rechtsanwalt übergeben und der wiederum wusste, dass er sich bei Rückfragen direkt an die Ausführenden wenden sollte. Ich hätte ohnehin zur Klärung nichts beitragen können, denn ich war ja nicht beim Kunden vor Ort.

Schaffen Sie den CC-Wahn ab! Eigenverantwortung = Identifikation mit der Aufgabe.

Schauen Sie in Ihr E-Mail-Postfach. Wie viele Mails haben Sie aktuell, bei denen Sie nur in CC gesetzt wurden? Löschen Sie alle ungelesen. Vertrauen Sie darauf, dass »An« und »Von« den Job ohne Sie erledigen können, und kommunizieren Sie intern, dass es fortan verboten ist, Kollegen und insbesondere Sie selbst in CC zu setzen. Das erfolgt häufig nur, weil sich jemand absichern möchte. Genau solche Gedankengänge bremsen Ihr Unternehmen. Mitarbeiter identifizieren sich stärker mit Aufgaben, für die sie erkennbar allein verantwortlich sind. Sie bearbeiten Aufgaben sorgfältiger, wenn sie wissen, dass niemand aufpasst, ob sie womöglich einen Fehler machen. Und sie lernen mehr aus Fehlern und Fehlentscheidungen, wenn sie diese allein getroffen haben und damit auch allein verantworten müssen. Seien Sie realistisch: Wie viele der E-Mails, die Sie über die Jahre in CC bekamen, haben Sie tatsächlich vor erheblichen Schwierigkeiten bewahrt? Zudem ist es nicht wichtig (und auch nicht möglich), Fehler völlig zu vermeiden. Es ist wichtig, zu klären, aufgrund welcher Annahmen und Entscheidungen ein Fehler entstanden ist, um ihn in Zukunft nicht zu wiederholen.

Erfolgreiche Unternehmer machen sich im Tagesgeschäft überflüssig.

Meiner Erfahrung nach gefährdet eher Ihr Ego die beschriebene Einführung von Standards und Prozessen als sich sträubende Mitarbeiter. Wenn Sie es mögen, die wichtigste Person im Unternehmen zu sein, immer wieder in die Bresche zu springen, wenn irgendetwas außer Plan läuft, wenn Sie sich gern um Details kümmern und immer Ideen haben, wie man von Mitarbeitern erzielte Ergebnisse doch noch etwas besser machen könnte, dann werden Sie diese Transformation unbewusst sabotieren. Mein Ziel war immer, der unwichtigste Mitarbeiter in der Firma zu werden und mir stattdessen Gedanken über strategische Fragen, profitable Großkunden und neue Geschäftsideen zu machen.

Schnelle Erfolge ermöglichen und Ängste ansprechen.

Standards und Prozesse bedeuten also nicht, den Taylorismus wieder zu etablieren und moderne Fließbandarbeit in Ihrem Unternehmen salonfähig zu machen. Mit Standards und Prozessen optimieren Sie den Einsatz von Ressourcen, Sie beschleunigen und vereinfachen Abläufe und befreien das Unternehmen von unnötigen oder nicht profitablen Aufgaben. Dadurch werden Ihre Mitarbeiter entlastet und das bringt häufig Motivations- und Identifikationseffekte mit sich. Ich empfehle Ihnen deshalb, mit Veränderungen dort zu beginnen, wo sich schnell positive Effekte für die Betroffenen einstellen. Dennoch wird nicht ausbleiben, dass einzelne Mitarbeiter sich mit dem neuen Geist im Unternehmen nicht anfreunden können. Sobald Sie herausfinden wollen, was Ihre Leute den ganzen Tag tun, und sie bitten, einige Zeit Buch darüber zu führen, werden Sie vor allem bei jenen auf Widerstand stoßen, die sich selbst für ersetzbar halten. Die gibt es in jedem Unternehmen – Menschen, die beschäftigt werden, weil sie halt schon länger dabei sind, Mitarbeiter, die definitiv nicht an ihr Leistungslimit gehen und die tatsächlich ersetzbar wären. Diese Mitarbeiter werden nervös, sobald man den Versuch unternimmt, Transparenz in ihr tägliches Tun zu bringen. Den Leistungsträgern hingegen macht das überhaupt nichts aus. Seien Sie darauf vorbereitet, sprechen Sie Ängste im Vorfeld an und zeigen Sie die Vorteile von Standards und Prozessen auf. Wenn Einzelne sich dann dauerhaft mit einer systematischeren Arbeitsweise schwertun, vielleicht, weil das ihrer Persönlichkeit widerstrebt, kann eine Trennung für beide Seiten das Beste sein.

Best-Practice-Beispiel Disposition: Ganz einfach gut organisiert!

Wenn Sie zu Hause Handwerker beschäftigt haben, kennen Sie das: Viele telefonieren fast ständig – mit Kollegen, mit anderen Kunden, mit Lieferanten, mit dem Chef, mit wem auch immer. Alle paar Minuten klingelt das Handy und als Kunde fragen Sie sich, ob Sie das alles mitbezahlen (nur zum Teil, denn der andere Teil geht auf Kosten des unternehmerischen Profits). Das ist nicht nur in Handwerksbetrieben so. In vielen Unternehmen versuchen jeden Tag zahlreiche Mitarbeiter, ihre Arbeit zu tun, und werden dabei permanent gestört, ob per Mail, per Telefon oder durch Kollegen, die mit Fragen im Büro stehen. Durch diese Störungen entstehen erhebliche Produktivitätsverluste und damit Profiteinbußen. In Zeiten von Fachkräftemangel, steigenden Lohnkosten und hohem Wettbewerbsdruck sollten Sie als Unternehmer alles dafür tun, vorhandene Ressourcen nicht nur optimal zu nutzen, sondern auch Laufzeiten, Wartezeiten, Reorganisationszeiten und Abstimmungszeiten zu optimieren. Das reduziert zugleich den Stress der Mitarbeiter, der aus fehlenden Informationen, Missverständnissen und permanenten Unterbrechungen resultiert.

Je mehr Sand im Getriebe, desto weniger Profit

Wir haben dieses Problem durch die Einrichtung einer zentralen Disposition gelöst. Diese war mit einer Person besetzt, dazu gab es ein Back-up, bestehend aus zwei Mitarbeitern. Die Disposition hatte alle Techniker und alle Aufträge im Blick. Sie sorgte dafür, dass keine Kundenanfragen liegen blieben, und verteilte die Einsätze zentral. Wenn Techniker ihre Einsätze selbst steuern, werden sie den Einsatz bei unangenehmen Kunden hinauszögern, solange es andere Arbeit gibt. Sie werden Aufträge nur rudimentär erfassen und schlechter dokumentieren, weil sie häufig schon wissen, wie es bei Bestandskunden aussieht, was gemacht werden muss und worauf es zu achten gilt. All das verhindert die Optimierung von Prozessen und streut fortwährend Sand ins Getriebe, der dann durch eine Flut von Telefonaten bekämpft werden muss. Im Folgenden finden Sie die Vorteile einer zentralen Disposition – am Beispiel unseres IT-Service (und in den Grundprinzipien übertragbar auf andere Firmen):

Höhere Reaktionsgeschwindigkeit

Um die Reaktionsgeschwindigkeit gegenüber den Kunden zu steigern, muss jemand den Überblick haben, was aktuell alles zu erledigen ist. Das gewährleistet eine Disposition, die sämtliche Aufgaben im Auge hat, priorisiert und verteilt. Die Dispo orientiert sich dabei nicht an Sympathie, sondern an vertraglichen Vereinbarungen, objektiv betrachteter Dringlichkeit, räumlicher Nähe zu bereits geplanten Einsätzen und der Verfügbarkeit entsprechend qualifizierter Mitarbeiter.

Bindung von Kunden ans Unternehmen, nicht an Einzelne

Serviceeinsätze werden durch eine Dispo so erfasst, dass sie inhaltlich selbsterklärend sind und von jedem Techniker bearbeitet werden können. Das verhindert, dass Kunden eine persönliche Bindung zu einem bestimmten Mitarbeiter aufbauen. Die Kundenbindung sollte immer ans Unternehmen geknüpft sein, nicht an Einzelne. Dabei stellen Standards und Prozesse sicher, dass alle

Mitarbeiter die gleichen Ergebnisse auf identische Art und Weise erreichen, sodass sich Kunden in das System und nicht in die Lösungskompetenz eines bestimmten Technikers »verlieben«. Und Kunden, die das System lieben, werden nicht wechseln, wenn der Techniker sich beruflich neu orientiert.

Mehr Effizienz

Techniker, die ihre Einsätze selbst planen, werden viele Pufferzeiten einbauen und Termine teilweise ineffizient vergeben – nicht aus Trägheit, sondern weil ihre Kernkompetenz in einem anderen Bereich liegt. Sie sind in der Regel fachlich stark, organisatorisch aber ungeübt. Und wer sich bisher primär auf die Aneignung technischer Fähigkeiten fokussiert hat, eignet sich auch nicht einfach so wirklich gute Planungsfähigkeiten an.

Zentrale Kommunikation (Abbau von Störungen)

Bei Technikern, die ihre Serviceeinsätze selbst steuern, kommt hinzu, dass sie per Telefon oder E-Mail direkt mit Kunden im Austausch stehen. Daher werden sie ständig bei ihrer Arbeit unterbrochen. Doch Sie können nicht auf der einen Seite qualitativ hochwertige und effiziente Arbeitsergebnisse erwarten und auf der anderen Seite ständige Ablenkungen zulassen. Darüber hinaus führt eine direkte Kommunikation zwischen Techniker und Kunde dazu, dass Informationen an der Dispo vorbeigehen. Die muss aber genau wissen, wer was wann und in welchem Zeitfenster erledigt. Anders kann sie nicht planen. Über entsprechende Standards und Prozesse wird die Dispo befähigt, die richtigen Fragen zu stellen, wenn Kunden Probleme melden, sodass vor Auftragsplanung oder Durchführung kein direktes Telefonat zwischen Kunde und Techniker mehr erforderlich ist. Im Laufe der Zeit wird eine Disposition so Termine hervorragend planen.

Optimierte Urlaubsplanung

Als Chef haben Sie hoffentlich Besseres zu tun, als die Urlaubspläne Ihrer Mitarbeiter zu koordinieren. Auch das kann eine Dispo zuverlässig für Sie erledigen. Sie kennt schließlich die Regeln (bei uns beispielsweise die Urlaubssperre vom 15.10. bis 31.01.), sie weiß, wann für bestimmte Tätigkeiten eine bestimmte Anzahl von Mitarbeitern anwesend sein muss, sie kann Übergabetermine an die Vertretung einplanen (Standard bei uns: zwei Tage vor Urlaubsantritt) und nach Möglichkeit auch persönliche Präferenzen berücksichtigen.

Eigener Überblick (Kontrolle)

Der Ausstieg aus dem Tagesgeschäft wird vor allem in der Übergangsphase eine mentale Herausforderung für Sie sein, weil Sie plötzlich nicht mehr alles mitbekommen. Mit einer Disposition haben Sie jedoch eine zentrale Instanz in der Firma, die über alles informiert ist und die Sie zum Stand bestimmter Dinge fragen können. Und wenn Sie doch mal einen Mitarbeiter sprechen wollen, dann laufen Sie bitte nicht mehr einfach so in sein Büro oder rufen einfach an. Buchen Sie über die Dispo einen Termin. Das vermeidet Störungen, steigert die Gesprächsqualität und zeigt Ihrem Team, wo der Fokus in Ihrer Firma liegt: nicht auf dem Chef, sondern auf ungestörtem Arbeiten, weil das die besten Ergebnisse bringt.

FAZIT: Standards und Prozesse

10 Profitbremsen	10 Profitbeschleuniger
– Im Tagesgeschäft gefangen sein: kurzfristige Anstrengungen für kurzfristige Ergebnisse (mehr Aufträge)	+ Das Unternehmen steuern: kontinuierliche Optimierung für dauerhaft bessere Ergebnisse (mehr Profit)
– Jeden Tag das Rad neu erfinden, auch bei Routineaufgaben	+ Klare Standards und Prozesse für wiederkehrende Aufgaben
– Fehlern und Pannen nicht auf den Grund gehen, sondern Schuldige suchen	+ Fehler und Pannen analysieren und gezielt eindämmen durch Checklisten, Standards, SOPs
– Hoher Abstimmungsaufwand im Unternehmen durch Ad-hoc-Problemlösungen	+ Mehr Effizienz und weniger Stress durch klar geregelte Vorgehensweisen
– Einzelkalkulationen und individuelle Angebote auf der Basis mehr oder weniger grober Erfahrungswerte	+ Zuverlässige Planung und Festpreise (»Pakete«) auf der Basis von Standards und Prozessen
– Kostenloser Service als Reparaturbetrieb für eigene Versäumnisse	+ Vom Kunden vollständig bezahlte Qualitätsarbeit (inklusive gemeinsamer Abnahmen/Tests)
– Absicherungsmentalität, CC-Wahn; ohne den Chef läuft nichts	+ Eigenverantwortung der Mitarbeiter; der Chef ist im Tagesgeschäft überflüssig
– Arbeiten auf Zuruf, informelle Verfahrensweisen, Abhängigkeit vom Wissen einzelner Mitarbeiter	+ Arbeiten nach dokumentierten Regeln (Handbuch), unabhängig vom Wissensschatz Einzelner
– Jeder Mitarbeiter stimmt sich selbst mit Kunden ab	+ Zentrale Disposition, die Aufträge und Einsätze koordiniert
– Das Unternehmen als ungeordneter Kosmos	+ Das Unternehmen als duplizierbares System

7. Service???: Machen Sie Service überflüssig! Jedenfalls fast. Daher ganz kurz …

Kein Kunde will Kundenservice.
Kunden wollen, dass alles funktioniert.

Einen meiner treuesten Firmenkunden gewann ich in meiner unternehmerischen Anfangszeit, weil ich diesem Kunden – ohne seinen beruflichen Hintergrund zu kennen – bei einem privaten IT-Problem half. Ich tauschte bei ihm zu Hause ein defektes DSL-Modem aus, kurzfristig und zu einer Zeit, zu der andere Dienstleister längst Feierabend hatten. Der Kunde fragte, ob ich mir vorstellen könne, auch seine Firma zu betreuen. Ich konnte und erzielte fortan viele Jahre lang sechsstellige Umsätze mit seinem mittelständischen Betrieb.

Diese Geschichte hat zwei Seiten: Service im weiteren Sinne (ein gutes Kundenerlebnis) kann ein Akquise-Tool sein. Doch Service im engeren Sinne (eine Reparaturleistung) ist immer ein Ärgernis für den Kunden. Wenn diese Art Service erforderlich ist, können Sie Kunden verlieren – wie der bisherige Dienstleister meines Firmenkunden, den ich ersetzte. Kein Kunde will Kundenservice. Kunden wollen, dass alles funktioniert. Das schaffen Sie, wenn Ihre Qualität bei Produkten und Prozessen stimmt – siehe Kapitel 6. Ich habe daher überlegt, das Kapitel »Service« ganz zu streichen oder auf diese wenigen Sätze zu beschränken. Aber vielleicht haben Sie ja trotzdem Lust auf ein paar Anregungen …

Service als Reparaturbetrieb (»Kundenservice«)

Mein Serviceverständnis habe ich immer offen kommuniziert. Neue Kunden wollten häufig wissen, wie schnell wir reagieren, wenn es zu einem Problem kommt. Darauf habe ich immer das Gleiche geantwortet: »Herr Kunde, ich will Sie nicht damit beeindrucken, wie schnell ich Mitarbeiter bei Ihnen vor Ort erscheinen lassen kann oder wie schnell meine Mitarbeiter autofahren können. Wir helfen Ihnen, wenn Not am Mann ist. Doch unser Fokus liegt auf der Vermeidung solcher Situationen. Wenn Sie ein Problem haben und wir schnell vor Ort sind, sind Sie nämlich erfahrungsgemäß immer noch weniger zufrieden, als wenn Sie erst gar kein Problem haben. Und wenn Sie kein Problem haben, haben wir weniger Stress. Daraus folgt, dass wir beide großes Interesse daran haben, dass es bei Ihnen nicht zu Ausfallzeiten kommt. Und deshalb lautet unser Firmenmotto: *Wir schützen Ihre IT vor Ausfallzeiten*. Dazu haben wir Standards und Prozesse entwickelt, die das, was wir tun, planbar machen und den Raum für menschliche Fehler minimieren.«

Jedes Mal, wenn etwas nicht funktioniert, laufen Sie als Unternehmer Gefahr, dass Ihr Kunde sich auch mit jemand anderem über eine Problemlösung unterhält. Das führt möglicherweise dazu, dass Sie den Kunden verlieren. Deshalb ist es so wichtig, auf die Qualität der Arbeit zu achten. Vor vielen Jahren las ich in einem Buch zum Thema »Total Quality Management« eine Aussage, die ich nie vergessen habe: Qualität kostet kein Geld. Qualität bringt Geld. Wenn Sie Produkte fertigen, sollten Sie der Versuchung widerstehen, Ihre Marge dadurch zu steigern, dass Sie mit besonders günstigen, aber minderwertigen Teilprodukten arbeiten. Kurzfristig verdienen Sie damit vielleicht mehr Geld als Wettbewerber, die zum gleichen Preis anbieten. Mittelfristig zahlen Sie drauf, weil Sie bei auftretenden Defekten Rückfragen von Kunden beantworten, kaputte Teile austauschen, vielleicht sogar eine Hotline einrichten müssen. Die entstehenden Transaktionskosten fressen Ihre

Qualität kostet kein Geld. Sie bringt Geld.

Marge wieder auf. Sie verdienen nicht mehr, Sie haben nur mehr Ärger. Auch wenn Sie Dienstleistungen verkaufen, tragen Sie eine gewisse Verantwortung dafür, dass Ihre Kunden die von ihnen angestrebten Ergebnisse erreichen. Folglich sollten Sie sich weigern, Aufträge anzunehmen, die außerhalb Ihres Leistungsspektrums liegen und daher fehleranfällig wären. Dasselbe gilt für Produkte oder Leistungen, die Wettbewerber anbieten, von denen Sie jedoch nicht überzeugt sind. Verbiegen Sie sich nicht, sondern sprechen Sie Ihre Bedenken offen an. Meiner Erfahrung nach verlieren Sie dadurch nur selten Aufträge, gewinnen aber vielfach Vertrauen.

Hohe Transaktionskosten für Bagatellprobleme.

Auch im besten Unternehmen geht mal etwas schief. Deshalb sollten Sie über professionelles Reklamationsmanagement nachdenken. Im Rahmen von Unternehmercoachings frage ich beispielsweise immer, wie Gutschriften gehandhabt werden. Bei uns war das einfach: Ein Kunde reklamiert, das heißt, er spricht mit der Disposition (siehe das Best-Practice-Beispiel in Kapitel 6). Die Dispo entscheidet. Fertig. In den meisten Unternehmen läuft es anders: Die Kundenanfrage wird erfasst, dann mit dem Techniker besprochen, eventuell auch noch jemandem vom Vertrieb. Man bildet sich eine Meinung, diese wird der Geschäftsleitung präsentiert. Die schaut sich den gesamten Sachverhalt noch einmal an und entscheidet final. Diese Entscheidung wird dem Kunden von einem Mitarbeiter überbracht. Wenn man Pech hat, gibt es Rückfragen, und das Spiel beginnt wieder von vorn. Keiner hat dabei die Kosten für die Arbeitszeit aller Beteiligten im Blick und manchmal werden auf diese Weise Hunderte Euro für Bagatellprobleme verbraten. Überdies führt das Ganze nicht nur zur Kosteneskalation, sondern wegen der entstehenden Wartezeit auch zu einem negativen Kundenerlebnis. Und an Negatives erinnern Kunden sich besonders gut und erzählen es gerne anderen potenziellen Kunden.

Handeln Sie wirtschaftlich, nicht emotional!

Bei Reklamationen sind immer Emotionen im Spiel. Manche Mitarbeiter und selbst manche Unternehmer fühlen sich bei Kundenbeschwerden persönlich angegriffen. Das führt teilweise zu völlig unnötigen Eskalationen. Statt nach Schuldigen zu suchen, empfehle ich, sich erst einmal auf Lösungen zu konzentrieren. Ist das Problem gelöst, lässt sich einem Kunden häufig eher vermitteln, dass die Ursache für die Panne bei ihm selbst lag und nicht beim Unternehmen. Die Einigung darüber, wer die Kosten trägt, fällt leichter. Auch die Wirtschaftlichkeit von Kunden sollten Sie im Auge behalten, wenn Sie sich mit einer Reklamation befassen. Manche Kunden werden Sie gern ziehen lassen, weil die Zusammenarbeit trotz respektablen Umsatzes wenig Ertrag bringt. Bei anderen werden Sie feststellen, dass die Zusammenarbeit wirtschaftlich lukrativ und ein Entgegenkommen bei Reklamationen daher sehr sinnvoll für Sie ist. Wer immer recht haben will, verschenkt Erträge. Es mag sein, dass Ihr Kunde ein bestimmtes Bauteil für 30 Euro selbst verlegt oder beschädigt hat. Ihm das in Rechnung zu stellen, obwohl er Ihnen Jahr für Jahr vierstellige Gewinne verschafft, ist trotzdem nicht clever.

Fazit: Es ist schön, wenn es bei Abweichungen schnell erreichbare Anlaufstellen gibt, die den gewünschten Zustand wiederherstellen. Noch schöner für Sie wie für Ihre Kunden ist es allerdings, wenn alles funktioniert. Um das zu erreichen, brauchen Sie Standards und Prozesse. Sie müssen sich von Einzelaktivitäten lösen, auf Angebote konzentrieren, die Sie regelmäßig ausführen und daher kontinuierlich verbessern können. Wenn Produkte und Dienstleistungen exakt das liefern, was im Vorfeld gewünscht und vom Verkäufer versprochen wurde, führt dies zu einfacheren Folgegeschäften, zu loyaleren Bestandskunden und zu mehr Profit. Und wenn doch Fehler vorkommen, sollten Sie Reklamationen wirtschaftlich klug und nicht emotionsgetrieben behandeln.

Service als Akquise-Tool (»Kundenerlebnis«)

Als ich mein Haus baute, hatte ich mit unzähligen Handwerkern Kontakt. Viele stellten sich nicht vor, begrüßten mich nicht ordentlich, nahmen gern einen Kaffee, brachten die leeren Tassen aber nicht zurück in die Küche, hinterließen Dreck und so weiter. All das ist schlecht. Achten Sie darauf, dass Sie einen top Eindruck erzielen, der sich möglichst herumspricht und Ihnen Empfehlungen verschafft. Das beginnt bei Äußerlichkeiten. Parken Sie ein professionell beschriftetes Fahrzeug gut sichtbar vor dem Gebäude, in dem Sie arbeiten. Sorgen Sie dafür, dass man beim Blick in den Fahrzeuginnenraum nicht staunt, wie viel leere Verpackungen sich auf einem schmalen Armaturenbrett unterbringen lassen. Verteilen Sie im Außeneinsatz Flyer, die umliegenden potenziellen Kunden signalisieren, dass Menschen in ihrem direkten Umfeld bereits auf Ihre Dienstleistungen zurückgreifen.

Wenn Ihre Arbeit mit Lärm verbunden ist, können Sie sich dann auch gleich bei den Nachbarn dafür entschuldigen. Kostengünstiger werden Sie kaum Akquise betreiben. (Ein Beispiel für einen Nachbarschaftsflyer finden Sie bei meinen kostenlosen Zusatzangeboten unter **www.Philip-Semmelroth.com/UmsatzBooster**.) Sorgen Sie durch ansprechende Firmenkleidung für einen positiven Ersteindruck beim Kunden. Das stärkt auch den Teamgeist, denn ein gemeinsames Outfit verbindet Menschen und erzeugt Geschlossenheit sowie Identifikation mit dem Unternehmen – und bestenfalls Stolz. Ich war immer überrascht, wenn ich in Bundeswehruniform erstmalig an einem Standort in Deutschland auftauchte und dort sofort »einer von uns« wurde, weil klar erkennbar war, dass wir alle zusammengehören.

Langfristige Kundenbeziehungen durch Kundenerlebnisse.

Mit dem Kundenerlebnis beschäftigen sich Marketingtheorien unter Stichworten wie »Customer Journey« und »Touchpoints«. Das Ziel ist, Kunden bei jedem Berührungspunkt mit dem Unternehmen, ob persönlich, digital oder über Empfehlungen, durch positive Eindrücke in seiner Entscheidung für diese Firma zu bestärken, und das vom Erstkontakt auf seiner ganzen »Reise« bis zur langfristigen Kundenbindung. Wenn Sie sich ernsthaft mit Standards und Prozessen beschäftigen, wird die Gestaltung des Kundenkontakts und damit solcher Touchpoints unweigerlich eine Rolle spielen, mit Fragen wie den folgenden:

- Wie gut sind wir erreichbar?
- Wie melden wir uns am Telefon?

- Wie reagieren wir auf Anfragen neuer Kunden (Kunden-Onboarding)?
- Wie reagieren wir auf Reklamationen?
- Wie lange muss ein Kunde bei uns auf Angebote warten?
- Wie kundenfreundlich (verständlich/übersichtlich) sind unsere Angebote (oder Auftragsbestätigungen, siehe Kapitel 4)?
- Wie hoch ist unsere Termintreue?
- Wie treten wir bei Serviceeinsätzen beim Kunden zu Hause auf (etwa Outfit, Gesprächskompetenz, Aufräumen)?
- Wie gut geschult sind unsere Mitarbeiter in Sachen Umgangsformen und Kundenkommunikation?
- Wie zuverlässig sind unsere Kalkulationen (Budgettreue)?
- Wie vermitteln wir Bestandskunden, dass wir sie schätzen?
- Wie sorgen wir dafür, dass zufriedene Kunden uns im Netz positiv bewerten?
- Wie informativ und ansprechend ist unsere Website?
- Passen unser persönliches Auftreten und unsere Leistung zu unserem digitalen Auftritt (und umgekehrt)?
- Wie und auf welche Weise treten wir in den sozialen Medien in Erscheinung?
- Wie sind wir sonst in der Öffentlichkeit präsent (Presse, Messen, Tage der offenen Tür, Sponsoring, karitatives Engagement)?

Jeder im Unternehmen verkauft.

Seien Sie sich darüber im Klaren, dass jeder Mitarbeiter in den Augen des Kunden »das Unternehmen« ist und schon kleine Negativerlebnisse, die aus Ihrer Sicht zweitrangig sein mögen, Aufträge und damit bares Geld kosten können. Das kann ein versäumter Rückruf sein oder ein kleiner Kaffeefleck auf dem per Post zugestellten Angebot, der die Frage aufwirft, ob Ihre Firma bei der Auftragsausführung auch so nachlässig arbeitet. Jeder im Unternehmen verkauft, wie ich schon in meinem Buch »55 Business-Turbos« betont habe. Und in einem vertriebsfokussierten Unternehmen ist das allen, vom Azubi über die Buchhaltung bis zum Techniker, bewusst. Klare Regeln (Standards und Prozesse) garantieren, dass auch durchschnittliche Mitarbeiter ein überdurchschnittliches Kundenerlebnis schaffen. Und je mehr Pluspunkte Sie bei einem Kunden schon gesammelt haben, desto eher verkraftet es die Kundenbeziehung, wenn etwas einmal nicht optimal läuft.

Das liegt aus meiner Sicht daran, dass es in der Kundenbeziehung eine Art emotionales Konto gibt. Je mehr positive Emotionen Ihr Unternehmen beim Kunden schon ausgelöst hat, desto voller ist dieses Konto und desto mehr Kredit haben Sie bei ihm. Ein Kunde, der bisher immer freundlich, kompetent und zuverlässig bedient wurde, kündigt Ihnen normalerweise nicht gleich die Zusammenarbeit auf, wenn ein Mitarbeiter sich mal im Ton vergreift. Passiert das dagegen beim Erstkontakt und das emotionale Konto ist noch leer, verlieren Sie den Kunden. Aus diesem Umstand möchte ich verschiedene Anregungen ableiten, mit denen Sie das Konto leicht füllen können:

Füllen Sie das emotionale Kundenkonto.

- *Seien Sie lieber zu früh als zu spät:* Ich bin »Großkunde« bei Amazon. Das ist sehr bequem, der Preis passt, ich habe keine Probleme mit meiner Abrechnung und meine Zahlungsdaten sind bereits hinterlegt. Normalerweise ist alles, was ich bestelle, am nächsten Tag da. Manchmal wird mir ein späterer Liefertermin genannt. Häufig stelle ich dann fest, dass die Sendung mich doch früher erreicht. Das freut mich jedes Mal. Meine Erwartung, wann ich die Ware in den Händen halten kann, wird übertroffen und ich bin begeistert. So einfach ist Kundenbegeisterung. Dennoch gibt es Tausende Unternehmen, die jeden Tag Kunden mit leeren Versprechungen ködern und hinterher vertrösten. Das ist einfach nur kurzsichtig. Kunden wollen Präzision. Wenn es nicht anders geht, warten die meisten lieber, als das Gefühl zu bekommen, sich nicht auf Sie verlassen zu können. Wenn wir Kunden komplexe Serverprojekte verkauften, haben wir immer von »mindestens drei Wochen« Vorlaufzeit gesprochen, obwohl wir im Normalfall nicht mehr als zehn Tage brauchten. Das machte unsere Planung einfacher und verhinderte, dass wir Termine verschieben mussten, weil wir zu optimistisch waren oder ein Lieferant eine bestimmte Teilkomponente nicht vorrätig hatte. Und

Kundenbegeisterung heißt Erwartungen übertreffen.

während Kunden sich freuen, wenn man ihnen überraschend einen vorzeitigen Liefertermin anbieten kann, sind sie hochgradig verärgert, wenn man Termine verschieben muss. Dasselbe gilt auch für andere Leistungsversprechen (etwa Kostenrahmen, Produkteigenschaften).

- *Schulen Sie Kundenkommunikation nicht nur bei Verkäufern:* Es gibt Naturtalente – Menschen, die, ohne groß nachzudenken, so freundlich und zuvorkommend sind, dass sie Kundenherzen gewinnen (also das emotionale Konto füllen). Doch Naturtalente sind in allen Lebensbereichen selten. Fast überall regiert die Gauß'sche Normalverteilung: Viele Menschen sind mittelmäßig, wenige sehr gut und wenige extrem schlecht. Letztere arbeiten am besten in Jobs, in denen sie nicht von Kunden belästigt werden. Das Mittelfeld profitiert von Training. Vielen ist tatsächlich nicht bewusst, wie stark ihr eigenes Verhalten dazu beiträgt, wie andere sich verhalten. »Unsympathische« Kunden werden manchmal schon dadurch sympathisch, dass man selbst unbeirrt nett zu ihnen ist. Außerdem lohnt es sich, auch Servicetechnikern, Handwerkern und anderen ausführenden Mitarbeitern verkäuferische Skills zu vermitteln, etwa die Fähigkeit, sich mit Kunden über deren Business oder Lebenssituation auszutauschen und so weiteres Umsatzpotenzial zu lokalisieren.

- *Machen Sie deutlich, was Sie leisten:* Im Kapitel »Standards und Prozesse« habe ich Ihnen am Beispiel des abschließenden PC-Checks geraten, Ihren Kunden in bestimmte Tests und Services einzubinden, damit er Ihre Leistung eher wertschätzen kann. Was ich damit sagen will: Es ist nicht optimal, wenn Sie still und heimlich dafür sorgen, dass alles reibungslos läuft. Wenn dann doch einmal etwas schiefgeht, wundert sich der Kunde (»Von Ihnen bin ich Besseres gewohnt«). Deshalb sollten Sie Ihre Anstrengungen für Qualität und Kundenfreundlichkeit ruhig gelegentlich hervorheben: »Wir machen diesen Test, um sicherzustellen, dass Sie ohne Verzögerung weiterarbeiten können.« Und: »Wir arbeiten mit einem europäischen Lieferanten, weil dort die pünktliche

Wenn Sie unheimlich gut sind, sollten Sie das nicht heimlich sein.

Lieferung klappt.« Und: »Bitte erkundigen Sie sich beim Architekten, ob wir hier den Durchbruch tatsächlich vergrößern können oder ob es sich um eine tragende Wand handelt.« Wenn Sie so handeln, sind Sie mit Ihrem Zufriedenheitskonto massiv im Plus. Kommt es dann doch einmal zu einem Problem, wird der Kunde kurz überlegen, wie der Kontostand aussieht, und Ihnen sehr wahrscheinlich treu bleiben.

Fazit: Ihr Fokus sollte aus meiner Sicht darauf liegen, das Kundenerlebnis immer weiter zu verbessern. Das bringt Sie weiter, als Pannen zu tolerieren und zu ihrer Behebung den klassischen Kundenservice aufzurüsten. Kundenservice kostet Geld. Ein verbessertes Kundenerlebnis bringt Geld. Und das Schöne dabei ist, dass beide Seiten eines Geschäfts auf diese Weise glücklicher sind – Ihre Kunden, weil sie zuverlässig die erhoffte Qualität erhalten, und Sie selbst, weil Sie mehr Geld verdienen und weniger Ärger haben.

FAZIT: Service

10 Profitbremsen	10 Profitbeschleuniger
– Fehler und Pannen als unvermeidlich hinnehmen	+ Fehler und Pannen systematisch eindämmen
– »Service« vor allem als Reparaturbetrieb verstehen	+ »Service« dient vor allem dem positiven Kundenerlebnis
– Die eigene Marge kurzfristig auf Kosten der Qualität steigern	+ Zuverlässig Qualität liefern und damit mittelfristig Profite steigern
– Reklamationen umständlich und ohne Rücksicht auf Wirtschaftlichkeit behandeln	+ Schlanker Prozess bei Reklamationen, Kulanz bei guten Kunden
– Kundenerwartungen durch nicht einhaltbare Zusagen enttäuschen	+ Kundenerwartungen so steuern, dass Sie diese übertreffen können
– Recht haben wollen, emotional reagieren	+ Weitsichtig handeln und lukrative Kunden an sich binden
– Unternehmenskultur, in der nur Verkäufer verkaufen	+ Unternehmenskultur, in der jeder verkauft
– Nur Verkäufer im Kundengespräch schulen	+ Alle Mitarbeiter, die Kontakt zu Kunden haben, darin schulen
– Heimlich gute Leistung bringen	+ Kunden direkt oder indirekt die Qualität der erbrachten Leistung verdeutlichen
– Kundenkontaktpunkte (»Touchpoints«) bei Standards und Prozessen vernachlässigen	+ Kundenkontaktpunkte (»Touchpoints«) durch Standards und Prozesse positiv gestalten

8. Controlling: Know your numbers – behalten Sie stets den Überblick

Planen Sie keine Budgets.
Planen Sie Erfolg.

Alles, was Sie messen, können Sie verbessern. Das gilt nicht nur im unternehmerischen Kontext. Stellen Sie sich jeden Morgen auf die Waage und die Wahrscheinlichkeit ist hoch, dass Sie mit der Zeit abnehmen. Einen ähnlichen Effekt hat es, wenn Sie immer dieselbe Runde laufen und Ihre Zeit mit der Stoppuhr messen: Sie werden schneller. Sobald wir genau wissen, wo wir gestern standen, wollen wir besser werden. Das scheint ein Automatismus zu sein. Bleibt eine Verbesserung aus, liegt es häufig daran, dass wir gar nicht wissen, an welcher Ausgangsposition wir uns befinden. Und wenn Fortschritt sich nicht messen lässt, ist es auch kaum möglich, zielgerichtet darauf hinzuarbeiten. In der Folge machen wir dann nichts oder vieles, das keinen wirklichen Bezug zu den Parametern hat, die sich beispielsweise im Unternehmen ändern sollen.

In Summe bedeutet das: Als Unternehmer müssen Sie klären, wo Sie aktuell stehen, um Maßnahmen ergreifen zu können, dahin zu kommen, wo Sie hinwollen. Um nichts anderes geht es im Controlling, wie ich es verstehe – nicht etwa um eindrucksvolle Dashboards oder ellenlange Excel-Tabellen.

Liquidität sichern, Handlungsspielraum bewahren

Profit schafft Entscheidungsspielraum. Geld löst viele Probleme und nur ein solides finanzielles Polster ermöglicht Ihnen jederzeit souveräne unternehmerische Entscheidungen – ob Sie nun Standards und Prozesse entwickeln, externes Know-how einkaufen, Preisdruck von Kunden widerstehen oder Ihr Marketing intensivieren wollen. Als »Liquidität« bezeichnet die Betriebswirtschaft die Fähigkeit eines Unternehmens, seinen Zahlungsverpflichtungen nachzukommen. Das lässt sich bis zu einem gewissen Grad auch mit Bankkrediten bewerkstelligen, doch jeder Kredit muss irgendwann zurückgezahlt werden. Ich vertrete in diesem Punkt eine vergleichsweise konservative Position, die ich allerdings bei selbstbewussten Mittelständlern häufig beobachte: Ich halte es für vorteilhaft, sich von Banken unabhängig zu machen und Wachstum und Investitionen weitgehend organisch, das heißt aus eigenen Mitteln heraus, zu bestreiten.

Fremdkapitel beschleunigt Wachstum, erhöht aber auch den Druck.

Ein Geschäftsmodell, das nicht erfolgreich ist (also keine Gewinne abwirft), muss meines Erachtens nicht wachsen und Investitionen sollten nach wirtschaftlicher Notwendigkeit und nicht unter dem Gesichtspunkt schmeichelhafter Außenwirkung erfolgen. Jeff Bezos startete in einem improvisierten Büro – das zeigt, dass er keinen Gedanken auf ein standesgemäßes Image verschwendete und sich stattdessen voll auf sein Geschäftsmodell konzentrierte. Und von Bill Gates habe ich die Maxime übernommen, schon in der Anfangszeit meines Unternehmens eine finanzielle Reserve anzulegen, die auch ohne nennenswerte Aufträge ein Jahr lang alle Mitarbeitergehälter decken würde.[12] So habe ich es auch gemacht. Zum Zeitpunkt des Verkaufs meiner ersten Firma hatten wir etwas über 500 000 Euro auf dem Konto. Ich habe immer mit Eigenkapital gearbeitet. Erst nach dem Verkauf habe ich mir sehr viel Geld geliehen. Denn jetzt hatte ich Erfahrung (und einen sehr hohen Steuerdruck), außerdem musste ich sehr viele Investitionen tätigen. Dafür habe ich Fremdkapital als Hebel benutzt. Fakt ist: Fremdkapital erlaubt schnelleres Wachstum. Doch es schafft auch Abhängigkeiten und Druck, insbesondere, wenn ein Geschäftsmodell dann doch nicht funktioniert. Wer mit mehr Speed unterwegs ist, kann nicht so schnell wenden. All das muss man als Gründer und Unternehmer sorgfältig abwägen.

Um eine Firma zu gründen, brauchen Sie nicht unbedingt Geld. Sie brauchen Kunden.

Meine erste Firma habe ich 1998 also ohne Startkapital und ohne Kredit gegründet, einfach mit ein paar guten Ideen und der verkäuferischen Fähigkeit, Kunden davon zu überzeugen, alles Vorkasse zu bezahlen. Um eine Firma zu gründen, braucht man kein Geld. Man braucht einen Kunden. Auf diese Weise habe ich von Anfang an Kosten vermieden und war direkt profitabel. Über die Jahre wuchs mein finanzieller Spielraum, weil ich Überschüsse als strategische Reserve zurücklegte. Und doch meldete Mitte 2012 mein Einkäufer, dass wir kein Geld mehr auf dem Geschäftskonto hätten. In Sachen Liquidität möchte ich Ihnen einige praktische Empfehlungen mit auf den Weg geben und eine davon hat unmittelbar mit dieser Erfahrung zu tun. Ich war konsterniert, denn ich hatte noch nie Schulden gemacht und alle Kosten einfach mit dem Geld gedeckt, das wir zuvor verdient hatten. Jetzt fehlten plötzlich die Mittel, neue Ware zu bestellen. Im dritten Quartal 2011 hatte ich ein größeres Büro angemietet und in kurzer Zeit mehrere Mitarbeiter eingestellt und damit fielen auf einen Schlag höhere Kosten an. Doch es gab Arbeit ohne Ende, über mangelnde Auslastung konnten wir uns nicht beschweren. Ich recherchierte, woher die Finanzlücke kam, und stellte fest, dass sich eine bisherige Gewohnheit als nicht mehr haltbar erwies: Seit Jahren verschickte ich alle acht bis zwölf Wochen einen großen Stapel Rechnungen, ganz einfach, weil Kunden, die IT-Probleme haben, naturgemäß lauter auf sich aufmerksam machen als unspektakulärer Papierkram. Jetzt waren sogar etwas mehr als drei Monate vergangen, ich hatte die Zeit vor lauter Arbeit aus den Augen verloren. Ich setzte mich also hin, schrieb enorm viele Rechnungen mit Zahlungszielen von sieben bis 14 Tagen und hatte kurzfristig wieder sehr viel Geld auf dem Geschäftskonto.

Je mehr Mitarbeiter Sie haben, desto wichtiger ist Planungssicherheit.

Das war ein Wendepunkt. Ich wollte nie wieder erleben, dass sich mein Team Sorgen um die finanzielle Situation der Firma macht. Und ich wollte auch nie wieder mit Kunden über kürzere Zahlungsziele diskutieren, weil sie sich inzwischen an bequeme Dreimonatsfristen gewöhnt hatten. Außerdem wurde mir klar, dass ich mit wachsendem Personal mehr Planungssicherheit brauchte. In einem mehrstufigen Optimierungsprozess machten wir schließlich jeden Freitag einen Rechnungslauf, denn wenn nur alle paar Monate eine große Geldsumme auf das Firmenkonto schwappt, wird eine professionelle Unternehmenssteuerung schwierig. Nur wenn Einnahmen und Ausgaben zeitnah erfasst werden, haben Sie jederzeit den Überblick über Ihre finanzielle Situation und können korrekte Auswertungen vornehmen.

Wenn nur der Chef Rechnungen schreiben kann, stimmt was nicht.

Mein Anfängerfehler in Sachen Rechnungen ist kein Einzelfall. Aus meinen Unternehmercoachings weiß ich, dass in vielen Unternehmen allein der Chef für Rechnungsläufe zuständig ist und sich damit etliche Wochenenden im Jahr herumschlägt. Nicht selten herrscht sogar die felsenfeste Überzeugung, dass nur der Chef (oder zum Beispiel ein langjähriger Vertriebler, der Kunden und Aufträge kennt und unzählige Details »im Kopf« hat) Rechnungen schreiben kann, weil sonst immer etwas vergessen wird oder andere Fehler passieren. Sollte das bei Ihnen der Fall sein, belegt das, dass Sie noch keine Standards und Prozesse eingeführt und sich noch nicht von fehleranfälligen Individualprojekten verabschiedet haben. Ändern Sie das so bald wie möglich!

Fakturieren Sie Anzahlungen.

Zu einem professionellen Controlling gehört, dass Sie Ihre Liquidität immer im Auge behalten, um Ihre laufenden Kosten, erforderliche Investitionen und mögliche Fremdleistungen zur Erfüllung von Kundenaufträgen decken zu können. Bis Ihr Kunde Sie bezahlt, handeln Sie beim Einkauf von Teil- oder Vorprodukten, Lizenzen und Ähnlichem wie eine Bank, die dem Kunden Kredit gewährt. Verschieben Kunden dann die Annahme der bei Ihnen beauftragten Leistungen, können Sie selbst bei guter Auftragslage Liquiditätsprobleme bekommen. Irgendwann geht selbst der profitabelsten Firma das Geld aus. Aus diesem Grund zeige ich meinen Coachingklienten immer, wie es uns gelungen ist, für alles, was wir für Kunden gemacht haben, Anzahlungen zu fakturieren, und zwar 50 Prozent bei Auftragserteilung, 30 Prozent bei Eintreffen der Ware bei uns und 20 Prozent bei Abnahme. Das ist machbar, wenn Sie transparente Auftragspakete mit Festpreisen verkaufen, und das wiederum setzt – wie schon mehrfach betont – funktionierende Standards und Prozesse voraus. Erst vor wenigen Tagen hat mir wieder ein Kunde das Foto einer schönen Grafik geschickt, auf der deutlich erkennbar ist, wie sein Kontostand explodierte, seit er mein System übernahm. In meiner Firma hatten wir bei einigen Lieferanten ein Zahlungsziel von 30 oder mehr Tagen und durch Anzahlungen unserer Kunden das Geld für die Lieferung teilweise schon auf dem Konto, bevor der Lieferant den fälligen Betrag abbuchte.

Kunden mit Vorauszahlungen sind einfacher zu handhaben.

Anzahlungen haben viele Vorteile: Sie reduzieren Ihren Liquiditätsbedarf. Sie verringern Ihr Risiko, dass der Kunde Ihnen später Geld schuldig bleibt, und sie verkleinern de facto auch das Druckmittel, das Ihr Kunde gegen Sie einsetzen kann. Darüber hinaus reduzieren sie die Schwierigkeit, einen Auslieferungstermin mit dem Kunden zu finden. Kunden, die bereits investiert haben, sind viel eher bereit, Kompromisse zu machen, als Kunden, die bisher nur eine Bestellung unterschrieben haben. Berücksichtigen Sie bitte, dass nur sehr wenige Menschen wirklich planen können. Das ändert sich auch nicht, nur weil sich jemand selbstständig macht oder Unternehmer wird. Folglich werden viele Firmen chaotisch geführt. Termine dieser Firmen platzen häufig, Kunden beschweren sich regelmäßig und machen Druck. Das führt zu einer Bugwelle von Verzögerungen, bei der die ganze Firma wie wild rudert, um die schlimmsten Versäumnisse auszugleichen. Wenn Sie solche Firmen zu Ihren Kunden zählen, passen vereinbarte Auslieferungstermine plötzlich nicht mehr, weil immer anderes noch dringlicher ist. Verschiebungen aber bringen Ihre Liquiditätsplanung durcheinander. Wenn Sie dann bereits 80 Prozent Ihres Geldes auf dem Konto haben, können Sie ganz entspannt bleiben. Und ganz nebenbei werden Sie feststellen, dass Ihre Termine viel seltener verschoben werden.

Bei der Liquiditätsplanung arbeiten Konzerne mit Budgets und das ist dort sicherlich auch unumgänglich. In kleineren Unternehmen halte ich das für unnötige Verwaltungsarbeit. Denken Sie weniger darüber nach, wie Sie all Ihre Ausgaben und Einnahmen bis ins kleinste Detail planen. Sorgen Sie einfach dafür, dass Sie dauerhaft viel Geld verdienen. Geld ist die beste Versicherung, der größte Krisenschutz, die beste Therapie, um nachts gut zu schlafen, und ein sehr gutes Instrument zur Bindung von Mitarbeitern, denn gesunde Unternehmen halten Mitarbeiter am ehesten davon ab, den Job zu wechseln. Damit Sie dauerhaft profitabel arbeiten, sollten Sie nüchtern bilanzieren, welche Lieferanten, aber auch welche Kooperationspartner und Kunden zu Ihrem Unternehmenserfolg beitragen und welche nicht. Dabei hilft Ihnen eine Nutzwertanalyse (auch Scoring-Modell genannt). Eine solche Analyse listet und gewichtet Bewertungskriterien und stellt Entscheidungen damit auf eine transparente Basis.

Profitabilität ist wichtiger als kleinteilige Budgetplanung.

Nutzwertanalyse durchführen.

Ein Beispiel für eine Nutzwertanalyse gibt Abbildung 8. Darin finden Sie in der linken Spalte die Bewertungskriterien, die hier nur stichwortartig aufgelistet werden. Für objektive Kriterien gibt es eindeutige Parameter, bei der Qualität beispielsweise Reklamationsquote oder Ausschuss, beim Preis natürlich die Höhe, bei der Termintreue die Häufigkeit von Verzögerungen und bei der Lieferzeit die Anzahl der Tage zwischen Bestellung und Eingehen der Ware. Hinter »Flexibilität« verbergen sich in meinem Beispiel die Bestellwege: Geht das nur online oder kurzfristig auch per Telefon, ist Expressversand zu vernünftigen Konditionen möglich? Theoretisch können auch subjektive Kriterien in die Matrix mit aufgenommen werden, etwa der Ruf eines Lieferanten oder die Dauer der Zusammenarbeit mit ihm. Wesentlich für eine sachgerechte Auswertung ist die Gewichtung der verschiedenen Kriterien, die von Ihrer Positionierung und von Ihren internen Prozessen abhängt. In einer Firma, die sich als Manufaktur für Premiumprodukte versteht, käme der Qualität vermutlich ein höherer Stellenwert zu, bei einem Expressservice wäre die Lieferzeit ein Kernkriterium. Es bietet sich an, Kriterien und deren Gewichtung im Team festzulegen sowie bei der Bewertung verschiedene Urteile einzuholen und gegebenenfalls zu mitteln, um Scheinobjektivität zu vermeiden. Im Beispiel wäre Lieferant 3 eindeutig die erste Wahl. In vielen Unternehmen basieren solche Entscheidungen auf Bauchgefühl. Das ist aus meiner Sicht nicht sinnvoll, weil Emotionen (wie Sympathie und Antipathie oder persönliche Beziehungen) das Urteil trüben und dauerhaft Nachteile zur Folge haben können.

	Nutzwertanalyse Lieferantenauswahl						
	Lieferant 1		Lieferant 2		Lieferant 3		Gewichtung
Punkte	1–10	**gesamt**	1–10	**gesamt**	1–10	**gesamt**	
Qualität	8	**24**	6	**18**	9	**27**	30 %
Preis	6	**18**	8	**24**	6	**18**	30 %
Termintreue	9	**18**	6	**12**	9	**18**	20 %
Lieferzeit	9	**9**	6	**6**	9	**9**	10 %
Flexibilität	3	**3**	6	**6**	7	**7**	10 %
Summe		72		66		79	

Abb. 8: Beispiel für eine Nutzwertanalyse

Wichtige Eckdaten: Zahlen, die wirklich zählen

Wenn sich Unternehmer treffen, die sich nicht kennen, kommt es oft vor, dass direkt zu Beginn zwei Kennzahlen abgefragt werden. Das sind Umsatz und Anzahl der Mitarbeiter. Ich habe immer wieder beobachtet, dass die Antworten darüber entscheiden, wie der Erfolg eines Unternehmers eingestuft wird. Aus zahlreichen Unternehmercoachings weiß ich allerdings, dass viele Firmen mit hohen Mitarbeiterzahlen wenig profitabel sind und teilweise kaum Geld auf dem Konto haben. Hohe Umsätze resultieren zum Teil aus Ausschreibungen, Projektgeschäften oder anderen Deals, die keine befriedigende Marge bringen. Und so kann ich jeden, der das hier liest und vielleicht nur eine kleine Firma hat, beruhigen. Es gibt da draußen viele Organisationen, die deutlich größer sind als Ihre. Machen Sie sich darüber keine Gedanken. Was Sie von außen sehen, entspricht häufig nicht dem wahren Zustand einer Firma. Denken Sie zurück an den neuen Markt. Dort gab es Unternehmen mit irrwitzig hohen Bewertungen, die keinen Euro Gewinn machten. Ähnliches finden Sie auch im Mittelstand. Fragen Sie einfach Ihren Steuerberater. Der wird das sofort bestätigen. Solche Firmen betreiben Vogel-Strauß-Politik, oft bis zum bitteren Ende, an dem eine Insolvenz nicht mehr abzuwenden ist. Damit Sie wissen, wo Sie wirklich stehen, sollte Ihr Controlling die folgenden Zahlen im Auge behalten:

Welche Umsätze macht Ihre Firma zuverlässig pro Monat?

Schwankungen sind normal. Aber es muss möglich sein, einen Mittelwert zu bestimmen. Bleiben die Umsätze im Jahresmittel stabil, steigen oder fallen sie? Was sind die Ursachen? Auch Vergleiche zum Vorjahresquartal oder -halbjahr sind aufschlussreich. Suchen Sie nicht lange nach Schuldigen, erst recht nicht außerhalb Ihres Unternehmens, wenn die Zahlen nicht gut sind. Suchen Sie stattdessen nach Lösungen. Es bringt Sie nicht weiter, »die Konjunktur«, »den starken Dollar« oder den nassen Herbst für Umsatzeinbußen verantwortlich zu machen. Überdenken Sie Ihre Zielkunden, Ihre Angebotspalette, eventuell auch Ihren Marketingauftritt.

Welche Auslastung haben Sie zuverlässig pro Monat?

Ist die Auslastung in allen Monaten und bei allen Mitarbeitern gleich oder gibt es gute und schlechte Monate, produktive und weniger produktive Mitarbeiter? Lässt sich die zeitliche und personelle Auslastung durch eine modifizierte Planung optimieren?

Ermitteln Sie auch hier einen Durchschnittswert, indem Sie jährliche, halbjährliche oder quartalsweise anfallende Einnahmen mitteln. Achten Sie auf die Relation zum Umsatz. Ein Warnsignal ist: Die Umsätze steigen, während der Gewinn stagniert. Mit mehr Aufwand das Gleiche zu verdienen, kann nicht Ihr Ziel sein.

Wie viele aktive Kunden haben Sie?

Gemeint ist: Wie viele Kunden beziehen regelmäßig Leistungen bei Ihnen? Hier zählt nicht eine imposante Adressdatei mit den üblichen Karteileichen, sondern es geht um die Zahl der Kunden, die Ihnen tatsächlich in einem zuvor definierten Zeitraum Umsätze bringt. Wir sind hier von 14 Monaten ausgegangen, weil dies im IT-Geschäft erfahrungsgemäß ein Zeitraum ist, in dem Kunden, die die Geschäftsbeziehung fortführen, irgendeinen Bedarf haben – und sei es nur die Aktualisierung des Antivirenschutzes. Daneben gibt es immer Einzelumsätze (jemand, der ein Gerät kauft oder einmalig bestimmte Dienstleistungen in Anspruch nimmt). Das habe ich immer als Extraumsatz betrachtet. Planen können Sie nur mit aktiven Kunden, die regelmäßig in Kontakt mit dem Unternehmen stehen und eine aktive Geschäftsbeziehung pflegen. Für Sie mag ein anderer Zeitwert passen. Definieren Sie in jedem Fall eine solche Zeitspanne und beobachten Sie die Zahl Ihrer aktiven Kunden. Nur so können Sie absehen, ob Sie wachsen, eine Seitwärtsbewegung machen oder Kunden verlieren. Und ganz nebenbei erkennen Sie auch, wo Sie mal wieder anrufen sollten. Vielleicht hat Sie jemand vergessen?

Wie viele Neukunden gewinnen Sie pro Monat?

Fragen Sie jeden Neukunden, wie er auf Sie aufmerksam wurde, und protokollieren Sie auch, was für Maßnahmen Sie einsetzen, um Neukunden zu gewinnen. Wenn Sie regelmäßig Geld in Werbung investieren, achten Sie darauf, die Anzahl der gewonnenen Neukunden immer in Relation zu solchen Aktivitäten zu setzen. Wenn Sie beispielsweise das Werbebudget für Onlineanzeigen von 300 auf 600 Euro pro Monat verdoppelt haben, die monatliche Zahl der Neukunden sich aber nicht verändert, wissen Sie, dass die Zusatzausgabe sich nicht lohnt.

Wie hoch ist Ihr durchschnittlicher Kundenwert?

Wie viel Geld verdienen Sie im Schnitt mit einem Kunden pro Jahr? Und wie viele Jahre bleibt ein Kunde im Normalfall bei Ihnen? Mit diesen Kriterien ermitteln Sie, wie hoch Ihr *Kundenwert* ist. Je genauer Sie diesen Wert kennen, desto fundierter können Sie Entscheidungen treffen, etwa über Akquisemaßnahmen. Die Kosten für die Generierung von Leads im Onlinemarketing sollten beispielsweise immer in Relation zum Kundenwert betrachtet werden. Wenn Ihr Kundenwert im Schnitt 50 000 Euro über fünf Jahre beträgt, ist es unerheblich, ob ein Lead Sie auf der einen Social-Media-Plattform 750 Euro und auf einer anderen »nur«

500 kostet. In diesem Fall sollten Sie beide bespielen. Auch für das Verhalten bei Konfliktgesprächen oder Reklamationen ist der Kundenwert ein guter Ratgeber. Wenn eine Friseurkundin sich alle zwei Monate für 100 Euro die Haare schneiden und färben lässt und dem Unternehmen im Schnitt fünf Jahre treu bleibt, beträgt ihr Kundenwert 3000 Euro. Vor diesem Hintergrund liegt Kulanz bei kleineren Beträgen, etwa beim Wunsch nach Umtausch eines 10-Euro-Pflegeproduktes, erheblich näher als beim isolierten Blick auf den Einmalumsatz von 100 Euro. Das ist auch der Grund, warum bei uns im Unternehmen die Disponentin ohne Rücksprache völlig unbürokratisch Kulanzgutschriften bis zu einem bestimmten Betrag ausstellen konnte. Wir hatten unsere Hausaufgaben gemacht und im Zuge von Standards und Prozessen definiert, wie hier zu verfahren ist. Unsere Kunden konnten es zum Teil kaum fassen, wie einfach ihr Anliegen gelöst wurde. Günstiger können Sie Kunden kaum begeistern und an sich binden!

Vertriebscontrolling: Erfolg planen

Je klarer Sie sehen, was in Ihrem Vertriebsprozess läuft, was nicht läuft und wo Handlungsbedarf besteht, desto schneller wird sich Ihr Unternehmensergebnis verbessern. Wenn Ihr Vertrieb optimal funktioniert, ruft Sie irgendwann die Bank an und sagt, Ihr Konto sei voll – Sie müssen ein neues eröffnen 😉. Auf diesen Tag sollten Sie hinarbeiten, indem Sie konkrete Handlungsfelder identifizieren, Maßnahmen ergreifen und in die Umsetzung kommen. Planen Sie keine Budgets, planen Sie Erfolg. Pushen Sie Ihren Vertrieb. Behalten Sie Erfolgsquoten im Auge und passen Sie bei Bedarf die Strategie immer wieder an. Die Fragen, die ich Ihnen dazu stellen könnte, könnten viele Seiten füllen. Hier den Hebel anzusetzen und Unternehmerkollegen bei der Optimierung ihrer Profitabilität zu unterstützen, ist Kern meines Tagesgeschäfts.

Neben den schon erwähnten Fragen ...

- Wie viele Kunden haben Sie?
- Wie viele davon sind aktive Kunden? und
- Wie hoch ist Ihr durchschnittlicher Kundenwert?

… sind unter anderem folgende Fragen zielführend bei der Vertriebsoptimierung:

- Wie viel Umsatz machen Sie, indem Sie Dinge (Produkte) verkaufen?
- Wie viel Umsatz machen Sie, indem Sie Dienstleistungen verkaufen?
- Wie viel Umsatz machen Sie, weil es Verträge gibt, die Kunden zu monatlichen Zahlungen veranlassen (Abonnements)?
- Welche Ihrer Produkte oder Dienstleistungen verkaufen sich besonders gut?
- Wie profitabel sind diese Produkte oder Dienstleistungen?
- Wie lässt sich die Profitabilität dieser Produkte oder Dienstleistungen steigern?
- Lassen sich Dienstleistungen in profitable Produkte (Pakete zu Festpreisen) verwandeln?
- Wie viele Neukundenkontakte haben Sie pro Monat?
- Wie viele Kundenkontakte haben Ihre Mitarbeiter im Vertrieb pro Tag?
- Wie viele dieser Kontakte sind mit Bestandskunden?
- Wie viele dieser Kontakte sind mit Neukunden?
- Wie kommen diese Kontakte zustande? Werden potenzielle Kunden angerufen oder melden diese sich von sich aus?
- Wie viel Zeit verbringen Ihre Vertriebler mit Kunden?
- Wie hoch sind die Abschlussquoten der Vertriebler in Verkaufsgesprächen?
- Was können Sie tun, um die Abschlussquoten zu steigern?
- Wie viel Zeit sind Ihre Vertriebler mit Verwaltungsaufgaben, Vorbereitungen (etwa auf Meetings und Präsentationen) und anderen nicht direkt verkäuferischen Aufgaben beschäftigt?
- Wie viele Beratungsgespräche verkaufen Sie pro Monat?
- Wie viele Angebote schreiben Sie pro Monat?
- Wie oft werden Angebote überarbeitet?
- Wie viele Angebote werden zum Auftrag?

- Wie lange dauert es im Durchschnitt, bis aus Angeboten Aufträge werden?
- Was sind die Gründe dafür, dass aus Angeboten keine Aufträge werden? Gibt es wiederkehrende Gründe, die sich beseitigen lassen?
- Könnten Schwächen bei der Bedarfsermittlung dafür verantwortlich sein, dass aus Angeboten keine Aufträge werden?
- Wie viele Weiterempfehlungen bekommen Sie pro Monat?
- Warum sind es nicht mehr? Was müssten Sie dafür ändern?

Egal, wie gut Sie (und Ihre Firma) heute schon sind, ständig ändert sich etwas und darauf müssen Sie reagieren. Aus der Praxis weiß ich, dass dies nicht immer gelingt. Vertriebler, die bisher gut waren, tun sich oft schwer, wenn sie plötzlich aktiver werden sollen. Nicht jeder weiß wirklich, wie man Neukunden anruft, wenn er bisher viel Umsatz von Bestandskunden zugeschoben bekam. Melden diese sich nicht mehr von allein, wird es eng. Auch aktive Bestandskundenpflege und -entwicklung beherrschen nur wenige. Oft fehlt die Erfahrung oder Routine, denn als die Wirtschaft noch boomte, war es schon schwer genug, die vorhandene Nachfrage zu bedienen. Noch schlimmer ist, wenn Sie neue Kräfte an Bord holen, die sich dann bei den alten abschauen, wie man bei Ihnen arbeitet. Das habe ich mehr als einmal erlebt. Sie verschenken damit die Chance, dass jemand neue Impulse setzt und dazu beiträgt, Ihre Firma in eine erfolgreichere Zukunft zu führen. Nach x Jahren hinterfragen Menschen ihr Handeln nicht mehr. Dazu sind Impulse von außen notwendig. Neue Kollegen ohne (externes) Coaching an Bord zu holen, bringt Ihnen nur mehr von den alten Ergebnissen. Denn die Neuen werden sich wie Gäste den Hausregeln anpassen und Ihre Agenda nicht offen infrage stellen.

Optimierungspotenzial gibt es überall.

Nach Vorträgen werde ich oft gefragt, ob ich auch für Vertriebstrainings buchbar bin. Wenn ich dann Nein sage, ist die Überraschung groß. Doch Fakt ist: Was sollen wir trainieren? Zum Zeitpunkt des Gesprächs weiß ich nicht, wer Sie sind, was Sie machen, wie Ihr Vertrieb aufgestellt ist, was gut funktio-

Erst die Diagnose, dann die Therapie!

niert und was nicht, ob Ihr Fokus auf Neukundengewinnung oder Bestandskundenentwicklung liegt und so weiter und so fort. Es gibt unzählige Fragezeichen. Daher starte ich immer mit einem Strategieworkshop oder Coaching, in dem wir erst einmal die Ausgangslage klären. Auf diese Weise und durch die passgenaue Ausrichtung auf Kundenbedürfnisse habe ich schon oft dazu beigetragen, dass Mitarbeiter befördert oder entlassen, Vertriebswege geändert oder erweitert, Produkte und Dienstleistungen gestrichen oder neu ins Portfolio aufgenommen wurden. Vor allem aber trage ich dazu bei, dass Unternehmen profitabler werden.

Vertriebler überzeugen Kunden, Geld ins Unternehmen zu tragen.

Vertriebler sind diejenigen, die Kunden dazu motivieren, Geld in Ihr Unternehmen hineinzutragen. Achten Sie darauf, dass sich diese Key Player nicht mit Aufgaben beschäftigen, die problemlos andere Mitarbeiter übernehmen könnten – etwa mit Reiseplanung, dem Buchen von Hotelzimmern oder damit, Angebote im Detail zusammenzustellen und zu verschicken. Sie verschwenden Geld, wenn ein starker Closer sich mit dem Tippen von Leistungsaufstellungen beschäftigt, statt Abschlüsse zu machen. In einem Coaching sagte mir ein erfolgreicher Verkäufer, dass er seine Angebote lieber selbst schreibe, als das an den Vertriebsinnendienst zu delegieren, weil sonst Details und Besonderheiten, die im Kundengespräch besprochen wurden, verloren gingen. Wenn Sie das Kapitel über Standards und Prozesse verinnerlicht haben, wissen Sie, woran diese Argumentation krankt, und werden sie keinesfalls akzeptieren. Ihr Unternehmenserfolg steht und fällt mit einem starken Vertrieb. Sorgen Sie dafür, dass Sie die richtigen Persönlichkeiten in dieser Schlüsselfunktion haben, und ermöglichen Sie Bestleistungen durch kontinuierliches Training. Behalten Sie die Zahlen entsprechend dem obigen Fragenkatalog im Auge und steuern Sie gegen, wenn etwas aus dem Ruder läuft. Dann ist Ihr Erfolg gar nicht mehr zu verhindern.

Ihr Unternehmergehalt: Pay yourself first!

»Bezahle dich selbst zuerst« lautet ein gängiger Ratschlag zur persönlichen Vermögensbildung. Wer zu Beginn des Monats einen festen Betrag investiert, wird unweigerlich mehr Geld für sich zurücklegen als derjenige, der erst alle Rechnungen bezahlt und fröhlich konsumiert, um am Ende des Monats zu schauen, was noch übrig ist. »Pay yourself first« verändert die Perspektive und den täglichen Umgang mit Geld. Und weil das auch für Unternehmer gilt, habe ich das haargenau so gemacht. Ich bezahlte mir jeden Monat ein ordentliches Gehalt, das sich stetig steigerte und aus 14 Zahlungen bestand (zwölf Monatsgehälter plus Urlaubs- und Weihnachtsgeld). Die Zahlungen gingen per Dauerauftrag auf mein Privatkonto. Für viele Profis, die dies lesen, mag das banal klingen. Doch die Realität ist, dass sich sehr viele Selbstständige kein festes Gehalt aus der Firmenkasse bezahlen, sondern immer von dem leben, was gerade übrig bleibt. Ich bin auf diesen Punkt schon im ersten Kapitel zu sprechen gekommen, und weil er so wichtig ist, hier noch einmal die Konsequenzen, wenn Sie auf ein angemessenes Unternehmergehalt verzichten:

Mehr Einsatz. Mehr Risiko. Mehr Gehalt!

1. »Von den Resten leben« bremst Ihren Ehrgeiz und lässt Sie eher an unrentablen Projekten, Kunden und auch Prozessen festhalten. Umgekehrt werden Sie stärker nach Möglichkeiten fahnden, Kosten zu sparen und mehr Gewinn zu erzielen, wenn Sie entschlossen sind, (auch) Ihr Gehalt zu erwirtschaften. Dabei sind die Möglichkeiten der Kostensenkung in Unternehmen limitiert, die der Gewinnsteigerung bei entsprechender Kreativität jedoch nicht.
2. »Von den Resten leben« verhindert Transparenz über die Performance der Firma. Wenn Sie sich kein Unternehmergehalt zahlen, verlieren Sie das Gefühl dafür, ob sich Ihr Einsatz lohnt und ob Sie Ihr Engagement an der richtigen Stelle einsetzen.
3. Ein Unternehmen, in dem sich der geschäftsführende Inhaber selbst kein festes Gehalt zahlt, ist schwer zu verkaufen. Wenn sich nicht mal der Eigentümer nachvollziehbar und angemessen

bezahlt, entsteht sofort der Verdacht, die Firma funktioniere einfach nicht richtig.

2020 betrug der Durchschnittsbruttoverdienst vollzeitbeschäftigter Arbeitnehmer 3975 Euro monatlich, hat das Statistische Bundesamt errechnet, und zwar ohne Urlaubs- und Weihnachtsgeld und sonstige Gratifikationen. Bei 14 Monatsgehältern ergäbe sich damit im Durchschnitt ein Jahresbruttoeinkommen von etwas weniger als 56 000 Euro. Das ist weit mehr, als viele Unternehmer sich als Gehalt zubilligen. Wie ist das bei Ihnen? Vor allem Soloselbstständige verdienen oft weniger als den Mindestlohn. Laut einer älteren Statistik des DIW gehörte man in diesem Bereich mit einem Nettomonatsverdienst von 3000 Euro schon zu den 10 Prozent Bestverdienern. Und auch Unternehmer, also Selbstständige, die Personal beschäftigen, verdienten Anfang des letzten Jahrzehnts nur selten über 6000 Euro netto im Monat.[13] Das ist für den enormen Einsatz und das wirtschaftliche Risiko in beiden Gruppen einfach zu wenig! Als Unternehmer am eigenen Gehalt zu sparen, ist der falsche Ansatz. Wenn Geld knapp ist, müssen der Gewinn gesteigert und die Kostenstruktur geprüft werden. Dann fällt häufig auf, dass sowohl der Dienstwagen als auch andere »Repräsentationsausgaben« (großes Büro, schicke Assistenz) erst einmal durch mehr Profit gerechtfertigt werden müssen. Und damit wächst schließlich auch die Bereitschaft, Prozesse, Produkte sowie Marketing- und Vertriebsstrategien energisch auf den Prüfstand zu stellen.

Verdienen Sie mehr als der durchschnittliche Angestellte?

Mitarbeitergehälter: Ergebnisse belohnen, nicht Anwesenheit

Personalkosten sind ein wesentlicher Kostenblock im Unternehmen. Deshalb sollten Sie die Gehälter immer im Blick haben. Es dürfte für Sie keine Überraschung sein, dass Mitarbeiter gern mehr verdienen möchten. Manche streben nach einer jährlichen Gehaltserhöhung, andere sind mit einer Erhöhung alle zwei bis drei Jahre zufrieden, manche fragen nach mehr Geld, andere nicht. Ich bin kein Freund von Gehaltserhöhungen. Wenn Sie in guten Zeiten das Gehalt eines Mitarbeiters erhöhen, um ihn am Unternehmenserfolg zu beteiligen, wird derselbe Mitarbeiter dann in schlechten Zeiten auch bereit sein, den Misserfolg mitzutragen und auf Gehalt zu verzichten? In der Regel nicht. Und dann haben Sie Kosten, die Sie sich eigentlich nicht mehr leisten können. Einfacher und weitsichtiger ist es, Mitarbeitern ein gutes Basisgehalt zu bieten, das ihnen Sicherheit gibt und ihre Ausgaben deckt, und on top eine variable Vergütung zu zahlen, die sich am Unternehmensergebnis orientiert. Dann hat es jeder in der Hand, ob er mehr oder weniger verdient.

Belohnen Sie messbare Beiträge zum Unternehmenserfolg.

Voraussetzung ist natürlich, dass Mitarbeiter direkten Einfluss auf das Unternehmensergebnis haben und sich dieser Einfluss messen lässt. Das ist häufiger der Fall, als es auf den ersten Blick scheint. Nehmen Sie meine Disponentin (siehe das Best-Practice-Beispiel in Kapitel 6). Vordergründig generiert sie selbst keine Umsätze, denn sie erbringt ja keine Serviceeinsätze. Allerdings lässt sich messen, wie stark sich die Produktivität durch ihre Planung gesteigert hat, indem beispielsweise Pufferzeiten reduziert, Fahrtwege verkürzt und Leerfahrten vermieden wurden. Dank guter Organisation mussten manche Kollegen morgens gar nicht erst in die Firma kommen, weil sie am Vorabend schon alles mitnahmen, was sie am ersten Einsatzort brauchten. Ähnlich verhält es sich mit Führungskräften. Wenn diese ihre Mitarbeiter nachweislich selbstständiger und leistungsfähiger machen, lässt sich auch hier eine Wertschöpfung errechnen, die man mit einer Prämie honorieren könnte.

Anwesenheit ist keine Leistung.

In vielen Unternehmen gelten bis heute die Mitarbeiter als besonders wertvoll, die die meisten Überstunden machen und es möglichst vermeiden, vor dem Chef das Firmengebäude zu verlassen. Ich halte das für falsch. Es zahlt sich für jeden Unternehmer aus, Mitarbeiter für Ergebnisse zu belohnen statt für Anwesenheit. Damit der Geist der Ergebnisorientierung durchs Unternehmen weht, verdeutliche ich in Trainings den Teilnehmern, aus welchen Bausteinen sich ihr Gehalt zusammensetzt. Neben den üblichen Komponenten Nettolohn, Lohnnebenkosten, Gemeinkostenanteil (Räume, Infrastruktur …) und Unternehmergewinn (als Kompensation des unternehmerischen Risikos) setze ich dabei auch eine »Betreuungspauschale« an. Das leuchtet beim Azubi vielen sofort ein: Im ersten Lehrjahr braucht ein Auszubildender sehr viel Anleitung, sein Beitrag zum Unternehmensergebnis ist gering, auch wenn er jeden Tag im Einsatz ist. Mit jedem Lehrjahr wird er selbstständiger und für das Unternehmen wertvoller. Deshalb steigt sein Ausbildungsentgelt. Als Geselle macht er dann einen Gehaltssprung, weil er zahlreiche Aufgaben eigenverantwortlich erledigen kann. Was vielen Mitarbeitern nicht bewusst ist: Dieser Mechanismus endet nicht zwangsläufig mit dem Erhalt des Gesellenbriefes oder der Einarbeitung in einen neuen Job. Mitarbeiter, die immer weniger Fehler machen, weniger Korrekturschleifen verursachen, immer weniger Führung brauchen, können mehr Geld verdienen, ohne dass sie für das Unternehmen teurer werden. Sie verringern die Transaktionskosten und entlasten Führungskräfte, die in der Folge größere Teams führen können. Und das sollte sich in ihrem Gehalt abbilden.

Kontrollieren Sie Ergebnisse statt Arbeitsverhalten.

Zeitgemäß ist dieses Leistungsverständnis auch, weil es modernen Arbeitsbedingungen mit Homeoffice und Remote Work entspricht. Wenn ein Mitarbeiter beispielsweise jeden Nachmittag von 16 bis 19 Uhr sein Kind betreut, dafür aber von 19:30 Uhr bis 22:30 Uhr seine restliche Arbeit erledigt, dann ist das doch völlig in Ordnung, solange die Ergebnisse stimmen. Ergebnisse zählen und daher sollten Ergebnisse kontrolliert werden, nicht Anwesenheit, und auch nicht, wann und in welcher Zeit und in welchen Teilschritten ein Ergebnis erreicht wurde. Das bedeutet auch: Ergebnisse müssen klar definiert und messbar sein. Ich werbe entschieden dafür, dass Sie weniger kontrollieren, wann was erreicht wurde, sondern vorrangig prüfen, *wie viel* erreicht wurde. Und genau das sollte über das Gehalt eines Mitarbeiters entscheiden – nicht die Dauer seiner Firmenzugehörigkeit, das Gehalt in seinem letzten Job oder seine familiäre Situation. Außerhalb von Behörden und außerhalb großer Konzerne ist es für den Arbeitgeber entscheidend, wie viel ein Mitarbeiter zum Profit des Unternehmens beiträgt. Daraus ergibt sich, was er maximal kosten darf, um für das Unternehmen wirtschaftlich zu sein. Ist er das, kann er eingestellt werden. Ist er das nicht, kann er nicht eingestellt werden. Jemanden nur einzustellen, weil es gerade keinen anderen gibt oder weil die Personalsuche sich schwierig gestaltet, ist nicht unternehmerisch. Und ihn gar einzustellen, weil es dem eigenen Ego schmeichelt, jemanden dieses »Kalibers« im Unternehmen zu haben, ist einfach nur dumm.

Können Sie sich weitere Mitarbeiter leisten?

Achten Sie also darauf, dass Sie Mitarbeiter nicht überbezahlen, und kalkulieren Sie sorgfältig, wie viele Mitarbeiter Sie sich tatsächlich leisten können. Dabei spielt Planungssicherheit eine wesentliche Rolle und die wiederum haben Sie am ehesten, wenn Ihre Prozesse klar strukturiert, Ergebnisse eindeutig definiert und Erfolgsmessungen zuverlässig aufgestellt sind. Wenn Sie beispielsweise präzise absehen können, welchen Auftragszuwachs bestimmte Marketing- und Werbemaßnahmen Ihnen bringen würden, ist das eine gute Entscheidungsgrundlage für die Einstellung weiterer Mitarbeiter. Und wenn Sie berechnen können, welches Auftragsvolumen und damit welchen Zuwachs an Umsatz und Gewinn ein erfahrener Servicemitarbeiter erzielen würde, ist das ein guter Gradmesser für das Gehalt, das Sie ihm zahlen können. Je weniger kalkulierbar Ihr Geschäftsfeld und Ihre Auslastung (noch) ist, desto vorsichtiger sollten Sie agieren und Mehrbelastung eher durch Prämien vergüten, als weitere Mitarbeiter einzustellen. Es ist daher wichtig, dass Sie jederzeit den Überblick über den Cash Flow und die Entwicklung des Unternehmens behalten. Tun Sie das mit Augenmaß, legen Sie keine sinnlosen Zahlenfriedhöfe an. Denn: Menschen, die sehr gut Basketball spielen, werden dadurch nicht größer. Und die schönste Excel-Tabelle allein beschert Ihnen nicht mehr Profit.

FAZIT: Controlling

10 Profitbremsen	10 Profitbeschleuniger
– Mehr Umsatz und mehr Mitarbeiter als Indiz für Erfolg	+ Mehr Effizienz als Indiz für Erfolg (mit denselben Mitarbeitern mehr Profit erzielen)
– Kein Überblick über finanzielle Situation des Unternehmens	+ Liquidität stets im Blick haben und dadurch Entscheidungsspielräume sichern
– Von der Hand in den Mund leben	+ Finanzielle Reserve für mehrere Monate anlegen, um auch in Krisen handlungsfähig zu sein
– Der Chef schreibt alle Rechnungen, sobald er Zeit hat	+ Wöchentlicher Rechnungslauf durch Mitarbeiter auf der Basis vollständig dokumentierter Leistungen
– Rechnungsstellung erst nach Auftragsabschluss	+ Vorauszahlungen des Kunden bei Auftragserteilung und Wareneingang
– Wichtige Eckdaten (wie Umsatz, Auslastung, Gewinn, aktive Kunden, Kundenwert) nicht erheben	+ Wichtige Eckdaten (wie Umsatz, Auslastung, Gewinn, aktive Kunden, Kundenwert) laufend erheben
– Kein Vertriebscontrolling	+ Kontinuierliche Erfolgsmessung im Vertrieb und daraus folgend strategische Korrekturen
– Kein fest definiertes und angemessenes Unternehmergehalt	+ Unternehmer zahlt sich ein angemessenes Monatsgehalt inklusive Weihnachts- und Urlaubsgeld
– Mitarbeiter einstellen, die man sich nicht leisten kann	+ Mitarbeiter einstellen, wenn der wirtschaftliche Erfolg es rechtfertigt
– Gehaltserhöhungen für Mitarbeiter bei instabilem, schwankendem Unternehmenserfolg	+ Faire Basisgehälter für Mitarbeiter und Boni / Prämien für messbare Beiträge zum Unternehmenserfolg

9. Führung:
Hören Sie auf zu motivieren, übertragen Sie Verantwortung

Machen Sie Menschen von Problembeschreibern zu Problemlösern.

Im Sommer 2020 näherte ich mich spätnachmittags einer roten Ampel, als der Luftsensor meines Wagens Alarm schlug. Ich hielt an, öffnete die Fahrertür und hörte es zischen. Es bestand eindeutig Handlungsbedarf. Ich schickte eine kurze Sprachnachricht ins Büro und fuhr nach Hause. Rund eine Stunde später klingelte mein Telefon. Ich wurde von meiner Kollegin informiert, was nun passieren würde: Am nächsten Morgen gegen 8:30 Uhr würde ein Auszubildender vorbeikommen, mein Auto abholen und es in die Werkstatt bringen. Weil unsere bevorzugte Werkstatt Betriebsferien hatte, hatte die Kollegin eine andere gewählt. Weil diese keine Reifen vorrätig halte, werde der Azubi vor dem Termin bei mir im Reifenhandel vorbeifahren, um die vorbestellten Reifen abzuholen. Da ich vermutlich keine Ahnung hätte, ob sich im Auto ein Reserverad befände oder aber eine Pumpe, mit der der Wagen wieder fahrtüchtig gemacht werden könne, seien auch hierfür Vorkehrungen getroffen worden. Auf Wunsch stünde mir der Firmenwagen des Mitarbeiters zur Verfügung. Grundsätzlich sei allerdings davon auszugehen, dass ich spätestens gegen 14:30 Uhr wieder ein funktionsfähiges Auto vor der Tür hätte. Ich bedankte mich und beendete das Telefonat. Warum ich Ihnen das erzähle? Auf diese Weise wurden bei uns im Unternehmen alle Arbeitsaufgaben erledigt: eigenverantwortlich und selbstgesteuert. Das Führungskonzept, das dafür erforderlich ist, möchte ich Ihnen in diesem Kapitel näherbringen.

Vergessen Sie Führungsstile!

Die Eingangsgeschichte illustriert, woran ich jahrelang gearbeitet habe. Mein Fokus lag darauf, Menschen zu befähigen, von Problembeschreibern zu Problemlösern zu werden. Mitarbeiter sollten selbstständig und ohne den Chef im Nacken die im betrieblichen und in meinem Sinne sinnvollsten Entscheidungen treffen, ohne sich erst im Detail abzusichern oder durch kleine Hindernisse (Stammwerkstatt zu, Reifen nicht da ...) aufhalten zu lassen. Darüber hinaus war mir wichtig, dass so wenige Personen wie möglich in eine Aufgabe involviert wurden. Das oberste Ziel aber war, mich aus allem herauszuhalten.

Das Ziel: Mitarbeiter, die selbstständig im Sinne des Unternehmens handeln.

Selbstverständlich wäre es möglich gewesen, selbst zu prüfen, ob ein Reserverad im Auto liegt. Aber diese ganzen Rücksprachen verzögern nur alles. Im Unternehmen war daher fest in den Köpfen der Mitarbeiter verankert, Schnittstellen zu vermeiden. Diese Denke hat sehr zu unserem Erfolg beigetragen, denn sie steigert auch das Kundenerlebnis. Kunden bestellen keine Produkte oder Dienstleistungen, sie bestellen Ergebnisse. Und diese kommen schneller zustande und sind überzeugender, wenn die Kunden nicht auf Abstimmungen im Unternehmen warten müssen. Und falls Sie einwenden, ich hätte doch Geld sparen können, wenn ein Reservereifen da gewesen oder die Wahl der Werkstatt mit mir abgestimmt worden wäre: Lesen Sie das Kapitel »Transaktionskosten oder Milchmädchenrechnungen im Unternehmen« in meinem Buch »55 Business-Turbos für KMU«.

Wirksamkeit ist wichtiger als Stilfragen.

Sie merken schon: Ich habe nicht vor, Ihnen das Thema Führung aus theoretischer Sicht zu präsentieren und Thesen zu wiederholen, die Sie bereits in vielen Führungsbüchern lesen konnten. Ich liefere einen Praxisbericht, von dem ich mir Impulse für Ihren Alltag verspreche. »Führungsstile« zu präsentieren, bringt aus meiner Sicht ohnehin nichts, weil es den idealen Führungsstil nicht gibt. Es spielt letztlich keine Rolle, ob jemand autoritär, kooperativ oder partizipativ führt. Der einzige Bewertungsmaßstab für Führungsstile muss sein, ob der in einer bestimmten Situation gewählte Stil wirksam ist – ob Sie damit Ihre Ziele erreichen. Wenn es brennt, berufen Sie keine Diskussionsrunde ein. Und wenn Sie die Kreativität Ihrer Mitarbeiter mobilisieren wollen, ist es nicht besonders schlau, ihnen alles vorzuschreiben. Mein Ziel war, mich im Alltagsgeschäft weitgehend überflüssig zu machen. Wenn Ihr Ziel ein anderes ist – etwa die volle Kontrolle über alles zu behalten, was in Ihrem Unternehmen passiert –, müssen Sie einen anderen Führungsstil verfolgen. Meiner Erfahrung nach träumen die meisten Unternehmer allerdings davon, aus dem täglichen Hamsterrad auszusteigen. Und »alles« unter Kontrolle zu haben, ist ab einer bestimmten Unternehmensgröße ohnehin eine Illusion. Streng genommen gilt das ab dem ersten Mitarbeiter, den Sie einstellen.

Jeder Chef hat die Mitarbeiter, die er verdient.

In der Realität ist das eigene Führungsverhalten eine Kombination aus erlernten und erprobten Vorgehensweisen, Erfahrung und Persönlichkeit. Vor allem in Stresssituationen schlägt die eigene Persönlichkeit durch und alle im Seminar geübten Techniken und sämtliche guten Vorsätze sind vergessen. Deshalb erscheint es mir für Führungskräfte auch wichtiger, die eigene Persönlichkeit zu entwickeln, als Führungsmodelle zu pauken. Machen Sie sich weniger Gedanken darüber, was Sie für einen Führungsstil haben und wie Sie diesen nennen würden. Prüfen Sie einfach, ob das, was Sie tun, die gewünschten Ergebnisse bringt. Das Ziel in diesem Buch ist, Sie in die Lage zu versetzen, ein Unternehmen zu bauen, das im Alltag ohne Sie funktioniert und das Sie jederzeit verkaufen könnten. Aber auch wenn Sie so weit nicht gehen wollen, werden einzelne Elemente aus meinem Führungskonzept von Vorteil für Sie sein. Viele Unternehmer klagen darüber, dass ihre Mitarbeiter »allein nichts geregelt kriegen«. Die brutal ehrliche Antwort darauf lautet: Auf Dauer hat jede Führungskraft die Mitarbeiter, die sie verdient. Es bleiben diejenigen, die mit Ihrer Art zu führen zurechtkommen oder bereit sind, sich anzupassen – aus welchen Gründen auch immer, und sei es nur, weil sie vor Ort ein Haus gebaut haben. Die anderen gehen eher früher als später. Das war bei mir genauso: Selbstständige Menschen blühten auf. Menschen, die klare Ansagen und kleinteilige Führung wollten, kündigten meistens schon im ersten Jahr. Wenn Sie sich mehr Eigenverantwortung im Unternehmen wünschen, bedeutet das: Der einzige Weg dorthin ist, dass Sie Ihr eigenes Verhalten ändern und selbstverantwortliches Handeln zulassen. Nur dann werden Ihre Mitarbeiter nachziehen. »Actions speak louder than words«, sagt man in den USA. Menschen tun nicht das, was man ihnen sagt, sondern das, was man ihnen vorlebt.

Machen Sie aus jedem Mitarbeiter eine Führungskraft

Die wichtigste Person, die jeder – Sie und ich eingeschlossen – zu führen hat, ist die eigene. Wenn Sie es hinbekommen, dass Ihre Mitarbeiter sich selbst führen und sich trauen, Verantwortung zu übernehmen, werden in Ihrem Unternehmen Erfolge möglich, die 90 Prozent aller Unternehmen verwehrt bleiben. Ihr Unternehmen wird effizienter, profitabler und erfolgreicher. Meiner Überzeugung nach ist es nicht so, dass die meisten Menschen das nicht können. Es ist vielmehr so, dass sie es nie gelernt haben, weil es nicht von ihnen verlangt wurde. Handlungsfreiheit macht daher vielen Menschen Angst. Sie flüchten lieber unter die Fittiche eines omnipräsenten Chefs, über dessen ständige Anweisungen sie dann jammern. Selbstführung setzt Selbstvertrauen voraus. Stärken Sie das Selbstvertrauen Ihrer Mitarbeiter und scharen Sie so auf Dauer ein Team um sich, das Aufgaben eigenverantwortlich löst, und das nicht nur, wenn es um neue Reifen für den Dienstwagen geht. Das wiederum setzt voraus, dass Sie loslassen und damit leben, dass Fehler passieren. Fehler jedoch müssen Sie sich leisten können. Auch deshalb ist es wichtig, dass Ihr Unternehmen profitabel arbeitet. Eins greift ins andere, Profit ist letztlich der Schlüssel zum Erfolg, auch in der Führung.

Erfolgserlebnisse möglich machen.

Wie stärken Sie das Selbstvertrauen Ihrer Mitarbeiter? Indem Sie sie dabei unterstützen, selbstständig Entscheidungen zu treffen, und sie dazu befähigen, dass diese Entscheidungen zu guten oder sogar hervorragenden Ergebnissen führen. Ergebnisse haben Einfluss auf das, was wir über uns denken. Was wir über uns denken, hat Einfluss darauf, wie viel Einsatz wir zu bringen bereit sind. Wie viel Einsatz wir bringen, hat Einfluss darauf, welche Ergebnisse wir erreichen (siehe Abbildung 9). An welcher Stelle dieser Erfolgsspirale Sie einsteigen, um Selbstvertrauen und damit Leistung zu steigern, ist letztlich egal. Sie können durch Anleitung oder entsprechende Tipps dafür sorgen, dass jemand bessere Ergebnisse erreicht. Sie können aber auch da ansetzen, dass Sie jemandem helfen, ein anderes Bild von sich zu entwickeln, und so sein Selbstwertgefühl stärken. Oder Sie verlangen jemandem durch die Übertragung einer Aufgabe einen stetigen Einsatz ab, der dazu führt, dass er durch Erfahrung und Routine immer besser wird. Dabei sollten Sie allerdings den Reflexionsprozess nicht vernachlässigen und sogar aktiv begleiten. Nur wenn der Mitarbeiter erkennt, dass sein Einsatz zu stetig besseren Ergebnissen führt, wird dies auch positive Effekte auf den geschilderten Kreislauf haben. Eines jedoch sollten Sie vermeiden: Probleme für Mitarbeiter zu lösen, nur weil die bei Ihnen im Büro stehen und hilflos mit den Achseln zucken. Niemand überlegt sich eigene Lösungen, wenn er weiß, dass der Chef selbst ruckzuck Lösungsvorschläge entwickelt, wenn man ihm nur kurz das Problem präsentiert.

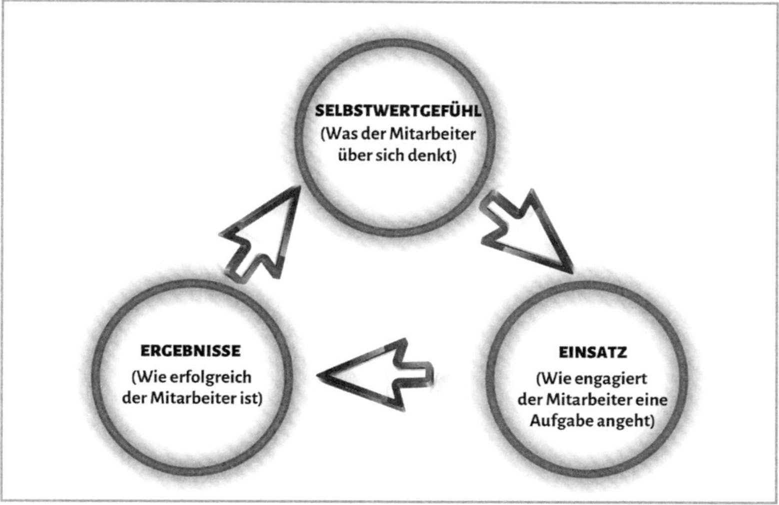

Abb. 9: Was das Selbstvertrauen von Mitarbeitern stärkt
© Philip Semmelroth

Heute wird in vielen Firmen damit geworben, dass Führungskräfte eine Politik der offenen Tür verfolgen und jederzeit ansprechbar sind. Das halte ich für absoluten Blödsinn. Wer zu leicht erreichbar ist, läuft Gefahr, ständig von Mitarbeitern kontaktiert zu werden, die mit einer bestimmten Aufgabe konfrontiert sind, sich damit aber noch nicht auseinandergesetzt haben. Der Kontakt, der häufig zu einem zeitintensiveren Austausch führt, wird also nicht hergestellt, um Ergebnisse zu besprechen, sondern um Analyse, Bewertung und Entscheidungsprozesse zusammen zu durchlaufen. Auf diese Weise nehmen mehrere Personen an einem Prozess teil, den eine Person in der Regel durchaus allein bewältigen könnte. Vermeiden Sie das!

Mitarbeiter wachsen mit ihren Aufgaben.

Hier ein einfaches Beispiel dafür, wie Sie das Selbstvertrauen eines Mitarbeiters stärken können. Bei mir in der Firma war es üblich, dass die Auszubildenden sich um nicht bezahlte Rechnungen kümmern. Dazu übergab ein Mitarbeiter die offenen Rechnungen dem Azubi, der dann nach etwas Training die Kunden anrief, sich höflich vorstellte und hartnäckig nachfragte, zum Beispiel so: »Hier ist Herr XXX, mir ist gerade aufgefallen, dass die Rechnung ABC vom Soundsovielten über XYZ noch offen ist und das Zahlungsziel überschritten wurde. Ich kann mir das gar nicht erklären und würde Sie bitten, mir den Grund dafür kurz zu erläutern.« Im Normalfall versuchte der Kunde dann, den Mitarbeiter abzuwimmeln mit Formulierungen wie »Ich weise das Geld an«. Statt aufzulegen, fragte der Azubi nach (»Wann genau werden Sie es anweisen?«). Häufig sagte der Kunde dann etwas wie »heute oder morgen«. Statt sich damit zufriedenzugeben, fasste der Auszubildende noch mal zusammen, er habe also verstanden, dass das Geld heute oder morgen angewiesen werde, dass es also spätestens am Soundsovielten auf dem Konto eingegangen sein müsste. Der Kunde war dann häufig schon etwas genervt und bejahte das. War das Geld am genannten Tag nicht eingegangen, rief der Auszubildende wieder an, teilte mit, dass es ihm entgegen der Zusage nicht gelungen sei, den Zahlungseingang zu ermitteln, und er jetzt um Hilfestellung bitte, woran es gelegen habe. Auf diese Weise lernten junge Mitarbeiter nicht nur, selbstbewusst mit Kunden umzugehen, sachliche Fragen zu stellen, Verbindlichkeit einzufordern und hartnäckig zu bleiben.

Ihnen wurde auch eine wichtige Aufgabe übertragen, deren erfolgreiche Erledigung sie auf unserem Konto direkt nachprüfen konnten. Solche Erfahrungen wirken sich positiv auf das Selbstvertrauen aus und damit auch darauf, wie andere Aufgaben angegangen werden.

Gezielte Überforderung aktiviert Wachstumspotenziale.

Ich war immer ein Freund von gezielter Überforderung. Ich glaube, dass es die Aufgabe von Führungskräften ist, Mitarbeiter aus ihrer Komfortzone herauszuführen und den Rückweg mit Beton zu vermauern. Wobei: Sich in die Persönlichkeitsentwicklung anderer Menschen einzumischen, ist notwendig, aber anmaßend, wenn man selbst nicht bereit ist, an seiner Persönlichkeit zu arbeiten und sich von Externen fordern zu lassen. Ich bin erschrocken, wenn ich Menschen treffe, die permanent versuchen, Mitarbeiter durch Kritik oder Förderung zu verändern, sich selbst aber offensichtlich für unfehlbar halten (mehr hierzu am Ende des Kapitels).

Lösungen suchen statt Schuldige.

Selbstvertrauen führt nicht nur zu besseren Arbeitsergebnissen, sondern auch zu mehr Ehrlichkeit im Unternehmen. Es wird immer irgendetwas in die Hose gehen, egal, ob Sie sich als Führungskraft einmischen oder auch nicht. Folglich ist es sinnvoller, sich nicht einzumischen. Fehler werden durch Einmischung nicht verhindert, sondern nur teurer (höherer Ressourceneinsatz, Opportunitätskosten). Schwache Mitarbeiter werden immer versuchen, Fehler zu verschleiern, und darauf hoffen, nicht aufzufallen. Selbstbewusste Mitarbeiter werden Fehler nicht nur aktiv ansprechen, sondern häufig gleich Lösungsvorschläge präsentieren, die im besten Fall einfach umgesetzt werden können. Gehen Sie also gelassen mit Fehlern um. Eine »positive Fehlerkultur« reklamieren viele Firmen für sich, doch nur wenige schaffen es tatsächlich, im Alltag den Fokus auf Lösungen und nicht auf Schuldzuweisungen zu legen. Zusätzlich achten Sie darauf, dass in Ihrer Organisation immer die Bereitschaft zur Weiterentwicklung besteht. Jeder Unternehmer startet im Laufe der Zeit Aktionen, die nicht funktionieren. Wenn die Strategie nicht stimmt, nützen auch Ausdauer, Ehrgeiz und Disziplin nichts. Das gilt für Chefs wie für Mitarbeiter: Allen sollte bewusst sein, dass es nichts bringt, schneller zu laufen, wenn man in die falsche Richtung rennt. Und wenn sich niemand davor fürchtet, Herangehensweisen zu verwerfen, weil neue Erkenntnisse vorliegen oder die angestrebten Ergebnisse ausbleiben, können Sie einen kontinuierlichen Verbesserungsprozess in Ihrer Firma in Gang setzen.

Selbststeuernde Teams statt viele Häuptlinge

Führung funktioniert nur, wenn Menschen bereit sind, zu folgen, und dabei auf Freiheitsgrade verzichten. Wir kennen das aus der Geschichte. In jedem Dorf gab es eine Handvoll Menschen, die Führungsrollen besetzten. Das war möglich, weil die meisten anderen im Dorf subjektiv den Eindruck hatten, sicherer zu sein, wenn sie sich nicht allein auf ihre eigenen Instinkte verließen, sondern den Entscheidungen anderer folgten. Dieses Verhaltensmuster stärkte die Macht weniger und festigte die Führungsposition Einzelner. Ich glaube allerdings, dass die Verteilung von Macht auf mehr Schultern den Erfolg einer Gemeinschaft steigert. Für ein Unternehmen, das wachsen möchte, wettbewerbsfähig bleiben und krisenfest aufgestellt sein will, ist es vorteilhafter, wenn seine Führung nicht danach strebt, immer dominanter und wichtiger zu werden. Das Unternehmen erreicht diese Ziele eher, wenn Führung sich im Gegenteil immer entbehrlicher macht. Bei der Bundeswehr gibt es das Konzept »Höchster Führer vor Ort«. Das ist super, weil es die Entscheidungskompetenz immer am Ort des Geschehens platziert, was oft bessere Ergebnisse bringt, als wenn fernab im Lagezentrum Detailentscheidungen getroffen werden. Um viele zu befähigen, selbstständig Probleme zu lösen, muss durch Standards und Prozesse ein Handlungsrahmen definiert sein, der Mitarbeiter handlungsfähig macht und dafür sorgt, dass Ressourcen zielgerichtet eingesetzt werden. Auch hierfür möchte ich Ihnen ein Beispiel geben.

Als 2016 der Crypto-Trojaner Locky das Netzwerk eines unserer Kunden komplett lahmlegte, weil ein Mitarbeiter dort an einem Samstag eine verseuchte E-Mail geöffnet hatte, startete mein Team den Einsatz selbstständig am Samstagabend um 18:00 Uhr, arbeitete bis 2:15 Uhr, machte Sonntagvormittag weiter und zog den Auftrag ohne Rücksprache die ganze Nacht durch, sodass montags gegen 8:30 Uhr beim Kunden alles wieder lief. Solche Vorgänge bekam ich immer erst hinterher mit, weil das Team selbst wusste, wie so etwas zu bearbeiten ist, und sich beispielsweise vorab das Dokument »Unternehmenskritischer Notfalleinsatz« unterzeichnen ließ, das Nacht- und Wochenendarbeit regelte (siehe Kapitel 6 »Standards und Prozesse«). Und falls Sie gerade zweifeln, ob Ihr Team zu so einem Kraftakt bereit wäre: Menschen, die selbstständig handeln dürfen (und wollen), identifizieren sich stärker mit ihrer Arbeit und müssen im Allgemeinen nicht vom Chef erinnert werden, dass Mehreinsatz manchmal nötig ist. Erst kürzlich gestand mir ein ehemaliger Mitarbeiter, er habe zahlreiche Angebote bekommen, woanders mehr zu verdienen, und sei trotzdem bei mir geblieben: »Ich wusste, so viel Freiraum bekomme ich sonst nirgendwo.«

Beispiel: Ein selbstgesteuerter Notfalleinsatz.

Ändern Sie nicht Fähigkeiten. Ändern Sie das Denken.

Wenn Sie gemeinsam mit Ihren Mitarbeitern Standards und Prozesse etablieren und die Selbstständigkeit Ihrer Mitarbeiter durch Zutrauen und Übertragen von Verantwortung stärken, brauchen Sie nicht zwingend eine Person, die die Funktion der Führungskraft wahrnimmt. Ihre Mitarbeiter sind dann kollektiv in der Lage, eine übergeordnete Zielsetzung auch ohne konkrete Vorgaben zu erreichen. Und Sie haben einen Mechanismus, der im Rahmen Ihrer Ziele präzise Ergebnisse liefert. Es gab auch in meiner Firma immer wieder Situationen, in denen einzelne Mitarbeiter überfordert waren und im Normalfall eine Führungskraft kontaktiert hätten. Weil ich das bewusst nicht wollte, habe ich alle dazu angehalten, sich in solchen Fällen im Team abzustimmen und gemeinsam Entscheidungen zu treffen. Das bringt Geschwindigkeit, spart Kosten, steigert die Identifikation mit der Arbeit im Allgemeinen und mit dem erzielten Ergebnis im Besonderen. Außerdem hat es den erfreulichen Effekt, dass Abläufe selbstständig reflektiert und optimiert werden, denn zu keinem Zeitpunkt herrscht Unklarheit darüber, wo die Verantwortung dafür liegt, ob etwas geklappt oder auch nicht geklappt hat. Können Mitarbeiter Verantwortung auf Führungskräfte auslagern, ist es unwahrscheinlich, dass jemand bei Nichterreichen eines angestrebten Ergebnisses sein Handeln reflektiert und in einem ähnlichen Fall in Zukunft anders und besser reagiert. Idealerweise tut er nicht nur das, sondern dokumentiert dies so, dass zukünftig auch Kollegen das bessere Ergebnis erreichen können, die im ursprünglichen Szenario gar nicht involviert waren. Ändern Sie also nicht die Fähigkeiten, ändern Sie das Denken. Ein anderes Mindset bringt nachhaltigere Ergebnisse und führt langfristig auch dazu, dass Mitarbeiter selbst fachliche Defizite ausgleichen, um bessere Ergebnisse zu liefern.

»Unterhäuptlinge« verhindern Eigenverantwortung.

Fakt ist also: Ich habe alles dafür getan, dass mein Team ohne mich Kunden begeistert, Aufträge erledigt und mir den Rücken freihält. Dabei habe ich bewusst auf Führungskräfte verzichtet, weil ich mehr Sinn darin sah, das kollektive Denken nutzbar zu machen und dafür zur Unterstützung und Handlungsorientierung Standards und Prozesse zu entwickeln. Das kostet Zeit, Geld und Mühe, macht das Unternehmen aber schneller, effizienter und wirkungsvoller. Sie erreichen mehr mit weniger Mitarbeitern. Denn sobald Sie »Unterhäuptlinge« einstellen, besteht die Gefahr, dass Mitarbeiter freiwillig oder unfreiwillig Entscheidungen und damit Verantwortung wieder an die Führungskraft delegieren. Ich habe immer Wert darauf gelegt, dass das Ergebnis verstanden ist, das es zu erreichen gilt. Nicht einmal das habe ich in allen Details ausformuliert, weil es durch die Vielfalt und Komplexität der Aufgaben in unserer Branche auch gar nicht möglich gewesen wäre. Die Vielzahl der zu lösenden Probleme lässt sich nicht mit kleinteiligen Regeln steuern. Daher müssen Prinzipien definiert werden. Und eines dieser Prinzipien lautete: »Wir schützen die IT unserer Kunden vor Ausfallzeiten.« Wer das verstanden hatte und sich damit identifizierte, war auch bereit und in der Lage, im konkreten Fall Entscheidungen zu treffen. Siehe Locky.

Langsam loslassen. Nicht von heute auf morgen.

Vielleicht macht Ihnen die Vorstellung von so viel Mitarbeiterselbstständigkeit Angst. Viele Unternehmer fürchten einen Kontrollverlust und halten es eher mit Lenin: »Vertrauen ist gut, Kontrolle ist besser.« Doch Sie müssen bedenken, dass der im Locky-Beispiel beschriebene Grad an Eigensteuerung das Ergebnis eines längeren Prozesses ist. Sie sollen und können natürlich nicht von heute auf morgen »alles« loslassen. Ihre Mitarbeiter müssen sich ebenso daran gewöhnen und lernen, damit umzugehen, wie Sie selbst. Handlungsrahmen müssen abgesteckt, getestet und optimiert werden. Doch Selbststeuerung ist ein Ziel, das Sie in die Lage versetzt, nach und nach entsprechende Maßnahmen zu ergreifen und auf eigenständige Teams hinzuarbeiten. Ohne ein solches Ziel werden Sie auch in zehn Jahren noch im operativen Sumpf feststecken und lauter Dinge erledigen, mit denen Sie sich eigentlich nicht beschäftigen wollen.

Verlassen Sie den Sumpf des Operativen.

Bevor Sie sich also Gedanken darüber machen, wie Sie aus einer Summe von Angestellten ein Team selbstständig handelnder Personen schaffen, das zur Erfüllung komplexer Aufgaben zielgerichtet zusammenarbeitet, prüfen Sie doch erst einmal die Basics. In vielen Firmen kümmern sich beispielsweise hoch bezahlte Führungskräfte um Weihnachtsfeier, Gestaltung von Azubi-Tagen oder Auswahl neuer Laptops. Warum eigentlich? All das könnten geeignete Mitarbeiter vermutlich ebenso gut, wenn nicht besser. Falls Sie also noch mit einer Firma arbeiten, bei der Sie Angst haben, selbst zehn, 15 oder gar 20 Tage am Stück Urlaub zu machen, prüfen Sie doch mal, ob Sie das mit meinen erprobten Konzepten nicht ändern wollen. Und wenn Sie dabei Hilfe brauchen, lassen Sie uns gerne darüber sprechen. Kontaktmöglichkeiten finden Sie unter **www.Philip-Semmelroth.com/UmsatzBooster**.

Die richtigen Mitarbeiter einstellen. Und entlassen

Mein Fokus auf Standards und Prozesse bringt mich manchmal in den Verdacht, ich wolle im Unternehmen moderne Fließbandarbeit salonfähig machen. Das ist schon angesichts der Komplexität und Vielfalt der Projekte in der IT absurd. Leitplanken, die eigenverantwortliches Handeln ermöglichen, tragen vielmehr zu einem positiven Arbeitsumfeld bei, in dem Menschen sich in ihrer Kompetenz wertgeschätzt fühlen. Die Tatsache, dass Mitarbeiter in der Regel sechs Jahre und deutlich mehr bei mir waren, als ich das Unternehmen verkaufte, bestätigt meine These – erst recht in einer Branche, in der es regelmäßig Jobofferten von außen gibt und direkte Abwerbeversuche über die sozialen Medien nicht selten sind. Eine wichtige Einschränkung gibt es allerdings: In meiner Firma konnte ich nur Menschen beschäftigen, die auch bereit waren, selbstständig Entscheidungen zu treffen und Verantwortung zu übernehmen. Wir brauchten Mitarbeiter, die anstehende Arbeiten und die daraus resultierenden Handlungsnotwendigkeiten erkannten und dann eben auch handelten. Das trifft nicht auf jeden zu, wie Sie aus eigener Erfahrung vermutlich bestätigen können. Dabei ist es letztlich egal, ob persönliche Prägung, Erziehung oder berufliche Sozialisation dafür verantwortlich sind. Die meisten Mitarbeiter habe ich immer im ersten Jahr verloren oder gar nicht erst eingestellt, egal, wie sehr ich mir manchmal zusätzliche Leute wünschte. Doch es stellte sich heraus, dass mein Verständnis von Führung einer großen Anzahl von Arbeitnehmern schlaflose Nächte bereitet.

Versuchen Sie nicht zu motivieren. Stellen Sie motivierte Mitarbeiter ein.

Was ich selbst in vielen Jahren Personalführung noch gelernt habe: Fokussieren Sie sich nicht zu stark darauf, Mitarbeiter zu motivieren. Suchen Sie Mitarbeiter, die sich selbst motivieren können. Mit anderen Worten: Stellen Sie Menschen ein, die Energie und Tatkraft ausstrahlen und sich freuen, wenn man sie »machen lässt«. Das ist weit entscheidender als akademische Leistungen oder Seminarnachweise. Und anstatt Mitarbeiter immer wieder auf fachliche Lehrgänge zu schicken, rate ich dringend dazu, den Fokus bei der Entwicklung auf die Persönlichkeitsentwicklung zu richten – durch Ermutigung, Freiräume, positives Feedback und ein gutes Vorbild. Wenn Sie wollen, dass Ihre Mitarbeiter sich wohlfühlen, erreichen Sie das nicht durch kostenlose Obstkörbe, Zuschüsse zum E-Bike und ähnliche Goodies, sondern durch sinnvolle Arbeitsaufgaben und persönliche Wertschätzung.

Bei all dem sollten Sie akzeptieren, dass Ihre Mitarbeiter nicht für Sie arbeiten und sich nicht in gleicher Weise für das Unternehmen

»aufopfern«, wie Sie das vielleicht (noch) tun. Menschen arbeiten primär zur Erreichung ihrer eigenen Ziele und dazu gehört auch ein angemessenes Gehalt. Bleiben Sie daher im Dialog mit Ihren Mitarbeitern, aber versuchen Sie nicht, Mitarbeiter von sich abhängig zu machen. Am besten arbeiten Sie mit Menschen, die so gut sind, dass sie überall Arbeit finden würden, sich aber aus freien Stücken dafür entscheiden, bei Ihnen zu bleiben. Helfen Sie Mitarbeitern dabei, ihre eigenen Fähigkeiten zu identifizieren, Tag für Tag eine bessere Version von sich selbst zu werden. Versuchen Sie nicht, Kopien von sich selbst zu schaffen. Es ist von Vorteil, wenn nicht alle in der Firma identisch denken. Als Führungskraft müssen Sie Grenzen verschieben. Dabei sollten Sie auch im Hinterkopf haben, dass Mitarbeiter in ihrem privaten Umfeld nicht nur von Leistungsträgern umgeben sind. Diesen negativen Einfluss müssen Sie ausgleichen. Und da Sie nicht ständig persönlich gegensteuern können, ist es wirkungsvoller, das Selbstvertrauen der Menschen aufzubauen. Selbstvertrauen ist wie ein Schutzschild. Wer es hat, lässt sich nicht so schnell ablenken vom Glauben an den eigenen Erfolg und damit vom Engagement, das für eine berufliche Karriere erforderlich ist. Wenn Ihnen das gelingt, werden Sie mit dem bestehenden Team stetig erfolgreicher werden und mehr Aufgaben bewältigen. Auf diese Weise können Sie auch den Fachkräftemangel abschwächen. Indem Sie Abläufe immer weiter verbessern, erreichen Sie mit der bestehenden Mannschaft einfach mehr als bisher.

Helfen Sie Mitarbeitern, besser zu werden.

Ich lese immer wieder, dass Unternehmer sich schwer damit tun, Mitarbeiter zu entlassen. Das ist eine Schwäche, die sich Führungskräfte nicht leisten können. Die falschen Mitarbeiter im Unternehmen zu halten, richtet mehr Schaden an, als sich von ihnen zu trennen. Oft müssen Kollegen dann ausbaden, was andere verbocken. Manche Mitarbeiter fragen sich, warum sie sich so »reinhängen«, wenn man offenbar auch mit weniger Engagement durchkommt. Im schlimmsten Fall kündigen Leistungsträger, weil sie von Kollegen, die wenig zum Erfolg beitragen, genervt sind. Dann bleiben Sie mit schwachem Mittelmaß zurück und das lähmt Ihre

Die falschen Mitarbeiter zu halten, schadet dem Unternehmen.

ganze Firma. Auch wenn »Trennung« ein negativ belasteter Begriff ist, muss das nicht zwingend schmerzhaft verlaufen. Ich habe zweimal Ausbildungsverhältnisse aufgelöst, weil ich sah, dass der eingeschlagene Weg nicht die geringste Chance auf ein erfolgreiches Arbeitsleben haben würde. Deshalb bot ich Aufhebungsverträge an und aktivierte mein Netzwerk, um den Auszubildenden neue Chancen mit einer anderen beruflichen Ausrichtung zu ermöglichen. Auch mit zunehmender Professionalisierung eines Unternehmens ergeben sich Konsequenzen für die Auswahl der Mitarbeiter. Je stärker sich ein Unternehmen weiterentwickelt und spezialisiert, desto mehr echte Fachleute werden gebraucht. Manchmal reicht die individuelle Lernkurve bestehender Mitarbeiter für die Bewältigung neuer Aufgaben nicht aus. Andererseits können durch die Beschäftigung von Spezialisten, die definitionsgemäß gestellte Aufgaben präziser und schneller erledigen als Generalisten, neue Spannungsfelder entstehen – sei es, dass Kollegen nicht miteinander klarkommen, sei es, dass erfahrene Spezialisten nach ihrer Einstellung an bisher gewohnten Vorgehensweisen festhalten und sich nicht auf eine neue Unternehmensphilosophie einlassen.

Eine faire Trennung nützt Ihnen und dem Mitarbeiter.

Als Unternehmer sollten Sie folglich akzeptieren, dass nicht alle Mitarbeiter dauerhaft Platz in Ihrem Unternehmen finden werden. Entscheidend ist nicht, Kündigungen zu vermeiden. Entscheidend ist, sie fair durchzuziehen, wenn sie unvermeidlich sind. Mir war es immer wichtig, dass wir uns auch nach der Trennung noch in die Augen schauen konnten. Auf diese Weise habe ich all die Jahre Arbeitsprozesse vollständig vermieden. Behalten Sie als Führungskraft außerdem immer im Auge, dass die Art, wie Sie sich von Mitarbeitern trennen, für den Rest der Mannschaft erlebbar macht, wie viel die warmen Worte über Zusammenhalt und Wertschätzung, die Führungskräfte gern äußern, tatsächlich wert sind.

Entwickeln Sie Ihre Führungsqualitäten

Mitarbeiter zu beschäftigen, ist vermutlich der schmerzhafteste Prozess, den man als selbstständiger Unternehmer durchmacht. Viele geben auf, weil sie dem Druck, den Enttäuschungen, den Fehlern auf Dauer nicht gewachsen sind. Dabei liegt in erfolgreicher Führung der Schlüssel zum Erfolg: Wer viel Geld verdienen will, braucht immer Mitarbeiter. Nur so lässt sich die eigene Arbeitskraft multiplizieren und Geld losgelöst vom eigenen Zeiteinsatz verdienen. Dazu muss man sich der Herausforderung stellen, egal, wie schmerzhaft sie ist. Gleichzeitig ist es erschreckend, wie viele Menschen davon träumen, andere zu führen, ohne sich selbst wirklich führen zu können. Bessere Führung resultiert aus Persönlichkeitsentwicklung, doch viele wollen immer nur alle anderen entwickeln und verändern, sind aber überzeugt, dass sie bereits den Idealzustand erreicht haben. Das funktioniert nicht. Einige Impulse zur Entwicklung der eigenen Persönlichkeit finden Sie in meinem E-Book zum Thema »Unternehmer-Mindset«, das Sie auf meiner Website unter **www.Philip-Semmelroth.com/UmsatzBooster** kostenlos herunterladen können.

Akzeptieren, dass nicht jeder gleich leistungsfähig und -willig ist.

Eine nützliche Erkenntnis für die allermeisten Unternehmer lautet: »Nicht jeder ist so belastbar wie ich. Nicht jeder brennt so für seine Arbeit.« Es ist nicht Aufgabe einer Führungskraft, das zu ändern. Sie muss Wege finden, die Zusammenarbeit trotzdem erfolgreich zu gestalten. Ich bin keineswegs so weise auf die Welt gekommen. Fakt ist, dass ich jahrelang davon ausging, mein Einsatz sei grundsätzlich von jedem leistbar und ich müsse nur das Wollen (die Motivation) steigern. Über die Jahre habe ich gelernt, dass diese Strategie falsch ist. Es darf niemals darum gehen, dass Mitarbeiter genauso werden wie Sie selbst. Es geht darum, Mitarbeitern einen Rahmen zu geben, in dem sie ihre eigenen Stärken einsetzen und fortentwickeln können. Das führt automatisch zu unterschiedlichen Ergebnissen, weil alle Menschen verschiedene Voraussetzungen mitbringen und unterschiedlich viel Ausdauer, Disziplin und Einsatzbereitschaft besitzen. Je mehr ich das akzeptieren konnte, desto weniger frustriert war ich. Verflogen ist die Verzweiflung nie ganz, dass manche Mitarbeiter bestimmte Dinge einfach nicht leisten können.

Trotzdem würde ich für mich behaupten, durch all die Mitarbeiter, die ich beschäftigen durfte, sehr viel über Menschen und über Führung gelernt zu haben. Dieses Wissen werde ich auch in Zukunft einsetzen, um in neuen Firmen mit Teams erstklassige Ergebnisse zu erreichen.

Erkennen, dass Wachstum die Dezentralisierung von Entscheidungen voraussetzt.

Eine andere Erkenntnis betrifft die eigene Bereitschaft zum Loslassen. Tatsache ist, dass die meisten Unternehmen nicht wachsen, weil Wachstum eine Dezentralisierung von Entscheidungskompetenz und Verantwortung voraussetzt. Firmen, die von Menschen geformt und geführt werden, die überall involviert werden wollen, können das nicht umsetzen. Ein Unternehmen wächst nur dann, wenn alle ihren Beitrag dazu leisten. Es kann nicht funktionieren, wenn nur an einer Stelle über Aktivitäten entschieden wird. »Loslassen« klingt einfach und verlockend, doch es ist eine enorme Herausforderung. In dem Moment, in dem ich anderen Menschen Handlungsspielraum einräume, erlaube ich ihnen, mein Schicksal mitzubestimmen. Das bleibt für viele eine unlösbare Aufgabe. Und so erreichen viele Menschen und auch viele Firmen niemals das Potenzial, das sie erreichen könnten. Wer profitabel ist, hat es dabei leichter, weil Fehler und Rückschläge, die mit der Entwicklung von Mitarbeitern automatisch verbunden sind, das Unternehmen dann nicht an den Rand der Insolvenz treiben können.

Bewusst Prioritäten setzen. »Alles« ist ohnehin nie zu schaffen.

Eine dritte Erkenntnis ist das Eingeständnis, dass es Ihnen vermutlich niemals im Leben gelingen wird, alle anstehenden Aufgaben zu bearbeiten. Sie werden immer wieder an den Punkt kommen, an dem Sie bestimmte Dinge einfach nicht schaffen. Das wird vielen Mitarbeitern genauso gehen. Wenn Sie das schon vorher wissen und akzeptieren, drängt sich die Erkenntnis auf, dass Sie zwar keinen Einfluss darauf haben, *dass* Dinge liegen bleiben, dass Sie aber durch Priorisierung steuern können, *was* liegen bleibt. Um sinnvoll Prioritäten zu setzen, müssen Sie ein übergeordnetes Ziel haben, eine Art Leitmotiv, das allen im Unternehmen zu jeder Zeit präsent ist. In großen Konzernen mit unzähligen Hierarchieebenen mag das unmöglich sein, weil über die vielen Instanzen Informationen verloren gehen, wie jeder von uns aus dem Spiel »Stille Post« weiß. In kleineren Unternehmen ist die Orientierung an einem übergeordneten gemeinsamen Ziel möglich, wird häufig aber versäumt – aus Nachlässigkeit oder weil diejenigen, die die übergeordnete Marschrichtung vorgeben könnten, operativ zu stark eingebunden sind. Häufig gibt es auch keine Standards oder Prozesse, die sicherstellen, dass alle Mitarbeiter regelmäßig an grundlegende Prinzipien erinnert werden. Deshalb bin ich ein großer Freund von Checklisten. Manchmal wird unterstellt, solche Listen seien etwas für Menschen, die zu dumm sind, sich etwas zu merken. Das ist Unsinn. Checklisten sind ein Tool für Menschen, die ihren Selbstreflexionsprozess so weit gemeistert haben, dass sie sich selbst die Unmöglichkeit eingestehen können, stets an alles zu denken. Diese Menschen wissen, dass Checklisten dazu da sind, losgelöst von der Tagesform Präzision sicherzustellen. Bei Mitarbeitern, aber auch bei Führungskräften.

Wertschätzen Sie Ihre Mitarbeiter, damit diese Ihre Kunden wertschätzen.

Jedes Unternehmen ist ein Abbild seines Eigentümers. Ist der herrisch und ein Kontrollfreak, werden seine Kunden genauso sein und seine Mitarbeiter werden sich nicht entwickeln, sondern immer nur das abarbeiten, was er vorgibt. Schafft der Unternehmer hingegen Freiräume, schöpft er das Potenzial seiner Mitarbeiter aus und gibt ihnen die Möglichkeit zu wachsen. Doch bei allem guten Willen lassen sich in einer komplexen Welt zwischenmenschliche Konflikte nicht vermeiden. Es wird immer wieder passieren, dass Sie den falschen Ton treffen oder andere Fehler machen. Doch wenn in Ihrem Team keinerlei Zweifel besteht, dass Sie immer bereit wären, selbst den Einsatz zu bringen, den Sie von anderen fordern, werden Sie wenig Schwierigkeiten haben. Und auch wenn Sie aus meiner Sicht möglichst schnell aus dem Tagesgeschäft aussteigen sollten, um sich um die strategische Entwicklung des Unternehmens zu kümmern, sollte Ihr Kontakt zur Basis niemals abreißen. Arbeiten Sie gelegentlich im Team mit, um besser nachvollziehen zu können, mit welchen Herausforderungen Ihre Mitarbeiter ständig zu kämpfen haben. Verbringen Sie einen Tag mit einem Auszubildenden, einem Techniker, einem Verkäufer oder einer Ihrer Telefonkräfte. Weil ich wusste, wie der Arbeitsalltag aussieht, musste mir nie jemand Rechenschaft ablegen, wenn beispielsweise ein Server abgestürzt war oder bei einer Umstellung irgendetwas nicht hundertprozentig funktionierte. So etwas kommt einfach vor. Das als Chef im Hinterkopf zu behalten, ist durchaus hilfreich und bewahrt davor, aus einer rein theoretischen Perspektive herumzukritisieren oder gar nach Schuldigen zu fahnden. Kümmern Sie sich gut um Ihre Mitarbeiter, dann kümmern die sich gut um Ihre Kunden. Und wenn es sein muss, feuern Sie lieber einen unverschämten Kunden, um Ihren Mitarbeitern klarzumachen, wie wichtig sie Ihnen sind, als die Motivation Ihrer Mitarbeiter zu untergraben. Denn auch wenn Sie Mitarbeiter nicht künstlich »motivieren« können – demotivieren können Sie sie ganz leicht.

FAZIT: Führung

10 Profitbremsen	10 Profitbeschleuniger
– Führung nach Lehrbuch (»Führungsstil« als Richtschnur)	+ Zielorientierte Führung (Wirksamkeit als Richtschnur)
– Mitarbeiter gängeln	+ Mitarbeitern Verantwortung übertragen
– »Positive Fehlerkultur« als bloßes Lippenbekenntnis	+ Fehler gelassen hinnehmen, Fokus auf Lösungen
– Mitarbeiter »erziehen« wollen	+ Das Selbstvertrauen der Mitarbeiter stärken
– CC-Wahn und Absicherungsmentalität	+ Eigenverantwortliches Handeln
– Viele »Unterhäuptlinge« im Unternehmen	+ Selbststeuernde Teams
– »Politik der offenen Tür«, Lösen von Problemen für die Mitarbeiter	+ Sich aus dem Tagesgeschäft raushalten
– Angst davor, ungeeignete Mitarbeiter zu entlassen	+ Zeitnahe und faire Trennung
– Bei Einstellungen formale Kriterien am stärksten gewichten (Noten, Zertifikate)	+ Bei Einstellungen auf Persönlichkeitsmerkmale wie Tatkraft und Handlungsorientierung achten
– Sich selbst für unfehlbar halten	+ Die eigenen Führungsqualitäten entwickeln und reflektieren

Die Essenz des profitablen Unternehmens: 7 Thesen, worauf es wirklich ankommt

Wie Sie inzwischen wissen, bin ich ein Freund von Effizienz und klaren Worten. Deshalb erspare ich Ihnen die üblichen getragenen Schlussbemerkungen, die ich selbst auch nie zu Ende lese. Stattdessen möchte ich Sie mit der Zusammenfassung meiner wichtigsten Botschaften in Ihren Alltag entlassen. Prüfen Sie bei jeder These, wie weit Sie den beschriebenen Idealzustand schon erreicht haben. Wenn Sie zu den Menschen gehören, die Bücher von hinten anfangen, können Sie gleichzeitig ablesen, welche Kapitel besonders interessant für Sie sind. Und wenn Sie Unterstützung bei der Umsetzung der sieben Bausteine eines profitablen Unternehmens wünschen, nehmen Sie einfach Kontakt zu mir auf (unter **www.Philip-Semmelroth.com/Umsatz-Booster**).

1. Die Unternehmensphilosophie

Die Firma so aufstellen, dass das operative Geschäft weitgehend ohne den Chef läuft und ein Verkauf jederzeit möglich ist (zur Altersvorsorge oder als Freiraum für neue geschäftliche wie private Unternehmungen).

➡ Mehr Profit, weil der Businessalltag so gut organisiert ist, dass der Inhaber sich strategischen Fragen widmen kann – wie zum Beispiel Gewinnung von Schlüsselkunden, weitere Optimierung von Abläufen oder Entwicklung neuer lukrativer Angebote.

2. Das Marketing

Durch die richtigen Marketingbotschaften Wunschkunden überzeugen und wenig lukrative Kunden abschrecken.

➡ Mehr Profit durch Konzentration auf wirtschaftlich interessante Aufträge und die radikale Senkung von Transformations- oder Opportunitätskosten. Effiziente Nutzung von Social Media und Entwicklung eines »Stadion Pitch«, der unentschlossene Kunden überzeugt.

3. Der Vertrieb

Durchdachte Strategien und kontinuierliche Generierung von Aufträgen statt hektischer Notfallaktivitäten, wenn der Absatz schwächelt.

➡ Mehr Profit durch anspruchsvollen Lösungsverkauf, bei dem jede Ihrer Leistungen bezahlt wird. Ein strukturierter Verkaufsprozess, der nachweislich funktioniert. Keine aufwendigen kostenlosen Angebote mehr, stattdessen frühe Selektion der Kunden, die zu Ihnen passen.

4. Das eigene Angebot

Pakete entwickeln und Dienstleistungen in lukrative Produkte verwandeln.

➡ Mehr Profit durch standardisierte Leistungen, solide kalkulierte Pakete und Festpreise. Die Vermeidung unrentabler Individualprojekte. Dadurch zugleich mehr finanzielle und zeitliche Planbarkeit.

5. Die Standards und Prozesse

Klare Regeln entwickeln statt improvisieren und ad hoc managen.

➡ Mehr Profit durch eigenverantwortliche Mitarbeiter, die selbstständig im Sinne des Unternehmens handeln. Beschleunigung von Prozessen durch weniger Rückfragen und Missverständnisse. Effizienz, die es erlaubt, mit denselben Mitarbeitern mehr Aufgaben und Aufträge zu erfüllen. Hohe Zuverlässigkeit und hohe Qualität, die Kunden begeistert und weitere Aufträge generiert.

6. Das Controlling

Jederzeit profitabel wirtschaften und dadurch eigene Handlungsspielräume erweitern.

➡ Mehr Profit durch Konzentration auf relevante Eckdaten und stetige Sicherung der eigenen Liquidität, was jederzeit selbstbestimmtes Handeln ermöglicht. Auszahlung eines angemessenen Unternehmerlohns (14 Gehälter pro Jahr) gemäß der Maxime »Pay yourself first!«. Dadurch verschärfter Fokus auf Wirtschaftlichkeit des eigenen Tuns.

7. Die Führung

Auf leistungswillige Mitarbeiter setzen, die Verantwortung übernehmen wollen, und diesen Kompetenzen übertragen.

➡ Mehr Profit durch selbstbewusste Mitarbeiter, die eigenverantwortlich im Sinne des Unternehmens handeln und dem Chef dadurch die Zeit verschaffen, das Unternehmen strategisch weiterzuentwickeln. Höhere Effizienz durch selbstständig agierende, selbststeuernde Teams.

Anmerkungen

1 Reid Hoffman; Chris Yeh: Blitzscaling. The Lightning-Fast Path to Building Massively Valuable Companies. Crown Publishing (Currency) 2018.

2 Quelle: Martin Schneider: Teflon, Post-it und Viagra. Wiley-VCH 2002, S. 25 ff.

3 Quelle: Brad Stone: Der Allesverkäufer. Jeff Bezos und das Imperium von Amazon. Campus 2013, S. 32 f. (Dort findet sich auch das Bezos-Zitat.)

4 Timothy Ferriss: Die 4-Stunden-Woche. Mehr Zeit, mehr Geld, mehr Leben. Ullstein, 10. Auflage 2015.

5 Vgl. 55 Business-Turbos für KMU, S. 32 ff.

6 Quelle: https://.6sqft.com/in-1883-21-elephants-walked-across-the-newly-opened-brooklyn-bridge-to-prove-its-safety/.

7 Instagram-Storys sind kurze Videos, Slide-Shows oder Texte, die nach 24 Stunden von selbst gelöscht werden.

8 Vgl. Stephen Covey: Die 7 Wege zur Effektivität. GABAL Verlag, 57. Auflage 2018, S. 335 ff.

9 Wenn Sie dieses Thema interessiert, ist folgender Artikel interessant für Sie: Martin Spann; Bernd Skiera: »Dynamische Preisgestaltung in der digitalisierten Welt«. In: Schmalenbachs Zeitschrift für betriebswirtschaftliche Forschung 26, Juni 2020, S. 1–22; im Internet unter https://.ncbi.nlm.nih.gov/pmc/articles/PMC7318725/.

10 Vgl. ebd., S. 104 ff.

11 Quelle: https://www.geo.de/wissen/17414-rtkl-rechts-statt-links-darum-biegen-ups-fahrer-nicht-links-ab.

12 So berichtet es Daniel Ichbiah in seinem Buch »Die Microsoft-Story« (Campus 1993).

13 Quelle: www.selbststaendig.de/so-viel-verdienen-selbststaendige-deutschland.

Literaturempfehlungen

Impulse von außen sind wichtig, um sich selbst weiterzuentwickeln. Solche Impulse bieten nicht nur Experten, sondern auch andere gute Bücher. Hier eine Liste von Publikationen, die ich interessant und nützlich fand und im Vorfeld dieses Buches herangezogen habe. Auch wenn ich persönlich ein Freund von Hörbüchern bin, weil ich damit meine Zeit verdoppeln kann, nenne ich im Folgenden die Printausgaben.

Bet-David, Patrick: Your Next Five Moves. Master the Art of Business Strategy. Gallery Books 2020

Brodsky, Norm; Burlingham, Bo: Street Smarts. An All-Purpose Tool Kit for Entrepreneurs. Penguin (Portfolio) 2010

Burchard, Brendon: High Performance Habits. How Extraordinary People Become That Way. Hay House 2017

Dixon, Matthew; Adamson, Brent: The Challenger Sale. Taking Control of the Customer Conversation. Penguin (Portfolio) 2011

Edlund, Jan Roy: Monkey Management: Wie Manager in weniger Zeit mehr erreichen. Midas Management 2010

Ferriss, Timothy: The 4-Hour Work Week. Escape the 9-5, Live Anywhere and Join the New Rich. Random House (Vermilion) 2011

Ferriss, Timothy: Tools of Titans. The Tactics, Routines, and Habits of Billionaires, Icons, and World-Class Performers. Houghton Mifflin Harcourt 2016

Flynn, Pat: Superfans. The Easy Way to Stand Out, Grow Your Tribe, and Build a Successful Business. Get Smart Books 2019

Godin, Seth: This is Marketing. You Can't Be Seen Until You Learn to See. Penguin (Portfolio) 2018

Hoffman, Reid; Yeh, Chris: Blitzscaling. The Lightning-Fast Path to Building Massively Valuable Companies. Crown Publishing (Currency) 2018

Holmes, Chet: The Ultimate Sales Machine. Turbocharge Your Business with Relentless Focus on 12 Key Strategies. Penguin (Portfolio) 2008

Kaufman, Josh: The Personal MBA. 10th Anniversary Edition. Master the Art of Business. Penguin (Portfolio) 2020

Michalowicz, Mike: Profit First. Transform Your Business from a Cash-Eating Monster to a Money-Making Machine. Penguin (Portfolio) 2017

Michalowicz, Mike: The Pumpkin Plan. A Simple Strategy to Grow a Remarkable Business in Any Field. Penguin (Portfolio) 2012

Miller, Donald: Building a StoryBrand. Clarify Your Message So Customers Will Listen. HarperCollins 2017

Moran, Ryan Daniel: 12 Months to $1 Million: How to Pick a Winning Product, build a Real Business and become a Seven-Figure Entrepreneur. BenBella Books 2020

Voss, Chris: Never Split the Difference. Negotiating as if Your Life Depended on It. HarperCollins 2017

Warrillow, John: Built to Sell: Creating a Business That Can Thrive Without You. Penguin (Portfolio) 2013

Über den Autor

Philip Semmelroth ist Business-Stratege. Er macht Firmen profitabler und zeigt Unternehmern und Verkäufern, wie man selbstbestimmt und erfolgreich lebt, ohne ständig härter zu arbeiten. Mit 18 gründete er sein erstes Unternehmen und machte von der Akquise bis zum Zahlungsmanagement alles selbst. Dann entwickelte er eine Unternehmensphilosophie, die es seinem Team ermöglichte, selbstständig erklärungsbedürftige Produkte und Dienstleistungen zu verkaufen und dabei Neukunden wie Bestandskunden mit Präzision in der Umsetzung zu begeistern. Er selbst stieg aus dem Tagesgeschäft aus, führte seine Firma nur noch aus dem Homeoffice und gründete weitere Unternehmen. Zu seinen Kunden zählen mittelständische Unternehmen verschiedener Branchen, doch sein strategisches Knowhow ist auch in internationalen Konzernen gefragt. Mit 40 verkaufte er seine erste Firma an einen Investor.

Heute führt Philip Semmelroth andere Firmen dahin, profitabler zu werden und schneller zu wachsen. In Keynote-Vorträgen, Seminaren, Workshops und Unternehmercoachings überzeugt er durch zwei Jahrzehnte Praxiserfahrung. In Rollenspielen fordert er Vertriebler heraus und führt sie zu größeren Erfolgen. Der studierte Diplom-Kaufmann, Reserveoffizier und MBA-Absolvent spricht Deutsch und Englisch und teilt regelmäßig seine Erfahrung zu Verkauf und Vertrieb, Unternehmenserfolg und Persönlichkeitsentwicklung.

www.Philip-Semmelroth.com

Wenn Sie weiterlesen möchten ...

Wie denken erfolgreiche Unternehmer?

- Sie können Ihr Unternehmen nur dann dauerhaft erfolgreich entwickeln, wenn Sie gleichzeitig an der Entwicklung Ihrer Persönlichkeit arbeiten.
- Philip Semmelroth zeigt Ihnen in diesem E-Book, wie Sie eine Lebens- und Unternehmensstrategie aufbauen, die Freiheit, Unabhängigkeit und finanziellen Spielraum sicherstellt.

Philip Semmelroth
Das Unternehmer-Mindset
40 Seiten

Erhältlich als E-Book
ISBN 978-3-96740-150-9 (EPUB)
ISBN 978-3-96740-149-3 (PDF)

Wenn Sie weiterlesen möchten ...

Das Unternehmerbuch für den Mittelstand

- Kleine Firma, Mittelständler oder Gründer? Lesen Sie, wie Sie Ihr Unternehmen auf Erfolgskurs halten!
- Hilfreiche und erprobte Tipps zu den drängendsten Fragen des Unternehmerdaseins
- Mehr als zwanzig Jahre unternehmerisches Erfahrungswissen auf den Punkt gebracht – praktisch, pragmatisch und pointiert

Philip Semmelroth
55 Business-Turbos für KMU
Mehr Zeit, mehr Kunden, mehr Gewinn
272 Seiten, gebunden

ISBN 978-3-96739-034-6

Das Booklet zum Buch

Philip Semmelroth
Einfach mehr Profit: Das 3P-System
Die Erfolgsstrategien für Selbstständige und Unternehmer
E-Book

ISBN 978-3-96740-027-4